权威·前沿·原创

皮书系列为
"十二五""十三五""十四五"时期国家重点出版物出版专项规划项目

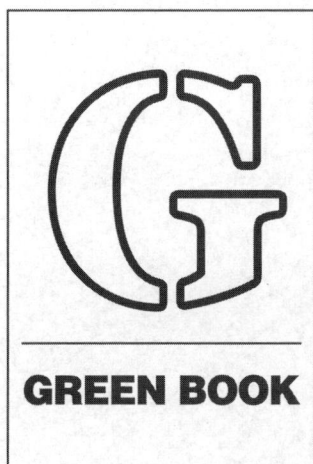

GREEN BOOK

智 库 成 果 出 版 与 传 播 平 台

青海科技绿皮书

GREEN BOOK OF QINGHAI SCIENCE AND TECHNOLOGY

青海科技发展报告 (2021~2022)

REPORT OF QINGHAI SCIENCE AND TECHNOLOGY DEVELOPMENT (2021-2022)

青海省科学技术信息研究所有限公司／主　编

社会科学文献出版社
SOCIAL SCIENCES ACADEMIC PRESS (CHINA)

图书在版编目（CIP）数据

青海科技发展报告 . 2021~2022 / 青海省科学技术
信息研究所有限公司主编 . --北京：社会科学文献出版
社，2023.12（2024.3 重印）
（青海科技绿皮书）
ISBN 978-7-5228-3260-9

Ⅰ.①青… Ⅱ.①青… Ⅲ.①科学研究事业-研究报
告-青海-2021-2022 Ⅳ.①G322.744

中国国家版本馆 CIP 数据核字（2023）第 257076 号

青海科技绿皮书
青海科技发展报告（2021~2022）

主　　编 / 青海省科学技术信息研究所有限公司

出 版 人 / 冀祥德
责任编辑 / 薛铭洁
责任印制 / 王京美

出　　版 / 社会科学文献出版社·皮书出版分社（010）59367127
　　　　　　地址：北京市北三环中路甲 29 号院华龙大厦　邮编：100029
　　　　　　网址：www.ssap.com.cn
发　　行 / 社会科学文献出版社（010）59367028
印　　装 / 三河市东方印刷有限公司

规　　格 / 开　本：787mm×1092mm　1/16
　　　　　　印　张：20.75　字　数：308 千字
版　　次 / 2023 年 12 月第 1 版　2024 年 3 月第 2 次印刷
书　　号 / ISBN 978-7-5228-3260-9
定　　价 / 168.00 元

读者服务电话：4008918866

前　言

　　《青海科技发展报告（2021~2022）》是集综合性、原创性和前瞻性为一体的研究报告，全面客观总结了 2021 年青海省科技发展工作，重点就科技体制改革和科技创新体系建设、科技创新和科技成果转化过程中的突出问题展开研究，翔实充分、客观全面地反映出 2021 年青海省科技发展的总体情况。

　　本报告由青海省科学技术信息研究所有限公司组织长期从事科技研究和管理工作的专家学者与专业人士撰写，旨在为青海省各政府部门的顶层设计提供参考，为科研机构、企事业单位和社会公众等开展科研活动提供客观的信息参考。

摘　要

　　本报告包括总报告、分报告和专题报告三个部分。总报告重点对2021年青海省科技发展、科技体制改革重点举措、科技创新体系建设与发展进行了总结分析，并对2022年的科技工作进行了展望；分报告对青海省农业农村科技发展、科技支撑社会发展、科技合作与交流、大众创业万众创新、科技企业发展、农业科技园区发展、科技成果分析、科技人才发展等八个方面的科技创新工作进行了回顾和分析，并展望了未来的发展趋势，提出了进一步推动创新发展的思路和建议；专题报告围绕青海省"十四五"科技创新主要思路及重点任务、科技计划与重大科技项目、科技投入及活动情况、区域创新能力建设、第二次青藏高原综合科学考察研究等五个方面进行了梳理总结，阐述了青海科技发展工作的整体态势和特色，为推动全省科技工作的高质量发展提供了支撑。

　　关键词： 科学技术　创新发展　青海省

目 录 ⤴

Ⅰ 总报告

Ⅱ 分报告

Ⅲ 专题报告

皮书数据库阅读**使用指南**

总 报 告
General Reports

G.1

2021年青海科技发展形势
及2022年展望

青海科技发展报告课题组[*]

摘　要： 2021年，青海省科技部门坚持以习近平新时代中国特色社会主义思想为指导，深入学习贯彻习近平总书记关于科技创新的重要论述和考察青海时的重要讲话精神，全面贯彻落实青海省委、省政府决策部署，全面推进政治机关建设，大力实施创新驱动发展战略，着力提升科技策源能力，开展关键核心技术攻关，建设创新平台载体，培育科技人才团队，改革科技创新体制机制，助力服务保障和改善民生，拓展科技合作交流空间，实现"十四五"良好开局。2022年，全省科技创新重点工作为：全面实施科技创新规划，建立目标任务落实机制；推动科技政策扎实落地，完善科技创新体制机制；开展基础研究十年行动，储备夯实原始创新能力；坚持"四个面向"战略，服务全省绿色发展大局；打

---

* 课题组成员：苏海红、许淳、姚长青、朱生海、苗希春、杜帅。

造高原战略科技力量，加快建立技术创新体系；强化企业创新主体地位，推动产学研用深度融合；优化布局创新平台载体，提升科技创新策源能力；加大培养引进使用力度，激发科技人才创新活力；科技供给增进民生福祉，服务人民群众美好生活；加大科技交流合作力度，助力区域经济社会发展。

关键词： 青海科技　创新发展　科技体制改革

2021 年，青海省科技系统坚持以习近平新时代中国特色社会主义思想为指导，深入学习贯彻习近平总书记关于科技创新的重要论述和考察青海时的重要讲话精神，全面贯彻落实青海省委、省政府决策部署，聚力打造生态文明高地并加快产业"四地"建设，坚持抓战略、抓改革、抓规划、抓服务，创新驱动发展取得新成效，战略科技力量加快壮大，关键核心技术取得新突破。全年完成省级财政科技专项投入 5.23 亿元，组织实施新开科技计划项目 331 项（其中重大科技专项 7 项），争取国家项目 137 项，获批资金 2.03 亿元，登记科技成果 898 项，实现"十四五"良好开局。

一　2021年青海科技发展形势

（一）心怀"国之大者"，主动担当作为，科技创新策源能力显著提高

制定发布《青海省"十四五"科技创新规划》，明确发展目标，突出一条主线、四个方向、八项举措、四个优化、五项改革，以科技创新支撑产业升级，全面推进创新型青海建设。深化部省合作，召开 2021 年部省工作会商会议。持续推动海南州国家可持续发展议程创新示范区创建，编制《科技支撑引领青海碳达峰碳中和实施方案》，助力零碳产业示范园区

建设。实施生态价值评估重大科技专项，研究成果为青海省开展碳达峰碳中和工作提供了科学数据支撑。认真贯彻中央第七次西藏工作座谈会精神，积极推进青藏科考综合服务平台和野外综合科考基地建设。青海省上报8期科考工作动态，其中4期得到副总理重要批示。科技部部长和副部长于年内先后赴青海调研指导工作。在科技部支持下，国家科技数据灾备中心落户青海，国家青藏高原科学数据中心青海分中心揭牌，青海省自主开发建设的青藏科考信息服务保障系统上线运行，全年服务保障科考队员240批次3000余人。组织申报高寒矿区生态修复关键技术研究、黄河水源涵养区生态环境保护等国家项目，有效推动黄河上游生态保护和高质量发展。支持三江源国家公园生态监测数据平台建设，祁连山黑河源草地生态生产共赢模式创建与示范项目取得良好成效。加快推进冷湖天文观测基地建设，青海省人民政府与清华大学签署共建6.5米"宽视场巡天望远镜"（MUST）项目合作协议，"青海冷湖国际一流天文观测基地建设发布会"在北京成功举行。冷湖国际一流天文台址的发现，破除了长期制约我国光学天文观测发展的瓶颈，填补了从夏威夷到欧洲间东半球国际级天文台址的"空白区"，为光学天文、行星科学和深空探测等学科发展创造了重大机遇，将对世界天文事业发展贡献青海力量。

（二）聚焦产业需求，开展技术攻关，引领特色优势领域高质量发展

坚持围绕产业链部署创新链，持续推进关键核心技术攻关。在盐湖化工领域，利用盐湖水氯镁石制备高纯氧化镁晶体材料工艺技术，建成1000吨/年单晶高纯氧化镁生产示范线，填补了国内空白。建成3000吨/年碱式碳酸镁生产线，实现了盐湖尾液镁锂综合回收。突破氯化锂深度除硼共性关键技术，为电池级锂产品生产提供了原料保障。在新能源领域，建成集IBC、HIT等电池及组件研发于一体的光伏产业新型技术研发平台，率先实现国内IBC电池工业化量产。开发多晶硅生长智能控制系统，实现电子2级以上多晶硅低能耗规模化生产。在特色农牧业领域，构建杂交油菜、马铃薯等高原

特色作物品种"育繁推一体化"现代种业科技创新模式，青稞昆仑系列品种平均亩产提高 32.3%，商品化率达 83% 以上，挖掘牦牛新资源类群 4 个，玉树牦牛、扎什加羊列入国家畜禽遗传资源名录。在生物医药领域，建成年产 100 吨沙棘籽粕蛋白生产线，开发 6 款发芽青稞系列产品，新建年产 3000 万袋菊粉颗粒剂（含粉剂）生产线和年产 2000 万片片剂生产线，推动了高原生物资源产业的开发和利用。

（三）建设平台载体，培育人才团队，新时期科技创新发展基础不断夯实

经过三年的不懈努力，省部共建藏语智能信息处理及应用国家重点实验室获批，三江源草地生态系统野外观测研究站列入国家野外站序列，国家科技数据灾备中心落户青海。按照国家重点实验室体系重组要求，由青海省申报的多能互补绿色储能国家重点实验室、盐湖资源保护与利用国家重点实验室建设方案均通过相关领域重组的论证评审。2021 年新认定省级重点实验室、联合实验室各两家（总数分别达 73 家、8 家）。积极推进优势科技资源整合，青海首个省实验室"青藏高原种质资源研究与利用实验室"揭牌运行。新培育认定科技型企业 166 家（总数达 543 家）、高新技术企业 42 家（总数达 234 家），省级众创空间 7 家（总数达 54 家）、省科研科普基地 6 家（总数达 18 家）。深入推进"企业科技体检"，服务企业科技创新需求，落实科技企业研发费用加计扣除补助资金 4575.94 万元，金额较上年度增长近 1 倍，为 30 家科技服务机构兑付创新券资金 528.8 万元，为认领使用企业降低研发成本近 50%，有效激发了企业创新活力。加强科技人才工作，组织编制《"十四五"科技人才发展规划》。新聘 4 位院士、专家为省政府科技顾问。组织完成 2020 年度青海省自然科学研究系列职称评审及前十五批学科带头人考核评估，初步建成科技人才数据库和科技人才管理信息系统公共服务平台。外国人来华工作许可行政审批入驻西宁市民中心，实现了来华工作许可和居留许可"一窗通办、并联办理"。组织召开全省科技工作者座谈会，广泛听取专家人才意见建议。青海省科学技术厅获第二批青海省人才工作"伯乐奖"。成功举办第二届"智汇三江源·助力新青海"人才项目洽谈会科技引才专场活动,省人才工作领导小组授予科技厅组织工作"突出贡献奖"。

(四)创新工作机制,提高治理能力,科技创新体制机制改革加快推进

组织召开青海省科技体制改革和创新体系建设工作领导小组第二次会议,制定出台《关于激发科技创新活力提升创新效能的若干措施》。修订颁布《青海省科学技术奖励办法》及其实施细则,印发《青海省重大科技专项管理办法》《青海省重点研发与转化计划管理办法》等,不断完善科技创新政策体系。深化事业单位改革,青海省青藏科考服务、科技成果转化和科技发展服务三个中心挂牌运行。加快推进盐湖镁资源利用步伐,积极推行"揭榜挂帅"和"帅才科学家负责制"试点,"盐湖老卤制备无水氯化镁关键技术研究及应用"和"镁基超稳矿化土壤修复材料产业化关键技术开发与示范"项目取得积极进展。开展减轻科研人员负担、激发创新活力专项行动,扩大科研经费"包干制"试点范围,精简近1/4的科研项目管理流程,预算填报表格减少50%,实现科技项目全年申报、分批集中受理(评审),建立了与省财政预算一体化要求相匹配的项目储备库,全省部门预算综合绩效考评排名第一。强化科技金融合作,省内第二家科技支行中国民生银行西宁城东科技支行成立。科研财务助理试点工作进展顺利。落实国企改革三年行动方案,推进转制科研院所改革,成立青海省科技创新服务有限公司,建成青海科技创新中心。落实省级科技计划科研诚信管理办法,加强科技监督和评估工作,严格单位评优、项目奖补、资金兑付审查,对失信企业责任主体实施科研诚信惩罚,营造诚实守信的科研氛围。

(五)坚持人民至上,迎接大战大考,科技惠民服务保障民生改善

制定《青海省巩固拓展脱贫攻坚成果扎实推进乡村振兴科技创新行动

计划》，选派 1000 名"三区"人才深入基层开展科技服务，举办基层科技培训 4 期、培训 317 人次。印发《关于扎实推进科技特派员服务乡村产业振兴的实施意见》，助力联点村集体经济发展壮大。疫情防控应急科研专项开发中医制剂 4 种、藏药防治新制剂 3 种、消毒类新产品 3 种，青海省研制的新型冠状病毒快速检测试剂盒通过荷兰药监局审查和注册，在海东工业园区正式投产。积极参与"5·22"玛多地震抗震救灾，为防止次生灾害、疫病防治、公共卫生防控、灾后重建等提供了有力支撑。持续开展高原病防治、高原健身运动、地方病防治、新型突发传染病防控模式等研究，建成国家临床医学研究中心青海分中心 4 个（总数达 7 个），培育建设省级临床医学研究中心 2 个（总数达 6 个），新建青藏高原人类遗传资源样本库（西宁库），以科技创新守护人民生命健康。

（六）拓展合作空间，激发创新活力，科技创新生态双循环动力强劲

扎实推进科技援青和东西部合作，主动融入推进黄河流域生态保护和高质量发展战略，积极参与黄河科技创新联盟建设，与沿黄省区建立科技合作机制。持续推进与北京、江苏、浙江等省市科技合作，联合构建马铃薯晚疫病智能监测预警系统，开展青海高原路面冰雪监测与防治等相关研究，全省44% 以上科技计划项目以东西部联合方式实施。年度获批"西部之光"项目 10 项。向科技部申报引智项目 11 项。组织开展发展中国家培训班和中韩科技合作交流政策宣讲解读，与美国、英国、日本、澳大利亚、埃及、巴基斯坦等国家组织开展国际合作专项 11 项。成功举办第十届中国创新创业大赛青海赛区比赛、"民生银行杯"第七届青海省大学生创新创业大赛和全国双创周青海分会场活动、青海省科技活动周和科普讲解大赛。首次举办第六届中国创新挑战赛（青海），组织参加第二十四届北京科博会、第九届中国-东盟技术转移与创新合作大会等活动。全年技术合同成交额达 14.10 亿元，较 2020 年增长 33.5%。

二 2022年青海科技发展展望

2022年党的二十大召开，《"十四五"国家科技创新规划》实施进入关键年，做好全省科技创新工作责任重大、使命光荣。2022年工作总体思路是：坚持以习近平新时代中国特色社会主义思想为指导，深入学习贯彻习近平总书记考察青海重要讲话精神和党的十九大、十九届历次全会精神，全面贯彻落实中央经济工作会议、全国科技工作会议及省委十三届十一次全会、全省"两会"精神，弘扬伟大建党精神，坚持创新驱动发展，坚持"四个面向"，坚持稳中求进工作总基调，以支撑引领高质量发展和服务构建新发展格局为主线，以推动科技政策扎实落地和打造生态文明高地、加快"四地"建设、奋力推进"一优两高"为重点，突出抓战略、抓改革、抓规划、抓服务，加强基础研究和应用基础研究，打好关键核心技术攻坚战，完善科技创新体制机制，优化创新平台载体布局，大力培育创新人才团队，打造高原战略科技力量，推进科技成果转移转化，促进企业创新主体"量质双升"，拓展科技合作交流空间，激发全社会创新创业活力，走稳走好具有青海特色的科技自立自强步伐，为奋力谱写全面建设社会主义现代化国家青海篇章提供科技支撑，以优异成绩迎接党的二十大胜利召开。重点抓好以下十方面工作。

（一）全面实施科技创新规划，建立目标任务落实机制

构建规划统筹衔接体系。对标新一轮国家中长期科技发展规划和《"十四五"国家科技创新规划》，坚持系统观念，加强顶层设计，完善科技创新战略规划布局，充分发挥青海在服务和融入新发展格局中的比较优势，梳理凝练"国家有需要、青海有能力"的重要方向、重大问题和重点任务，加强部省协同、上下联动，跟进科技强国行动纲要制定，有效融入国家科技创新体系。

健全规划任务落实机制。明确《青海省"十四五"科技创新规划》"时间表""路线图"，强化规划重点任务、年度科技计划项目、重点资金投向

对标审查，建立规划实施情况的动态监测、绩效评估和监督检查等机制，强化规划对任务布局的统筹和约束，全面推进规划实施。开展全方位、多层次的规划宣传解读，形成全社会共同推动规划落实的工作格局。

（二）推动科技政策扎实落地，完善科技创新体制机制

强化科技创新政策落实。加强国家和青海省科技创新政策法规落地执行配套支撑，围绕创新主体、要素、体系、环境和产业创新、区域创新等政策框架，搭建保障高水平科技自立自强的制度体系。制订"科技政策落实年"实施方案，加强科技创新政策评估和调研督查，推动青海省科技创新体系建设十八条、激发科技创新活力十六条、科技项目和经费管理办法落地。指导督促科研单位完善政策配套体系，瞄准痛点、堵点发力，打通政策落地"最后一公里"，不断完善科技创新政策环境。

开展科技体制改革攻坚。要紧跟新一轮科技革命和产业变革，坚持以改革驱动创新，落实科技体制改革三年攻坚任务，制订青海实施方案。充分发挥青海省科技体制改革和创新体系建设领导小组工作机制，聚焦青海发展战略深化科技体制改革，抓重点、补短板、强弱项，健全科技领域"放管服"责任清单机制，遵循科技发展规律，做好管理、服务、留白三篇文章，增强创新驱动发展的内生动力。

推进项目经费管理改革。把科技计划管理改革作为科技体制改革的突破口，优化科研项目形成机制，实行全年开放申报、分批集中受理。探索重大科研项目"部省联动"机制，开展"赛马制"试点，突出目标导向、问题导向，继续推进"揭榜挂帅"和"帅才科学家负责制"项目。完善科研财务助理制度并扩大试点范围，综合运用大数据手段加强项目立项审查。

深化科技评价奖励改革。完善科技评价机制，持续推进"三评"改革，探索开展科技人才分类评价，建立以科技创新质量、贡献、绩效为导向的分类评价体系，坚决破除"四唯"问题，激发科技创新活力。优化完善科技奖励体系，落实《科技进步法》《青海省促进科技成果转化条例》《青海省科学技术奖励办法》，修订完善科技成果评价管理办法，深化科技成果使用

权、处置权、收益权改革，开展分类评价试点，完善科技奖励机制，加强奖励提名、评审组织管理，突出奖励导向，提高奖励质量。

强化科研诚信体系建设。严格落实科研诚信承诺和审核制度，建立科技管理全过程监督制约机制，推进科研诚信管理平台建设，把信用情况作为科研项目和经费管理监督检查的重要依据，构建科技大监管格局。深入实施转变作风、改进学风治理措施，加大对违规和科研不端行为的查处力度，使弘扬科学精神、恪守诚信规范成为科研人员的共同理念，营造科研良好氛围。

（三）开展基础研究十年行动，储备夯实原始创新能力

提升基础研究策源能力。启动实施青海省基础研究十年行动，构建"高原科技特色场景"下的原创性科学问题发现和提出机制，面向基础前沿领域和关键科学问题，补齐基础性、前瞻性、引领性短板，推进青海特色基础研究、应用基础研究与产业技术创新融通发展，增强原始创新能力和技术储备。

改进基础研究工作机制。不断扩大基础研究选题自主权，支持高校和科研机构自主布局基础研究，推动重大科研基础设施和大型科研仪器开放共享。优化基础研究管理模式，探索建立符合基础研究特点和规律的评价机制，实行差别化分类评价和长周期评价，大力推行代表作评价制度。依托财政资金和国家自然科学联合基金，引导鼓励企业和社会力量支持基础研究，加大多元化投入。

（四）坚持"四个面向"战略，服务全省绿色发展大局

打造青藏高原生态文明高地。加强国家公园信息化、智慧化决策平台建设技术攻关，开展绿色可持续发展关键技术集成与示范，形成独具特色的国家公园科技支撑体系。持续实施三江源、祁连山生态保护与建设工程项目，重构青藏高原（青海）重点河湖水情变化数据集，助力保护"中华水塔"。加强冰川雪山冻土、湖泊湿地、黑土滩等生态保护研究，开展黄河流域生态保护和高质量发展科技创新行动。实施木里矿区生态修复示范项目，构建高

寒矿区生态修复关键技术体系。开展水-气-土一体化环境管理体系及污染控制关键技术集成示范，打好蓝天、碧水、净土保卫战。

加快建设世界级盐湖产业基地。推动实施《科技引领和支撑世界级盐湖产业基地行动方案（2022~2035年）》，按照"1+N+10"的总体目标，实施"揭榜挂帅"和"帅才科学家负责制"项目，破解盐湖产业技术难题，推进钾资源可持续保障、镁资源多元高值化开发、锂资源精深加工、钠资源深度利用、卤水稀散元素高效提取、盐湖跨界融合、智能化生产等新技术应用。把2022年作为镁产业发展落实年，支撑盐湖资源高值化利用。

加快打造国家清洁能源产业高地。落实《青海打造国家清洁能源产业高地行动方案（2021~2030年）》，聚焦"六大行动"，积极开展多能互补、智能电网、绿色储能、可再生能源与氢能集成利用、风电装备制造、干热岩、废旧锂离子电池回收、清洁能源消费体系等关键技术研究，破解高比例新能源电力系统和火电电源替代等问题，助力打造省域级别的半年以上全网全时绿电示范样板，构建清洁能源产业绿色技术标准体系。

加快打造国际生态旅游目的地。开展传统村落和重点文物文化资源保护开发共享、智慧博物馆建设、公共文化服务装备研发及应用示范。支持汉藏语音实时翻译系统开发应用。聚焦热贡艺术、青绣元素、藏文处理等传统特色文化产业资源创新需求，加强科技攻关和成果转化，支持特色文化资源挖掘，推动数字化关键技术应用，培育文化产业新的增长点。

加快打造绿色有机农畜产品输出地。以部省共建青海绿色有机农畜产品示范省为载体，以"提质、稳量、补链、扩输"为路径，围绕品种培优、品质提升、品牌打造和标准化生产，开展高原特色种质资源现代育种、绿色高效种养、化肥农药双减、农牧业废弃物无害化资源化利用、生态畜牧业提质增效、农畜产品精深加工等关键核心技术攻关和先进适用技术成果集成示范，加快牦牛区域技术创新中心建设，大力发展智慧农牧业，做优做强绿色有机农牧业，增加农畜产品有效供给。

统筹有序推进碳达峰碳中和工作。制定《科技支撑引领青海碳达峰碳中和实施方案》，探索生态保护与生态固碳的融合机理、区域水-热-光-土资源耦合互配的碳增汇水资源解决途径，构建青海绿色低碳创新技术体系，建立青海省碳增汇账户，将青海省生态优势转变成资产–资本优势，助力零碳产业示范区建设，为青海省实现碳达峰碳中和目标提供科技支撑。

（五）打造高原战略科技力量，加快建立技术创新体系

深化部省会商省院合作。完善工作协调推进机制，建立2021年部省工作会商议题责任清单，明确任务分工，强化督查督办，推动会商议题全面落实。积极推动签署省政府与中科院新一轮战略合作协议，全面深化新形势下省院合作机制，积极融入国家发展战略，汇聚全国科技资源，助力青海省特色优势产业发展和现代产业体系构建。

建设科技力量聚集高地。充分发挥国家级、省级重点实验室辐射带动作用，加强科技资源统筹，支持省部共建藏语智能信息处理及应用、三江源生态与高原农牧业等国家重点实验室发展，探索推进省级重点实验室优化重组，开展分类评估，择优组建省实验室，形成国家级科技创新基地"预备队"。充分发挥中科院两所和省内高校科研潜能，服务区域创新能力和创新体系建设。

完善科技决策咨询机制。结合青海省重点产业、学科发展需要，充分发挥国内各领域高层次专家重大科技决策智力支撑作用。建立省政府科技顾问良性沟通渠道和定期联络机制，形成高层次、高质量的科技决策咨询体系，最大程度释放咨政、智库作用，推动青海省高质量发展。

深度参与第二次青藏科考。推动国家青藏高原科学数据中心青海分中心建设，促进科学数据资源互联互通、共建共享。加快三江源野外综合科考基地建设，聚焦水、生态、人类活动，推进第二次青藏科考成果在三江源、"中华水塔"保护和国家公园示范省建设中应用，服务地方绿色高质量发展。

（六）强化企业创新主体地位，推动产学研用深度融合

大力培育企业创新主体。持续开展科技"三型"企业"量质双升"行

动，培育一批创新水平高、成长潜力好、科技支撑作用强的科技创新主体。力争到"十四五"期末，省级科技型企业、国家科技型中小企业、高新技术企业和科技"小巨人"企业等科技创新主体在现有基础上增长1倍，总量达1000家以上。

提升企业科技创新能力。实施企业技术创新能力提升行动，选派科技专员有效服务中小企业，持续开展企业科技体检，面向企业需求开展成果对接活动，完善企业创新服务体系。逐步建立"企业出题、科技破题"的省级科技计划项目凝练机制。大力支持开展协同创新，促进各类创新要素向企业集聚，形成以企业为主体、市场为导向、产学研用深度融合的技术创新体系。

完善支持企业创新政策。落实企业认定奖励、研发费用加计扣除、技术交易奖补等优惠政策，将制造业企业研发费用加计扣除比例提高到100%的政策推广至所有科技型中小企业，运用市场化机制激励企业加大研发投入。支持有实力的企业新建重点实验室等创新平台，营造创新发展的良好环境，最大限度地激发企业的创新活力和企业家的工匠精神，采取有效举措引导培育一批创新能力强、成长潜力大的科技创新领军企业。

加快释放创新创业活力。加强科技企业孵化器和众创空间培育认定工作，完善"众创空间—孵化器—加速器—产业园"创新创业孵化链条，促进孵化载体专业化、高质量发展，构建具有区域特色的创新创业生态体系。发挥青海省大学生创新创业引导资金作用，完善资金管理办法，择优支持全省科技企业创新发展，组织"双创"活动周、国家"双创"大赛、颠覆性技术大赛、青海省大学生创新创业大赛等活动，营造良好创新创业氛围。

（七）优化布局创新平台载体，提升科技创新策源能力

建设冷湖天文观测基地。站在"利国惠青"的政治高度，积极推动冷湖国际一流天文观测基地建设上升为国家战略，协调领导小组成员单位形成工作合力，发挥好冷湖天文观测基地学术委员会决策咨询作用，加强与国内相关科研机构和高校的合作，制订细化保障措施，凝练科学问题，开展协同

攻关，力争早出成果、出大成果，在为国家天文事业发展做出青海贡献的同时，带动推进天文观测与地方科技、文化、旅游、经济融合发展。

加快创新平台建设布局。按照国家重点实验室体系重组方案要求，全力推进多能互补绿色储能国家重点实验室、盐湖资源保护与利用国家重点实验室筹建，有序组织省内现有3家国家重点实验室开展重组申报，支持青藏高原种质资源研究与利用等青海省特色领域实验室做强，组织省内外创新团队合作搭建联合研发中心、协同创新中心等产业创新平台。指导青海国家高新区进一步完善体制机制，对在建省级高新区开展评估工作，统筹规划建设、产业发展和创新资源配置，强化科技创新引领作用。积极创建海东国家农高区，实施省级农业科技园区提质增效行动，促进农业结构调整和产业升级。

完善科技创新产业生态。持续推进科研院所改革，加强与发达省市科技资源的合作，大力培育主体多元化、功能多样化、组织灵活化、经营市场化的新型研发机构，激发科技创新内生动力。强化第三方科技服务和技术合同登记服务机构建设，打造实用高效的技术交易中心，完善科技成果信息服务平台，切实打通科研与市场的通道，依托国家级基地培养技术转移人才，引导建立科技成果转化的多元化投入体系，推动产业链、创新链、成果链有机融合。

（八）加大培养引进使用力度，激发科技人才创新活力

提升科技人才工作质量。实施《青海省"十四五"科技人才发展规划》，以科技项目为载体、高层次急需紧缺人才为重点，加强"昆仑英才"行动计划等科技人才培养、选拔和认定，构建以创新价值、能力和贡献为导向的人才评价体系，更加科学有效地向用人主体授权，为各类科技人才搭建事业发展平台，促进科技人才队伍健康发展，服务保障青海省战略科学家成长。

大力培养青年科研人才。围绕打造具有国内竞争力的青年科技人才后备军，开展省杰出青年基金项目支持试点，加大青海省自然科学基金青年项目

支持力度，建立"项目+人才+平台"长效支持方式，在省级科技计划项目中提高青年科研人员参与度，建立有利于青年科技人才脱颖而出的机制，培养一批高层次、创新型青年学科带头人和植根青海大地在全国有影响力的工匠及大师级人物。

引进服务国际科技人才。推进国际合作、引才引智和高校学科创新引智基地建设，凝练外专引智项目，依托柔性引才和离岸研发引才育才用才。将外国专家项目纳入省级科技计划申报平台管理，鼓励外国专家远程参与青海省内项目，积极做好新形势下的外国专家服务工作。

加强科学技术普及工作。完善科研科普基地认定和管理机制。加快科普平台建设，着力推动海北州原子城纪念馆申报国家级科普示范基地，实施青南地区科研科普基地"破零工程"。开展全民科学素质行动，持续办好科技活动周、科普讲解大赛等活动，倡导科学方法，弘扬科学精神，提升公民科学素养。

（九）科技供给增进民生福祉，服务人民群众美好生活

强化乡村振兴科技服务。深入推行科技特派员制度，依托"三区"人才专项，开展以"科技特派员工作站""科技小院"为重点的基层科技创新平台建设，加快构建新型农牧业社会化科技服务体系，打造乡村特色产业振兴示范企业（合作社），强化农牧业科技创新源头供给，持续推动联点村产业发展，实现农牧业科技创新与乡村振兴有效衔接。

助力高原医药产业发展。制定出台《科技创新支撑高原医学研究实施方案》，积极争取科技部支持建设国家高原病、包虫病临床医学研究中心。推动省级临床医学研究中心与市（州）、县医院共建，支撑"健康青海"行动。推进生物医药技术攻关和产品研发，建设青藏高原生物种质资源库和汉藏药材规模化繁育基地，加强中藏药国家标准样品研制，开展中藏药二次开发和新药临床准入研究，打造生物医药产业新高地。

科学防范化解重大风险。围绕地质、气象、旱涝等重大自然灾害，加强灾害危险性及次生灾害防治监测、预警、治理关键技术和仪器装备研发应

用，提升灾害预报预警能力和高效治理能力。开展社会治理先进技术与应用示范，为平安青海建设提供技术与数据支撑。

（十）加大科技交流合作力度，助力区域经济社会发展

深化东西部科技合作。落实《"十四五"东西部科技合作实施方案》，深入实施科技援青行动，完善东西部科技合作机制，落实与对口支援省、区、市政府间战略合作协议，推动建立多方科技成果和人才团队信息共享机制，联合开展技术攻关与成果转化活动，实现与东部省市优势互补、合作共赢。

扩大对外科技交流合作。落实加强国际合作示范基地建设，利用中阿、中俄、中日、中欧等科技合作交流平台，探索离岸研发、飞地合作，组织青海省高校、科研院所、企业开展国际合作交流，重点推进中藏药开发与研究、新材料新技术研究及生态保护研究。组织青海省优势资源和特色产业，通过"一带一路"进行技术转移转化，拓展丰富合作内容。

支撑区域经济社会发展。深化厅州会商机制，强化对市州科技工作的服务指导。全面推进海南州国家可持续发展议程创新示范区建设，加强先进技术研究与创新集成，形成典型经验，打造示范样板。推进国家创新型县（市）、县域创新试点县和省级乡村振兴科技示范县建设，构建多层次、多元化、多核心的区域创新发展新格局。

G.2
2021年青海科技体制改革和科技创新体系建设报告

青海科技发展报告课题组 *

摘　要： 2021年，青海省科技部门深入学习贯彻习近平新时代中国特色社会主义思想，结合《青海省"十四五"科技创新规划》，按照"抓战略、抓规划、抓政策、抓服务"的要求，深入实施创新驱动发展战略，加强重点实验室、工程技术研究中心、临床医学研究中心、科技基础条件平台等各类科技创新平台建设，加强科技创新人才的引进和培养，加快推进创新型省份建设，不断强化以企业为主体、市场为导向、产学研深度融合的具有青海特色的科技创新体系建设，科技创新主体活力和能力持续增强。

关键词： 科技体制改革　科技创新体系　青海省

2021年，在青海省委、省政府的坚强领导下，青海省科技部门切实发挥顶层设计作用，以优化科技资源配置、激发创新主体活力、完善科技治理机制为着力点，深化新一轮科技体制改革，全面推动《青海省关于优化科技创新体系提升科技创新供给能力的若干政策措施》落实，细化配套政策举措，优化科技创新政策环境，全省科技创新体系建设不断完善，科技创新主体活力和能力持续增强。

---

* 课题组成员：苏海红、瞿文蓉、赵长建、赵以莲、颜有奎、多杰措、俞成、李冰、杨灿、彭文博、李廷鹃。

一 2021年青海科技体制改革重点举措

（一）不断深化科技体制机制改革

根据 2021 年科技体制改革和创新体系建设工作领导小组会议要求，及时印发《省科技体制改革和创新体系建设工作领导小组第二次会议纪要》《2021 年全省科技体制改革和创新体系建设重点工作安排》，并对《关于激发科技创新活力提升创新效能的若干措施》进一步修改完善后由青海省委办公厅、省政府办公厅于 2021 年 8 月份正式印发。强化省级科技计划管理改革，出台《青海省"帅才科学家"负责制项目管理办法（暂行）》《青海省科技计划揭榜挂帅制项目管理办法（暂行）》，"揭榜挂帅"项目"盐湖老卤制备无水氯化镁关键技术研究及应用"和"帅才科学家负责制"项目"镁基超稳矿化土壤修复材料产业化关键技术开发与示范"取得积极进展。进一步规范科技项目管理，修订印发《青海省重大科技专项管理办法》《青海省重点研发与转化计划管理办法》《青海省基础研究计划管理办法》《青海省（重点）实验室管理办法》《青海省重点实验室评估办法》，设置省杰出青年基金项目，放宽项目申报门槛，扩大科研经费"包干制"试点，精简近 1/4 的科研项目管理流程，预算填报表格减少 50%，科研财务助理试点工作顺利进行。深化科技金融工作，青海省第二家科技支行中国民生银行西宁城东科技支行获批运行。加强科技监督和科研诚信工作，对青海伟毅新型材料有限公司进行科研诚信处理，将结果报送至信用青海、科技部国家科技监督信息平台，并对立项项目开展科研诚信核查，营造诚实守信的科研氛围。

（二）增强服务国家战略科技创新策源能力

积极对接科技部和省政府相关部门编制完成《青海省"十四五"科技创新规划》，由省政府办公厅于 2021 年 12 月正式印发。国家青藏高原科学数据中心青海分中心正式揭牌，第二次青藏科考信息服务保障系统上线运行，制订青藏科考服务平台和野外综合科考基地建设方案，4 期科考工作动态得到刘鹤副总理重要批示，全年服务保障科考队员 120 批次 1600 余名，牵头完成了《关于推进第二次青藏科考野外综合基地建设的调研报告》。组织申报高寒矿区生态修复关键技术研究、黄河水源涵养区生态环境保护等国家项目，有效推动黄河上游生态保护和高质量发展。支持三江源国家公园生态监测数据平台建设，祁连山黑河源草地生态生产共赢模式创建与示范项目取得显著成效。会同海南州持续推动国家可持续发展议程创新示范区建设，制订支持示范区建设若干政策措施。制订科技支撑引领青海碳达峰碳中和实施方案，助力零碳产业示范园区建设，生态价值评估重大科技专项成果为实现"双碳"目标提供了支撑、贡献了青海力量。

（三）统筹推进科技人才工作

牢固树立人才是第一资源、科技创新关键是人才的理念，认真谋划科技人才工作重点方向和目标，不断推动科技人才工作迈上新台阶。一是省政府办公厅于 2021 年 7 月和 2021 年 9 月分别印发了《关于聘任 2021 年度省政府科技顾问的通知》和《关于聘任陈海生同志为 2021 年度省政府科技顾问的通知》，聘任王汉中、潘复生、王军志、陈海生 4 位院士、专家为省政府 2021 年度科技顾问。二是实施育才计划促进科技队伍建设，向国家和省级各类人才计划推荐候选人 68 人；实施"西部之光"人才培养计划，支持 10 名西部优秀青年人才及其团队开展体现西部区域特色的科研工作；选拔 20 名青海省自然科学与工程技术学科带头人，对前十五批共 459 名省自然科学与工程技术学科带头人完成了考核评估，充分发挥创新驱动发展主力军作用。三是成功举办第二届"智汇三江源·助力新青海"人才项目洽谈会科技引才专场活动，省人才工作领导小组授予省科技厅组织工作"突出贡献奖"。四是组织完成 2020 年度青海省自然科学研究系列职称评审及学科带头人考核评估，积极建设科技人才数据库和科技人才管理信息系统公共服务平台，合力做好人才推荐、选拔工作。五是外国人来华工作许可行政审批入驻西宁市民中心，实现来华工作许可和居留许可"一窗通办、并联办理"。六是组织召开全省科技工作者座谈会，青海省科学技术厅获青海省人才工作"伯乐奖"。

（四）持续加强科技创新平台布局

1. 持续加强国家重点实验室建设

一是组织鼓励藏药新药开发企业国家重点实验室和省部共建三江源生态与高原农牧业国家重点实验室申报 2022 年科技计划，将黄河上游生态保护、储能技术、种质资源研究、藏语智能信息处理及应用纳入"项目+团队+基地"试点进行征集。二是省部共建藏语智能信息处理及应用国家重点实验室正式获批，完成藏语智能信息处理及应用国家重点实验室支持建议。筹备召开实验室启动揭牌会。三是支持藏药新药开发企业国家重点实验室 300 万元用于基础条件建设，进一步改善实验室科研环境。

2. 积极筹建国家重点实验室

一是在北京组织召开先进储能技术国家重点实验室组建方案论证会，并根据论证会专家意见进一步修改完善后，再次正式上报科技部。督促黄河水电公司进一步完善人才团队，并积极争取纳入国务院国资委中央企业国家重点实验室方案。2021 年 8 月 26~29 日，科技部黄卫副部长赴青海调研多能互补绿色储能国家重点实验室筹建情况。二是支持中科院盐湖研究所申报盐湖资源保护与利用国家重点实验室，支持中科院西北高原生物研究所申报高寒生态脆弱区生物多样性保护国家重点实验室，并向省政府报送《关于商请支持中科院三江源国家公园研究院筹建国家重点实验室的函（代拟稿）》。

3. 稳步提升省级（重点）实验室创新能力

一是加强黄河上游生态保护和高质量发展实验室建设，积极与省发展改革委对接，争取支持在海南州建设黄河上游生态保护和高质量发展实验室科研用房建设，督促青海大学完成前期可研报告。玛多地震期间，充分发挥实验室优势，邀请专家团队赴玛多县开展黄河源水电站调研工作。二是积极推进青藏高原种质资源实验室建设。先后多次组织召开座谈咨询会议，结合实地调研完成《青藏高原种质资源实验室建设规划书》。三是加强省级重点实验室建设，围绕青绣文化、干热岩等重点方向积极布局省级重点实验室，完成 2021 年新建省级重点实验室评审工作。组织开展了 2020 年度重点实验室评估工作。四是推进联合实验室建设。新认定联合实验室 2 家，并积极推进青海民族大学建设联合实验室，将此实验室签约事项推荐至青海省人才管理办公室作为青洽会期间创新平台签约工作。五是进一步完善实验室评估体系和运行机制。学习借鉴广东等外省重点实验室分类评估指标，经多次征求各单位意见，完成《青海省重点实验室建设与运行管理办法》《青海省重点实验室评估管理办法》修订工作。

4. 完善科技基础条件平台建设工作

不断完善科技创新平台布局，支持"青海科技融媒体创新综合服务平台""柴达木盆地盐湖区资源与环境科学观测系统平台"等 9 个基础条件平台项目建设，资助 760 万元。完成 2022 年度科技平台项目申报指南编制及 2022 年度科技基础条件平台项目评审工作，拟立项 5 个。

5. 推动大科学装置相关工作

充分发挥领导小组办公室职责，会同海西州政府积极推进冷湖天文观测基地建设规划编制、冷湖天文观测基地学术委员会组建、冷湖天文观测基地管理办法制订等工作。积极协调各成员单位，基地道路、供电、通信等基础设施建设进展顺利。2021 年 5 月 27 日，青海省人民政府与清华大学就 MUST 项目签订协议，共同推进项目落地冷湖天文观测基地。7 月 5 日，召开"天文大科学装置冷湖台址监测与先导科学研究"重大专项中期进展研讨会，项目实施进展顺利并取得重大科技成果，8 月 18 日在国际期刊（*NATURE*）上正式发表，中科院、青海省科技厅积极对接国家和省垣媒体及相关自媒体及时发布重大科技成果。

二　2021 年青海科技创新体系建设与发展

（一）科技创新体系建设工作概况

青海省科技部门认真学习贯彻党中央、国务院和青海省委、省政府关于科技创新的指示精神，牢固树立和贯彻落实创新、协调、绿色、开放、共享的发展理念，切实践行习近平总书记关于"创新"的重要论述，积极顺应科技时代大变革带来的机遇，认真贯彻落实国家创新驱动发展战略纲要，积极推动从科技管理模式创新、科技创新制度改革、金融服务模式创新、科技创新平台建设、高层次人才引进、提高区域科技创新活力等多层次多角度构建科技创新链条，出台一系列围绕创新驱动发展的政策措施，构建科技创新促进体系，科技创新供给能力不断提升。

1. 加强顶层设计，科技体制改革打出"组合拳"

坚持完善创新政策体系，出台实施《青海省关于优化科技创新体系 提升科技创新供给能力的若干政策措施》，努力补齐发展短板，构建举全省之力的科技创新体系；制定《青海省科学技术厅关于加强新冠肺炎疫情防控科技支撑九项举措的通知》，创新政策举措，推进疫情防控应急科技攻关和科创企业复工复产；印发《青海省深化自然科学研究人员职称制度改革实施方案》等文件，推进科技人才分类评价机制改革；《青海省促进科技成果转化条例》正式颁布，通过举办省内外科技成果转化对接活动，促成科技合作72项、成交额1.3亿元。青海科技创新专板开板，首批15家科创企业在青海区域性股权市场集中挂牌。科技创新券连续两批累计支持561.4万元。推动科研项目组织方式改革，启动实施7个应急科研专项，开放"绿色通道"，开展"包干制"试点；探索实施"揭榜挂帅"制，解决青海"卡脖子"核心技术难题，盐湖老卤制备无水氯化镁已面向全国公开征集揭榜单位；镁基土壤修复材料科研攻关将采取科学家领衔制试点项目有序推进。强化科研作风建设，联合印发《青海省对科研领域相关失信责任主体实施联合惩戒合作备忘录》，开出青海省科研失信行为首张"罚单"，营造了良好的作风、学风。通过深化科技体制改革，优化科技创新生态环境，补短板、强弱项、堵漏洞，提升科技创新治理能力，激发科技创新创业活力。

2. 发挥职能作用，推动形成创新合力

按照青海省科技体制改革和创新体系建设工作领导小组职责，成员单位加强部门间互相协调，认真落实领导小组会议精神，形成科技创新工作合力，推动全省科技体制改革和创新体系建设迈上新台阶。青海省人才工作领导小组办公室（以下简称人才办）不断深化人才发展体制机制改革，优化人才发展环境，提供人才支撑；青海省发展和改革委员会积极推进新能源产业创新发展；青海省财政厅创新财政科技资金支持方式，建立了科研经费绿色通道，创新科研经费管理方式；青海省卫生健康委积极做好新冠肺炎疫情防控期间科技创新工作，重大疾病防治技术研究取得了突破性进展；青海省农业农村厅积极构建了符合青海高原特色的农牧业科技推广体系，打通了农技推广的"最后一公里"；青海省生态环境厅强化科技攻关及生态环保课题研究，以科技创新推动生态环保工作；青海省自然资源厅积极推进地热开发利用研究工作，取得了较好效果；青海省水利厅深入开展节水农业、循环农业、有机农业等技术研发，切实提升农业技术装备水平；青海省住房和建设厅持续推进建设科技创新，加快促进青海省建筑业产业转型升级；青海省金融监管局推动首批 15 家科创板企业正式挂牌并在上海股权托管中心实现同步展示；青海省药监局强化科技创新与监管工作的有效衔接，不断提升科学监管、标准管理和检验机构规范化水平；青海省税务局认真落实研发费用加计扣除等普惠性税收政策重点任务，切实增强企业技术创新动力；青海省科学技术协会在加强科学技术普及、提高全民科学素养方面发挥了重要作用；青海省统计局扎实做好科技创新统计工作，不断提升统计服务水平。

3. 构建创新体系，科技创新主体建设多头并进

一是全年安排省级财政科技专项资金 48399.8 万元，其中结转项目 12117 万元、新开科技项目 36282.8 万元。启动实施重大科技专项 4 个，支持经费 5500 万元；登记科技成果 700 项；落实招商引资项目 8 个，签约资金 6.2 亿元。二是国家自然科学基金区域创新发展联合基金共安排涉及青海省指南方向项目 23 个，直接资助经费 4154 万元，充分发挥联合基金国家平台作用，吸引和集聚全国的科研人员，解决制约青海生态环境保护和盐湖化工领域的关键科学问题，促进青海省创新发展。三是在科技部支持下，省部共建藏语智能信息处理及应用国家重点实验室成功获批，成为青海省第三家国家重点实验室；三江源草地生态系统国家野外科学观测综合研究站落户果

洛，首个国家科技资源支撑型双创特色载体落户海东河湟新区。国家牦牛技术创新中心创建工作有序推进，授牌的 6 家省级临床医学研究中心获国家临床研究中心分中心备案。建成国家级青藏高原人类遗传资源库，搭建全省首个基因测序科研平台。四是全面参与第二次青藏科考。2021 年 5 月 8~10 日，科技部王志刚部长一行专程赴青海省果洛藏族自治州阿尼玛卿现场调研第二次青藏科考工作，同时为青海省委中心组学习（扩大）会做辅导报告。9 月 10~12 日，李萌副部长深入青海湖流域、木里矿区等现场调研第二次青藏科考工作，并对科技支撑服务青海生态环境保护和绿色发展做出了具体安排部署。推进国家青藏高原科学数据中心青海分中心建设，完成镜像和备份达 33 TB，并由杨逢春副省长和中国科学院院士、中国科学院青藏高原研究所所长陈发虎共同为青海分中心揭牌。初步形成果洛、格尔木、玉树三个野外综合科考基地及青藏科考展陈中心建设方案。积极推动科考成果服务青海省绿色可持续发展，先后向科技部组织报送《青藏高原近地表氧含量与缺氧健康影响科考分析报告》《青海玛多县 5·22 地震灾害初步评估报告》等7 期重要科考成果，其中 4 期得到刘鹤副总理的高度重视和重要批示，为青海省相关领域提供了科学决策依据。编制完成《2020 年度第二次青藏高原综合科学考察研究（青海地区）项目进展报告汇编》，为推动科考成果转化应用提供了理论支撑。围绕服务保障第二次青藏科考，开发建设第二次青藏科考信息服务保障系统并正式上线运行。全年先后为 120 批次 1600 余名科考队员提供了服务保障。五是全力推进冷湖天文观测基地建设。充分发挥冷湖天文观测基地建设工作领导小组办公室作用，认真贯彻落实王建军书记、信长星省长重要批示精神和省委、省政府安排部署，推动制订印发了《冷湖天文观测基地管理办法》和《关于成立冷湖天文观测基地学术委员会的通知》。完成《青海省人民政府 清华大学"宽视场巡天望远镜"（MUST）项目合作协议》签约工作。督促各成员单位密切配合、全力支持，基地道路、供电、通信等基础设施建设有序推进。推动"天文大科学装置冷湖台址监测与先导科学研究"重大专项实施并取得重大科技成果，8 月 18 日在国际期刊（*NATURE*）上正式发表，有效提升了青海省海西州冷湖天文观测基地的知名度和影响力。

4. 注重人才队伍建设，发挥好科技战略智囊作用

一是建立了省政府科技顾问制度，王浩等 7 名院士被聘任为青海省人民政府科技顾问，并充分发挥科技顾问的智库作用，围绕水资源保护和利用、镁资源多元化高效利用、生态环境保护及生态补偿机制的研究与示范、清洁能源和锂产业创新发展以及"十四五"规划等，积极为青海省开展咨询服务，提供了一批高水平的建议报告。二是围绕"院士夏令营"工作，青海大学承办 2020 年"工程科技进展"技术科学论坛，百余位院士和专家学者出席，探讨工程科技最新进展。三是完成"青海学者"初选和何梁何利基金科技奖候选人推荐，选拔科技创新领军人才 7 名、科技创业领军人才 1 名、科技创新创业团队 9 个，引进外国专家 25 人次。四是首个国家技术转移人才培养基地在青海省生产力促进中心揭牌运行，青海师范大学获批青藏高原语言与文化大数据学科创新引智基地。

5. 加强交流对接，提升区域创新能力

一是持续完善科技援青与东西部科技合作机制，分别与 14 个省市达成平台、项目、园区等各类合作意向 50 余项，近 50% 重点研发计划项目采取东西部合作方式联合实施。深化省院合作，起草并报送《青海省人民政府　中国科学院战略合作协议（2021～2025 年）》。二是进一步推进实施厅州（市）科技工作会商制度，帮助地方科技管理部门凝练重点和重大科技问题，投资 2100 万元支持 7 个县域创新试点县（区）建设工作。在科技援青专项和中央引导地方科技发展专项中对黄南、果洛、玉树三州给予支持，并在 2021 年科技计划中向玉树、海南、海北等创新资源稀缺地区倾斜，加强科技资源统筹配置，有效推进了区域协同创新。三是扎实推进科技行业和定点扶贫，组织实施"1020"项目 31 个、投入 7371 万元，实施科技扶贫项目 5 个、资助经费 620 万元，获年度脱贫攻坚先进单位称号。选派 1000 名"三区"人才深入基层开展科技服务，实现贫困村科技特派员服务全覆盖，达日县特合土乡夏曲村离网光伏科技示范电站成功并网，为可可西里所辖五个保护站配备光伏供热供氧设备。助力旅游和青绣产业发展，青绣项目荣获中国创翼优秀奖。通过推进区域协同创新，解决区域发展不平衡不充分问题。

6. 构建多层次科技金融体系，提高创新服务水平

一是设立国科基金管理有限公司。为实现政府引导基金与青海省科技计划体系紧密衔接，与科技计划体系发展战略高度结合，与财政资金、担保公司、科技银行、青海科创板区域专板等形成体系化协同优势。二是进一步创新担保方式，丰富担保产品，推出了"科税保"、"分离式"招标保函等多个担保业务产品。三是联合大地保险（青海分公司）、阳光保险（青海分公司）对科研项目风险化解等方面进行了多次对接，立足省内"三型"企业需求，设计保险产品。四是加大科技金融信贷支持。以中国民生银行西宁支行为平台，交流探讨科技企业金融服务产品新路径，积极探索支持科技型企业发展的融资新模式，创新金融产品，提升科技信贷服务水平。

（二）创新体系重点工作进展情况

1. 青海省重点实验室建设

全省共有73家省级重点实验室及3家省实验室。作为全省科技创新的核心要素之一，省（重点）实验室发挥了重要辐射带动作用，有效助推了全省重点产业及重点学科建设，为提高区域科技创新水平、推动社会经济高质量发展发挥了积极作用。

根据《青海省（重点）实验室管理办法》和《青海省重点实验室评估办法》，青海省科技部门组织开展了2021年度重点实验室评估工作，对象为地质矿产资源生态领域、高原医药与健康领域的31家省级重点实验室和3家省实验室。

（1）总体情况

2021年参与评估的省实验室共3家，平均得分为80.70分，最高的是青藏高原种质资源研究与利用实验室（青海省农林科学院），得分为99.80分；排名第二的是青海省先进储能实验室（青海黄河上游水电开发有限责任公司），得分为79.58分；排名第三的是黄河上游生态保护与高质量发展

实验室（青海大学），得分为 62.74 分。整体上看，省实验室的 14 个一级指标（其中 R&D 投入情况只针对企业类实验室）中，实验室主任与学科带头人指标得分情况较好，平均得分率达 93.33%，其次是专利和对外开放交流，平均得分率分别为 66.67% 和 62.5%，科技资源共享和发表论文 2 个指标表现较差，平均得分率均在 10% 以下。

本次参评的重点实验室共 31 家，平均得分为 72.76 分，得分高于平均分的有 13 家。排名前五的分别为青海省寒区恢复生态学重点实验室（中国科学院西北高原生物研究所）、青海省藏药研究重点实验室（中国科学院西北高原生物研究所）、青海省自然地理与环境过程重点实验室（青海师范大学）、青海省藏药药理学和安全性评价研究重点实验室（中国科学院西北高原生物研究所）、青海省盐湖地质与环境重点实验室（中国科学院青海盐湖研究所）。从整体上看，省级重点实验室的 14 个一级指标（其中 R&D 投入情况指标只针对企业类实验室）中，实验设施和仪器设备、标准制定/审定新品种和实验室主任与学科带头人 3 个指标表现较好，平均得分率均在 65%以上，其次是 R&D 投入情况和承担国家、省部级科研项目课题，平均得分率为 55%~60%，专利、对外开放交流和科技成果转化方面表现较差，平均得分率均不足 20%，尤其是科技成果转化平均得分率仅为 8.42%（见表 1）。

表 1　青海省（重点）实验室分项一级指标得分率情况

单位：%

一级指标	省实验室平均得分率	省级重点实验室平均得分率
实验设施、仪器设备	47.48	69.76
R&D 投入情况	54.37	55.60
科技资源共享	8.33	47.49
承担国家、省部级科研项目课题	50.14	58.19
科技奖励	36.67	36.13
发表论文	0	49.03
专著	33.33	32.90
标准制定/审定新品种	25	65.51
科技成果水平	16.67	34.90

一级指标	省实验室平均得分率	省级重点实验室平均得分率
专利	62.5	17.24
实验室主任与学科带头人	93.33	65.81
人才培养和引进	41.67	23.91
对外开放交流	66.67	18.72
科技成果转化	26.67	8.42

资料来源：2021年度重点实验室评估（对象为地质矿产资源生态、高原医药与健康领域的31家省级重点实验室和3家省实验室）。

（2）分类分析

青海省（重点）实验室根据依托单位和研究性质，将3家省实验室和31家省级重点实验室分别划分为学科类、企业类。

①省实验室

根据依托单位的性质划分，学科类的省实验室有2家，分别为青藏高原种质资源研究与利用实验室（青海省农林科学院）和黄河上游生态保护与高质量发展实验室（青海大学）；企业类的省实验室有1家，为青海省先进储能实验室（青海黄河上游水电开发有限责任公司）。

2家学科类省实验室中，青藏高原种质资源研究与利用实验室（青海省农林科学院）在承担国家、省部级科研项目课题、实验室人才团队建设、出版专著方面表现突出，但在科技资源共享、科技成果水平和发表论文方面表现较弱。黄河上游生态保护与高质量发展实验室（青海大学）在实验室团队建设和人才培养方面表现较好，但在科技资源共享、科研产出和科技成果转化等方面均表现不佳（见表2）。

企业类省实验室为青海省先进储能实验室（青海黄河上游水电开发有限责任公司），在14个一级指标中，实验设施和仪器设备、对外开放交流、专利3个方面表现较好，但在承担国家和省部级科研项目课题、发表论文、专著、科技成果水平、人才培养和引进等方面还有待加强。

表2　3家省实验室分项一级指标得分情况

一级指标	学科类						企业类		
	设计分值	青藏高原种质资源研究与利用实验室		黄河上游生态保护与高质量发展实验室		设计分值	青海省先进储能实验室		
		得分（分）	得分率（%）	得分（分）	得分率（%）		得分（分）	得分率（%）	
实验设施、仪器设备	9	3.02	33.55	0.80	8.89	9	9.00	100	
R&D投入情况	—	—	—	—	—	10	5.44	54.4	
科技资源共享	4	0.00	0	0	0	4	1.00	25	
承担国家、省部级科研项目课题	25	25.00	100	11.93	47.72	15	0.41	2.73	
科技奖励	10	4.00	40	5.00	50.00	5	1.00	20	
发表论文	6	0.00	0	0	0	6	0	0	
专著	6	6.00	100	0	0	6	0	0	
标准制定、审定新品种	6	3.00	50	5.00	50.00	6	1.50	25	
科技成果水平	10	0.00	0	1.79	25.57	10	0	0	
专利	7	4.33	61.86	5.00	100.00	12	12.00	100	
实验室主任与学科带头人	5	5.00	100	4.38	73.00	5	4.00	80	
人才培养与引进	6	3.00	50	3.00	50.00	6	0.11	1.83	
对外开放交流	6	3.00	50	0	0	6	6.00	100	
科技成果转化	10	4.00	40	0	0	10	4.00	40	

资料来源：2021年度重点实验室评估（对象为地质矿产资源生态、高原医药与健康领域的31家省级重点实验室和3家省实验室）。

a. 实验设施、仪器设备

实验设施、仪器设备包括实验室用房面积、办公用房面积、仪器设备原值。截至2021年，3家省实验室中，实验室用房总面积53324.5平方米，办公用房总面积11261平方米，仪器设备原值总额达51451.3万元（见表3）。其中青海省先进储能实验室占比均较高，分别为67.70%、76.41%和67.23%。

表3　省重点实验室基础建设情况

序号	实验室名称	依托单位	实验室用房面积(平方米)	办公用房面积(平方米)	仪器设备原值(万元)
1	黄河上游生态保护与高质量发展实验室	青海大学	2701.5	256	5636.3
2	青藏高原种质资源研究与利用实验室	青海省农林科学院	14523.0	2400	11222.0
3	青海省先进储能实验室	青海黄河上游水电开发有限责任公司	36100.0	8605	34593.0
合计			53324.5	11261	51451.3

资料来源：2021年度重点实验室评估（对象为地质矿产资源生态、高原医药与健康领域的31家省级重点实验室和3家省实验室）。

b. R&D 投入情况

由于学科类省实验室的指标设置中不涉及 R&D 投入情况，因此仅对企业类省实验室进行该项分析。根据采集数据，2021年青海省先进储能实验室（青海黄河上游水电开发有限责任公司）的企业研发支出为23556.12万元，占销售额的比重为1.31%。

c. 科技资源共享

根据采集数据，3家省实验室科技资源共享情况整体较差。截至2021年，仅青海省先进储能实验室设备实现大型仪器入网共享，但没有提供对外检验检测服务。下一步应加强省实验室科技资源开放共享服务建设，提高大型科研仪器资源利用率。

d. 承担国家、省部级科研项目课题

2021 年，3 家省实验室共承担科研项目 41 个，其中国家级项目 8 个、省部级项目 33 个（见图 1），争取财政经费共计 6522 万元。

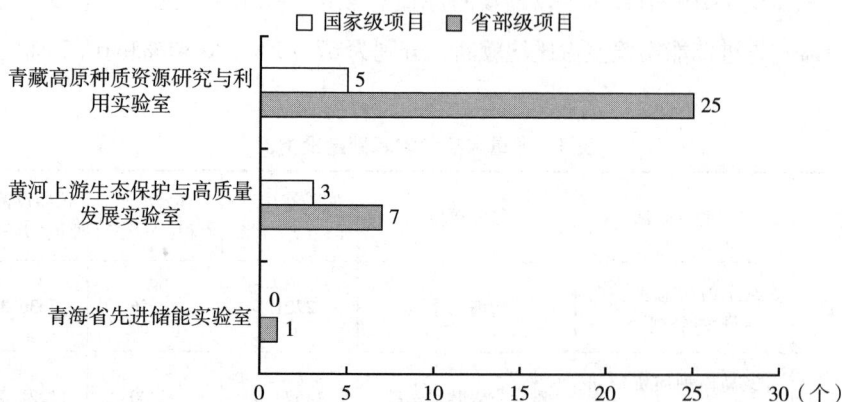

图 1 2021 年省实验室承担科研项目情况

资料来源：2021 年度重点实验室评估（对象为地质矿产资源生态、高原医药与健康领域的 31 家省级重点实验室和 3 家省实验室）。

e. 科研产出情况

科研产出包括科技奖励、发表论文、专著、标准制定/审定新品种、科技成果水平、专利等 6 个方面。

2021 年，3 家省实验室共取得科技奖励 7 项，其中省级科技奖一等奖 3 项、省级科技奖二等奖 3 项、省级科技奖三等奖 1 项（见图 2）。

2021 年，3 家省实验室以实验室名义发表论文的数量为 0 篇；出版专著共计 6 部，全部来自青藏高原种质资源研究与利用实验室（青海省农林科学院）；主持或参与制定标准 24 个，其中青藏高原种质资源研究与利用实验室（青海省农林科学院）16 个、青海省先进储能实验室（青海黄河上游水电开发有限责任公司）8 个；取得科技成果 3 个，全部来自黄河上游生态保护与高质量发展实验室（青海大学），其中 1 个成果达到国际领先水平、2 个成果为国内领先水平。

2021 年，3 家省实验室共取得授权发明专利 19 项，申请发明专利 11

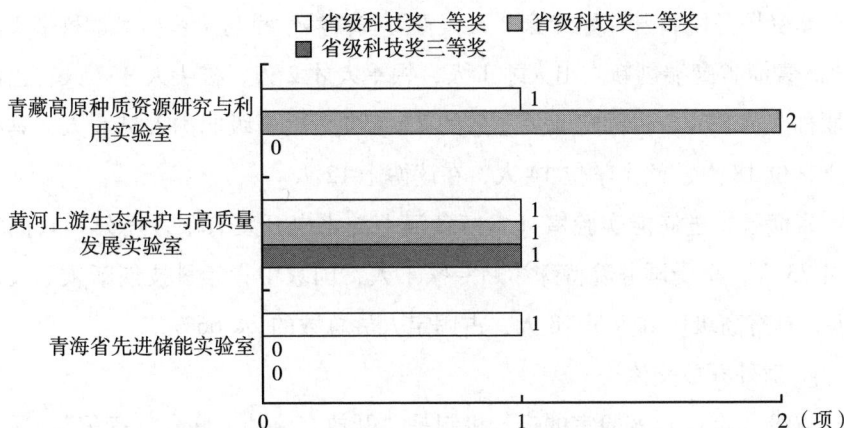

图 2　2021 年省实验室取得科技奖励情况

资料来源：2021 年度重点实验室评估（对象为地质矿产资源生态、高原医药与健康领域的 31 家省级重点实验室和 3 家省实验室）。

项。其中，青藏高原种质资源研究与利用实验室（青海省农林科学院）取得的授权发明专利 13 项，申请发明专利 0 项；黄河上游生态保护与高质量发展实验室（青海大学）取得的授权发明专利 5 项，申请发明专利 1 项；青海省先进储能实验室（青海黄河上游水电开发有限责任公司）取得的授权发明专利 1 项，申请发明专利 10 项。

f. 队伍建设与人才培养情况

实验室是科技人才培养的重要基地。从队伍建设规模和人才培养数量上看，2 家学科类省实验室整体上要优于企业类省实验室。具体表现在学科类省实验室固定人员数量较多，培养的国家级和省级人才相对较多，高学历和高级职称极具竞争优势的科技人员占较高比例。

3 家省实验室人员情况具体如下。

青藏高原种质资源研究与利用实验室（青海省农林科学院）现有固定人员 181 人，国家级人才 6 人，省部级以上人才 65 人；博士生导师 15 人，硕士生导师 46 人；具有正高级职称人员 32 人，占固定人员总数的 17.68%，副高级职称人员 65 人，占固定人员总数的 35.91%。

黄河上游生态保护与高质量发展实验室（青海大学）有固定人员 34

人，享受国务院特殊津贴专家 2 人，青海省自然学科与工程技术学科带头人 5 人，青海省高端创新杰出人才 1 人，领军人才 2 人，拔尖人才 7 人；正高级职称人员 8 人，占固定人员总数的 23.53%，副高级职称人员 8 人；具有博士学位 18 人，硕士学位 14 人，在读博士 12 人。

青海省先进储能实验室（青海黄河上游水电开发有限责任公司）固定人员 73 人，享受国务院特殊津贴专家 1 人，国家中青年科技创新领军人才 1 人；具有高级职称人员 18 人，占固定人员总数的 24.66%。

g. 对外开放交流

省级（重点）实验室的运行机制是"开放、流动、联合、竞争"。通过合作交流，可进一步拓宽国内外合作交流渠道，丰富合作交流的内容和形式。2021 年，青藏高原种质资源研究与利用实验室（青海省农林科学院）和黄河上游生态保护与高质量发展实验室（青海大学）各举办 1 次学术交流会议，但均未设置开放课题；青海省先进储能实验室（青海黄河上游水电开发有限责任公司）参加学术交流会议 1 次，签订产学研联合攻关项目 6 个。

h. 科技成果转化情况

科技成果转化方面，2021 年，青藏高原种质资源研究与利用实验室（青海省农林科学院）获得 1 项青海省科技成果奖创新驱动奖，青海省先进储能实验室（青海黄河上游水电开发有限责任公司）获得 1 项青海省专利奖银奖，在取得科技成果方面做出了一定成绩，但具体的成果转化成效还不够明显。下一步应加强科技成果的转化工作，提高科技成果熟化程度，促进科技成果转移转化应用。

②省级重点实验室

参加全面评估的省级重点实验室合计 31 家，按依托单位属性分类可分为学科类和企业类两类，其中学科类 27 家，占总数的 87%，企业类 4 家，占总数的 13%。

学科类省级重点实验室综合排名如图 3 所示，排名前五的实验室分别为青海省寒区恢复生态学重点实验室、青海省藏药研究重点实验室、青海省自然地理与环境过程重点实验室、青海省藏药药理学和安全性评价研究重点实验室、青海省盐湖地质与环境重点实验室，评估综合得分分别为118.05分、106.32分、93.87分、92.39分、90.98分，远高于学科类省级重点实验室平均得分71.15分。排名前五的实验室依托单位中3家实验室的依托单位均为中国科学院西北高原生物研究所，从侧面反映出该单位在恢复生态学和藏药现代化等方面具有较强的科研水平。

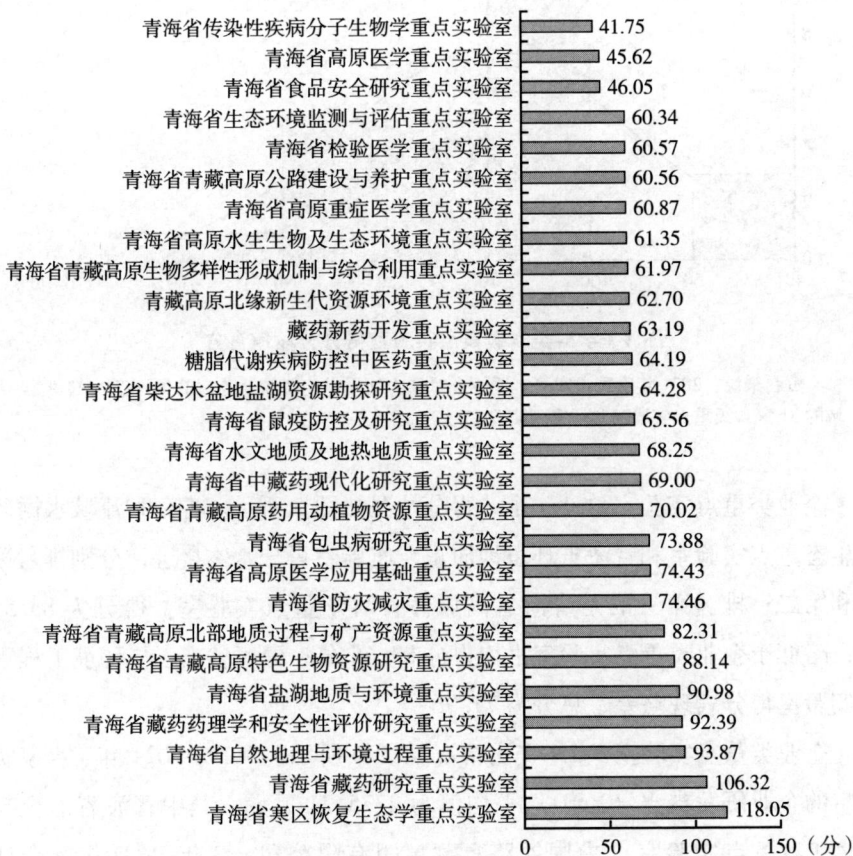

实验室	得分
青海省传染性疾病分子生物学重点实验室	41.75
青海省高原医学重点实验室	45.62
青海省食品安全研究重点实验室	46.05
青海省生态环境监测与评估重点实验室	60.34
青海省检验医学重点实验室	60.57
青海省青藏高原公路建设与养护重点实验室	60.56
青海省高原重症医学重点实验室	60.87
青海省高原水生生物及生态环境重点实验室	61.35
青海省青藏高原生物多样性形成机制与综合利用重点实验室	61.97
青藏高原北缘新生代资源环境重点实验室	62.70
藏药新药开发重点实验室	63.19
糖脂代谢疾病防控中医药重点实验室	64.19
青海省柴达木盆地盐湖资源勘探研究重点实验室	64.28
青海省鼠疫防控及研究重点实验室	65.56
青海省水文地质及地热地质重点实验室	68.25
青海省中藏药现代化研究重点实验室	69.00
青海省青藏高原药用动植物资源重点实验室	70.02
青海省包虫病研究重点实验室	73.88
青海省高原医学应用基础重点实验室	74.43
青海省防灾减灾重点实验室	74.46
青海省青藏高原北部地质过程与矿产资源重点实验室	82.31
青海省青藏高原特色生物资源研究重点实验室	88.14
青海省盐湖地质与环境重点实验室	90.98
青海省藏药药理学和安全性评价研究重点实验室	92.39
青海省自然地理与环境过程重点实验室	93.87
青海省藏药研究重点实验室	106.32
青海省寒区恢复生态学重点实验室	118.05

图3　学科类省级重点实验室得分情况

资料来源：2021年度重点实验室评估（对象为地质矿产资源生态、高原医药与健康领域的31家省级重点实验室和3家省实验室）。

参评的 27 家学科类重点实验室平均得分 70.10 分，学科类重点实验室得分分段值直方图如图 4 所示，分布曲线整体呈两边低、中间高趋势，说明评估指标设置较为合理，可有效区分一般重点实验室和优秀重点实验室，为后期结合实地考察评判实验室水平提供依据。

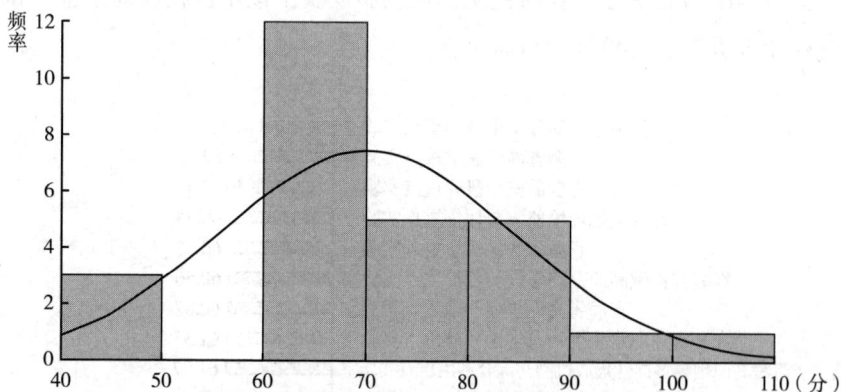

图 4　学科类省级重点实验室得分分段值直方

资料来源：2021 年度重点实验室评估（对象为地质矿产资源生态、高原医药与健康领域的 31 家省级重点实验室和 3 家省实验室）。

企业类重点实验室总计 4 个，得分情况如图 5 所示。青海省流域水循环与生态重点实验室和青海省环境地质重点实验室得分基本接近，分别排名第一和第二；排名第三的是青海省高原体育科学重点实验室，得分为 83.55 分，略低于企业类重点实验室平均得分 83.65 分；青海省冻土与环境工程重点实验室得分表现略差，总分为 71.96 分。

企业类重点实验室 R&D 支出情况如图 6 所示。2019～2021 年，4 家实验室的企业研发支出（R&D）平均值为 2775.21 万元，其中青海省冻土与环境工程重点实验室（中国铁路青藏集团有限公司）3 年 R&D 投入合计6672.06 万元，远高于其他 3 家实验室。

2019～2021 年，4 家实验室的 R&D 投入占销售额的比重差异较大（见表 4），青海省流域水循环与生态重点实验室、青海省环境地质重点实验室、青海省冻土与环境工程重点实验室 3 家重点实验室依托单位 R&D 投入占比

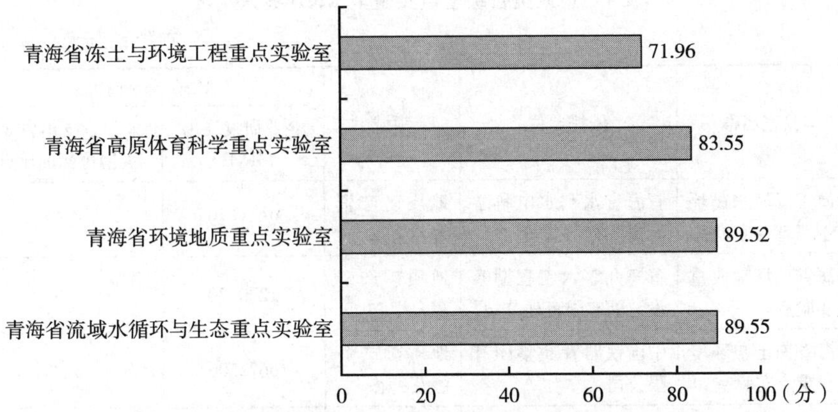
青海省冻土与环境工程重点实验室
71.96
青海省高原体育科学重点实验室
83.55
青海省环境地质重点实验室
89.52
青海省流域水循环与生态重点实验室
89.55
0
20
40
60
80
100（分）

图5　企业类省级重点实验室得分情况

资料来源：2021 年度重点实验室评估（对象为地质矿产资源生态、高原医药与健康领域的 31 家省级重点实验室和 3 家省实验室）。

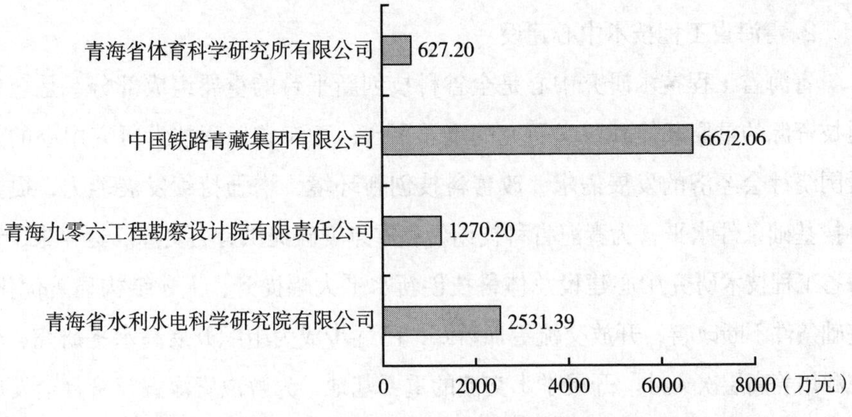
青海省体育科学研究所有限公司
627.20
中国铁路青藏集团有限公司
6672.06
青海九零六工程勘察设计院有限责任公司
1270.20
青海省水利水电科学研究院有限公司
2531.39
0
2000
4000
6000
8000（万元）

图6　2019~2021 年企业类省级重点实验室 R&D 支出

资料来源：2021 年度重点实验室评估（对象为地质矿产资源生态、高原医药与健康领域的 31 家省级重点实验室和 3 家省实验室）。

均在 15%以下，而青海省高原体育科学重点实验室的依托单位青海省体育科学研究所有限公司 R&D 投入占比高达 151. 56%。

表4 企业类省级重点实验室 R&D 投入情况

单位：万元，%

实验室名称	依托单位	领域	R&D 投入情况	
			企业研发支出（R&D）	企业研发支出（R&D）占销售额的比重
青海省流域水循环与生态重点实验室	青海省水利水电科学研究院有限公司	地质矿产资源及生态	2531.39	14.98
青海省环境地质重点实验室	青海九零六工程勘察设计院有限责任公司	地质矿产资源及生态	1270.20	7.90
青海省冻土与环境工程重点实验室	中国铁路青藏集团有限公司	地质矿产资源及生态	6672.06	3.90
青海省高原体育科学重点实验室	青海省体育科学研究所有限公司	高原医药与健康	627.20	151.56

资料来源：2021 年度重点实验室评估（对象为地质矿产资源生态、高原医药与健康领域的 31 家省级重点实验室和 3 家省实验室）。

2. 青海省工程技术中心建设

青海省工程技术研究中心是全省科技创新平台的重要组成部分，是全省科技资源的重要载体和科学研究的重要平台，青海省工程技术研究中心的建设围绕社会经济的发展需求，改善科技创新环境，增强持续发展能力，提升科技基础条件水平，为青海省科技创新和重点突破提供有力支撑。近年来，青海省工程技术研究中心建设总体科技创新水平大幅提升，人才结构显著优化，基础条件不断改善，开放交流更加活跃，已逐步成为组织开展高水平研究、聚集和培养高层次人才、开展学术交流的重要基地，为解决青海省经济社会发展突出问题提供了战略性、基础性、前瞻性的知识储备和科技支撑。

为推动省级工程技术研究中心快速发展，提升创新能力，青海省已连续多年组织开展了工程中心年度评估工作，根据《青海省工程技术研究中心管理办法》（青科发高新〔2018〕50 号）要求，2021 年 9 月，青海省科学技术厅（以下简称科技厅）联合青海省发展和改革委员会（以下简称发改委）、青海省工业和信息化厅（以下简称工信厅）、财政厅四部门对在效省级工程中心进行了年度评价，评价数据周期为 2020 年 10 月至 2021 年 9 月。

评选出优秀工程技术研究中心 10 家。本报告以此次评价内容为主，从总体运行情况、绩效产出情况、合作交流情况等方面对青海省省级工程技术研究中心（以下简称工程中心）2021 年度的发展情况进行述评。

（1）基本情况

截至 2021 年，青海省拥有在效工程中心 67 家（撤销 6 家、新认定 2 家），分布于四个市州园区，涉及七大技术领域。67 家省级工程中心现有在职人员 3044 人，近三年依托单位在工程中心研发方向累计科研投入超 24 亿元，在激发科技创新活力、提升带动依托单位整体研发水平方面起到良好的促进作用。

①分布情况

按所属技术领域划分，67 家省级工程中心建设涵盖了生物与新医药、新材料、新能源与节能、先进制造与自动化、电子信息、高技术服务、资源与环境等七大技术领域，其中生物与新医药 20 家，占 29.85%；新材料 13 家，占 19.40%；新能源与节能 9 家，占 13.43%；先进制造与自动化 2 家，占 2.99%；电子信息 6 家，占 8.96%；资源与环境 13 家，占 19.40%；高技术服务业 4 家，占 6.00%（见图 7）。

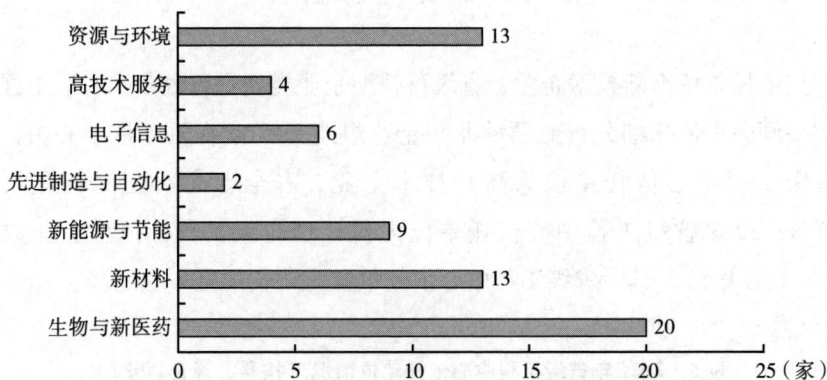

图 7　2021 年青海省工程中心分布情况（按技术领域划分）

资料来源：2021 年度青海省工程技术研究中心发展报告。

从地域分布情况看，西宁市 50 家，海东市 5 家，海西州 11 家，海南州 1 家。从地域分布可以看出，青海省研发能力主要集中在西宁市，其他市州依托优势矿产资源有一定分布。按工程中心主要园区分布情况划分，西宁地区分布于园区内29家，即青海省国家高新区17家、西宁经济开发区12家（包括东川工业园9家、南川工业园2家、甘河工业园1家）；海东工业园2家、柴达木循环区10家（德令哈工业园7家、格尔木工业园3家）（见图8）。

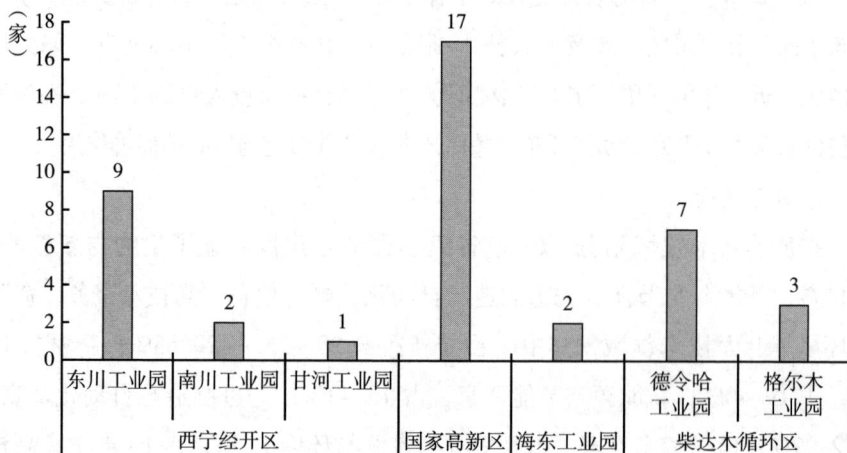

图8　2021年青海省工程中心主要园区分布情况（按地域划分）

资料来源：2021年度青海省工程技术研究中心发展报告。

按依托单位高新技术企业、省级科技型企业类型进行划分，省级工程中心主要倾向于依托细分行业领域龙头企业组建。67家在效工程中心中，32家省级工程中心依托单位为高新技术企业，占全省高新技术企业数的13.7%；30家省级工程中心依托单位为科技型企业，占科技型企业数的5.5%（见表5）。其中省级工程中心依托单位为双企的有24家。

表5　2021年省级工程中心依托单位情况（按科、高企划分）

依托单位类型	全省在效数量(家)	拥有工程中心数量(家)	占比(%)
高新技术企业	234	32	13.7
科技型企业	543	30	5.5

资料来源：2021年度青海省工程技术研究中心发展报告。

按依托单位性质划分，工程中心依托企业组建47家，其中依托民营企业组建25家、依托地方国企组建14家、依托中央企业组建7家、依托合资企业组建1家。依托高校院所组建20家，其中依托科研院所组建16家、依托高校组建4家（见表6）。

表6　2021年省级工程中心依托单位情况（按单位性质划分）

		生物与新医药9家
依托企业组建(47家)	依托民营企业组建(25家)	新材料5家
		新能源与节能5家
		先进制造与自动化2家
		高技术服务1家
		资源与环境2家
		电子信息1家
	依托地方国企组建(14家)	生物与新医药3家
		新材料4家
		资源与环境5家
		电子信息2家
	依托中央企业组建(7家)	新能源与节能4家
		新材料1家
		资源与环境1家
		电子信息1家
	依托合资企业组建(1家)	新材料1家
依托高校院所组建(20家)	依托科研院所组建(16家)	生物与新医药2家
		电子信息1家
		资源与环境4家
		新材料2家
		高技术服务7家
	依托高校组建(4家)	生物与新医药1家
		电子信息1家
		新材料1家
		高技术服务1家

资料来源：2021年度青海省工程技术研究中心发展报告。

②建设面积和仪器设备情况

截至2021年，青海省67家工程中心建设面积达48.25万平方米，其中，科研试验面积 17.78 万平方米，占 36.8%；中试及扩大化面积 11.3 万平方米，占 23.4%；办公面积 5.7 万平方米，占 11.8%。与 2019 年相比，青海省青稞资源综合利用工程中心增长 230%、青海省马铃薯产业工程中心增长 100%、青海省复杂锑锰矿选冶工程中心增长 79.9%、青海省高纯纳米氧化铝工程中心增长 66.66%、青海省铸锻工程中心增长 39.86%，5 家工程中心面积增长较显著。

中心拥有仪器设备原值 13.98 亿元，较 2019 年新增设备 455 套，较上年新增设备原值 9902 万元；新增 50 万元以上设备数 49 套，设备原值 6075.7 万元。

③人才队伍情况

67 家省级工程中心拥有在职人员 3044 人，其中固定工作人员 2710 人、科技活动人员 2558 人，分别占职工总数 89% 和 84%。从人员层次上来看，工程中心人员呈现高技术水平、高学历、年轻化发展趋势。其中，高级职称 711 人，占 23.3%；本科及以上学历 2120 人，占 69.6%（见表 7）。

表 7　2021 年省级工程中心人员情况

分类方式	二级分类	人数（人）	占比（%）
按工作性质分	从事科技活动人员数	2558	84.03
	其中，科技活动人员中固定人员数	2268	74.51
	研发人员数	1965	64.55
	研发人员中固定人员数	1817	59.69
按学位学历分	博士生	317	10.41
	硕士生	430	14.13
	本科	1373	45.11
	其他	924	30.35
按技术职称分	高级职称	711	23.36
	中级职称	740	24.31
	初级职称	529	17.38
	其他	1064	34.95

资料来源：2021 年度青海省工程技术研究中心发展报告。

④投入情况

2021年，工程中心总投入为16.23亿元，其中研发投入9.59亿元，研发投入中财政科技专项经费1.52亿元，研发投入中依托单位投入7.04亿元，研发投入中心内部投入0.74亿元。

截至2021年，工程中心配合承担各类科研项目共计503项。其中，国家级86项，项目总经费1.05亿元；省部级263项，项目总经费3.37亿元；自主开发109项，项目总经费2.59亿元；企事业单位委托45项，项目总经费0.53亿元（见图9）。

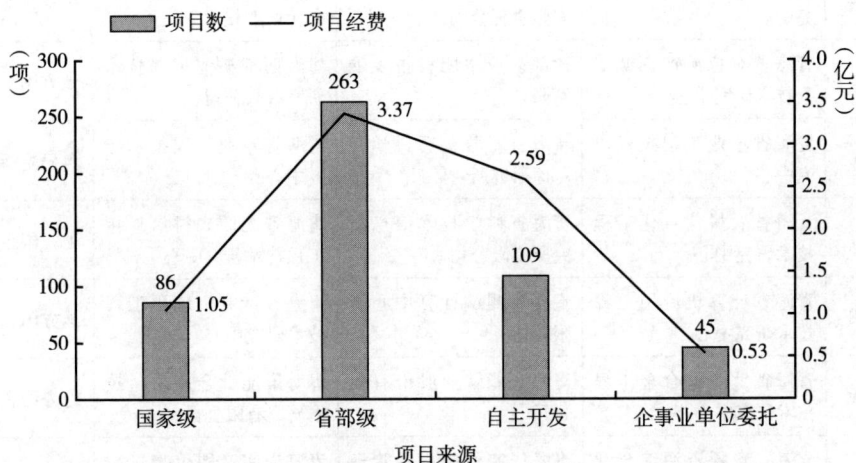

图9　2021年青海省工程中心科研项目承担情况

资料来源：2021年度青海省工程技术研究中心发展报告。

41家工程中心通过自主创新和引进、消化、吸收再创新两种方式获得自然科学奖二等奖1项；省部级奖一等奖7项、二等奖5项、三等奖4项；科技进步奖一等奖2项、二等奖8项、三等奖3项；地市级奖一等奖1项、二等奖3项、三等奖2项。

⑤法人资格情况

2021年，67家省级工程中心中已建成独立法人单位的共11家（见表8）。

表 8 已建成独立法人工程中心名单

序号	工程中心名称	依托单位	建成独立法人后名称	依托单位类型
1	青海省冬虫夏草菌丝体工程技术研究中心	青海珠峰冬虫夏草工程技术研究有限公司	青海珠峰冬虫夏草工程技术研究有限公司	民营企业
2	青海省沙棘资源开发工程技术研究中心	青海康普生物科技股份有限公司	青海康宝生物资源研究开发有限公司	民营企业
3	青海省硅材料工程技术研究中心	亚洲硅业（青海）股份有限公司	青海省亚硅硅材料工程技术有限公司	合资企业
4	青海省光伏工程技术研究中心	青海黄河上游水电开发有限责任公司	黄河水电系统集成公司、光伏产业技术分公司	中央企业
5	青海省有色矿产资源工程技术研究中心	西部矿业集团科技发展有限公司	青海西部矿业工程技术研究有限公司	地方国企
6	青海省草业工程技术研究中心	青海省畜牧兽医科学院草原研究所	青海省草业工程技术研究中心	科研院所
7	青海省农村信息化工程技术研究中心	青海省科学技术信息研究所有限公司	青海省高原农村信息化工程技术研究中心	地方国企
8	青海省计算机应用工程技术研究中心	青海省测试计算中心有限公司	青海省计算机应用工程技术研究中心	地方国企
9	青海省钛及钛合金工程技术研究中心	青海聚能钛业股份有限公司	青海聚能钛金属材料技术研究有限公司	地方国企
10	青海省青稞资源综合利用工程技术研究中心	青海华实科技投资管理有限公司	青海华实青稞生物科技开发有限公司	民营企业
11	青海省复杂锑锰矿选冶工程技术研究中心	青海华信环保科技有限公司	青海富睿工程技术有限公司	民营企业

资料来源：2021 年度青海省工程技术研究中心发展报告。

（2）绩效产出情况

绩效情况主要包括工程中心技术创新情况和经济效益情况两部分。

①工程中心技术创新情况

a. 专利专著

截至 2021 年，工程中心申请发明专利 341 件，其中已受理 215 件、已授权 126 件；实用新型 632 件，其中已受理 205 件、已授权 427 件。发表论文 651 篇，其中 EI 论文 22 篇、SCI 论文 191 篇、中文核心 245 篇、一般论文 178 篇、专著 15 篇。

b. 标准制订

2021 年，工程中心参与制订各类标准 133 项，其中参与制订国家标准 22 项、行业标准 10 项、地方标准 45 项、团体标准 16 项、企业标准 40 项。

c. 工程化能力情况

2021 年，青海省 26 家工程中心共购置 137 台大型仪器设备，其中国产仪器设备 102 台/套、进口仪器设备 35 台/套，主要分布在生物与新医药 10 家，仪器设备 77 台/套；新能源与节能 3 家，仪器设备 14 台/套；资源与环境 6 家，仪器设备 18 台/套；新材料 4 家，仪器设备 14 台/套；电子信息 1 家，仪器设备 4 台/套；先进制造与自动化 1 家，仪器设备 8 台/套；高技术服务 1 家，仪器设备 2 台/套（见表9）。

工程中心当年新建生产线 21 条/个，新增基地 11 个。

表 9　工程中心拥有大型仪器设备情况

技术领域	工程中心数量（家）	拥有大型仪器设备（台/套）	国产（台/套）	进口（台/套）
生物与新医药	10	77	55	22
新能源与节能	3	14	14	0
资源与环境	6	18	11	7
新材料	4	14	14	0
电子信息	1	4	2	2
先进制造与自动化	1	8	6	2
高技术服务	1	2	0	2

资料来源：2021 年度青海省工程技术研究中心发展报告。

②工程中心经济效益情况

2021 年，青海省工程中心实现技术服务收入 2.02 亿元，提供检验检测收入 0.41 亿元，其他收入 8.07 亿元。工程中心作为青海省科技创新的重要平台，培养和引进聚集了一批高素质的工程化技术带头人和技术骨干，提高了科技成果的成熟度、配套性和工程化水平，带动了相关行业或领域的技术进步，为青海省调整优化经济结构、转变经济发展方式和建设创新型城市提供了良好技术支撑。

（3）合作交流情况

①技术合作与协作

截至2021年，工程中心与161家国内外大专院校、科研机构、企业开展技术合作，其中大专院校42家、科研机构47家、企业72家，分别占合作单位总数的26.1%、29.2%、44.7%。工程中心开展合作方式主要有共同研究开发、委托生产加工、咨询服务等（见表10）。2021年合作单位中共同研究开发91家，委托生产加工34家，咨询服务27家，其他9家，分别占合作单位总数的56.5%、21.1%、16.8%、5.6%。

表10　2021年工程中心合作单位情况

单位：家

合作单位类别		合作单位数量	共同研究开发	委托生产加工	咨询服务	其他
国内外机构	大专院校	42	91	34	27	9
	科研机构	47				
	企业	72				
合计		161	91	34	27	9

资料来源：2021年度青海省工程技术研究中心发展报告。

②学术交流及培训服务

2021年，工程中心举办国内外学术报告会及专题讲座161期，参加国内技术交流会与展销会66次，参加国际学术交流3次，召开学术报告会与专题讲座92次。通过现场指导等方式对外开展服务，培训人员3411人次，其中管理人员719人次、技术人员931人次、工人638人次、农民852人次、其他人员271人次。

近年来，为充分调动企事业单位对青海省工程中心发展的重视程度，科技厅积极出台相关激励政策，大力鼓励创新实体加大工程中心等科技创新平台和新型研发机构的组建力度，加大开展共性关键技术攻关和成果转移转化力度，营造良好政策氛围。同时，会同省发改委、工信厅、财政厅采取年度绩效评价的形式，对年度绩效评价优秀的工程中心累计发放补助资金5300万元，对提升企业创新能力和核心竞争力、增强地方科技创新综合实力发挥强大助推作用。

3.青海省科技基础条件平台建设

青海省科技基础条件平台围绕青海省科技创新规划布局和经济社会发展需求，针对现有科技基础条件资源进行整合、重组、优化，有效配置科技资源，运用共建共享机制，构建布局合理、开放高效的资源共享信息平台，提升科技基础条件平台综合服务能力和水平。

（1）整体情况

2021年，支持青藏高原草种质资源创新与利用服务平台、青海省糖复合物绿色技术创新服务平台、高原低氧环境药物代谢研究科研基础条件平台、生态修复型人工影响天气综合服务创新平台、青海省特色汉藏药材防治代谢性疾病活性评价创新平台、青海省实验动物科技信息服务平台、柴达木盆地盐湖区资源与环境科学观测系统平台、青海省地质环境信息化综合平台、青海科技融媒体创新综合服务平台共9个科技基础条件平台建设项目，资助经费760万元，平均资助强度为84.44万元。

根据省科技计划项目抽查工作部署，对2021年度在研的科技基础条件平台项目进展情况进行了抽查，对项目研究内容实施进展情况和财务支出情况进行了综合评价，抽查率为100%。项目执行情况检查中绝大部分项目进展顺利；针对个别进展较缓项目，以"双随机、一公开"的方式进行了检查通报及限期整改。

2021年，科技基础条件平台项目全年执行资金总额1010万元，其中财政拨款760万元，执行经费498.77万元，年度专项资金全年执行率达到65.63%。2021年度科技基础条件平台取得的成效：申请省级科技成果4项；发表论文41篇；申请发明专利16件，授权发明专利14件，授权实用新型专利7件；取得软件著作权10项；培养人才49名。

（2）各平台建设亮点

①生态修复型人工影响天气综合服务创新平台。以"云+端"结构和"统一框架、模块迭代、算法灵活、功能自主"的理念设计，根据业务发展需求实现扩充功能一体化综合服务平台，为青海省人工影响天气业务提供统一的收集环境、存储环境、计算环境和监控环境。完成了平台总体框架搭建，系统结构详细设计，建立满足五段实时业务需求的数据库以及信息传输流程；已初步总结出典型地形云和层积混合云的概念模型和指标体系；制订六类人工影响天气实时业务产品模板；完成数据综合管理平台和信息传输平台、综合处理分析及作业决策指挥平台的开发，特别是空域申请和作业信息上报模块已经投入业务试运行。平台的逐步研发完成将进一步提高人影作业的科技水平和工作效率，有效提升人工影响天气作业在生态文明建设中的作用。

②青海科技融媒体创新综合服务平台。以融媒体基础平台资源库为核心，搭建完成融媒体业务一体化支撑平台。平台技术系统由采集、汇聚、内容生产、指挥调度、数据分析、智能全媒体工具、用户管理、发布管理等部分组成，可提供全媒体稿件统一播写、审核和发布，快速打通单位内部和外部的制播业务，并可拓展线索汇聚、总编调度、数据可视化等增值应用，完善一站式媒体融合工作环境。借助多样化传播渠道和形式，将科技新闻资讯广泛传播给受众，实现了资源通融、内容兼容、宣传互融的科技宣传新格局。探索开展VR视频呈现手段，通过及时总结VR沉浸体验技术经验，独立开展了BOX影院新形式的摄制创意，积累了大量VR展示和BOX视频摄制的实战经验，具备了开展VR展示和BOX视频的摄制能力。平台集成了《青海科技》杂志线上采编发系统，整合了资源，突破科技宣传传统手段，拓展了科技宣传多维度能力和形式，提升了科技宣传效能，促进了宣传队伍业务能力的拓展提升，实现了宣传互融的科技宣传新格局。

③柴达木盆地盐湖区资源与环境科学观测系统平台。通过收集大量

柴达木盆地盐湖区多年来的水文、气象等基础资料并进行分析，获取了盐湖区河流、湖表水、地下卤水等重要水体的水位、水质等信息，建成盐湖区水文简易观测网络并进行了数据解译和集成研究。获取了重要盐湖区近5~10年的气象基础数据资料，与盐湖开发企业联合建立盐湖矿区气象观测系统，针对盐湖资源与环境的变化特别是盐田过程中的相关科技问题，开展区域气候-水文变化规律及其与盐田蒸发速率和过程等相关研究。与相关高校和科研机构联合试制简易高效气象观测设备，后期将尽快在研究区进行部署，形成覆盖较广且分布密度较大的联合气象观测网络。

④青海省糖复合物绿色技术创新服务平台。初步建立了糖复合物特异性制备技术、基于细胞/动物疾病模型的糖复合物活性/功能评价技术、功能性糖生态产品、糖信息交流与技术服务等功能的青海省糖复合物工程技术创新平台。已建立糖复合物绿色技术9项，包括：DEAE-Cellulose \ Sepharcryl-S-300HR \ DEAE-Sepharose Fast Flow 相结合的植物多糖分离制备技术3项；基于"分子量-等电点-电荷数-疏水性"的动物糖蛋白分离制备技术2项；乙醇/冻融/斐林试剂沉淀分级与凝胶过滤柱层析相结合的真菌多糖分离制备技术3项；建立了化学法、仪器法与生物法综合分析多糖结构的技术1项。完成特色糖复合物数据库的架构，正在开展实体库建设。已完成辅助改善睡眠、改善视力、免疫提高、抗骨质疏松、抗衰老等功效的糖生态产品5个。

⑤青海省特色汉藏药材防治代谢性疾病活性评价创新平台。针对青海特色汉藏药材中物质成分的独特性和青藏高原代谢性疾病的易发性，构建活性物质研究及成药性评价创新平台，实现对汉藏药材活性成分的快速筛选和评价。平台建立了相对完善的细胞活性筛选评价体系和青海省首个利用模式动物斑马鱼进行药物筛选及评价的体系；建设了标准的SPF级大小鼠动物实验室，获批实验动物使用许可证［SYXK（青）2022-0001］，从而建成标准的动物药物活性筛选及评价体系。利用平台建立了包括利用3T3-L1脂肪细胞的糖尿病细胞评价模型、LPS诱导RAW264.7细胞的细胞炎症模型、冈田

酸致人神经母细胞瘤 SH-SY5Y 细胞的老年痴呆细胞模型；利用斑马鱼模式动物建立了斑马鱼糖尿病模型及高脂模型；利用大小鼠建立了包括糖尿病、老年痴呆、炎症等多种代谢性疾病的动物模型，并通过上述模型评价了青海特色汉藏药材如胡芦巴、马蔺、沙棘、黑果枸杞、白刺等活性成分的快速筛选评价及作用机制研究。

⑥青海省地质环境信息化综合平台。通过数据获取、存储、信息共享等交换机制，建成省级地质环境数据中心，解决了地质环境数据专业性强，标准不统一，数据结构、语义和格式不同的各类信息孤岛，以及数据无法共享等问题。完善软硬件及网络环境，研发地质灾害、地下水和矿山地质环境方面的录入、监测系统，完成平台的软硬件支撑层、功能支撑层、数据层和数据服务层的建设，构建支撑青海省地质灾害、地下水、矿山地质环境等多领域多专题的应用服务平台，实现了数据的自动化采集、处理、分析及发布服务。提供多元化数据接口，打造开放、高效的共享信息网络交互，实现"一横一纵"管理——纵：上与自然资源部主管部门对接，下与各市州、县自然资源部门互联互通，为地质环境业务提供支撑；横：与省级应急管理、气象、水利、生态环境、地震等政府部门之间实现数据的共享，提升为政府决策、社会公众服务的能力和水平。

⑦高原低氧环境药物代谢研究科研基础条件平台。创建了"高原自然环境-生理生化指标-药物代谢动力学-药物代谢酶-药物转运体-核受体-miRNA-肠道菌群"的药物代谢综合研究模式。提出了"药物的代谢动力学应该重新评估，给药剂量应该适当调整"的高原地区临床用药方案，对高原地区临床合理用药产生了重大影响且具有重要指导意义。在青海大学附属医院、青海省人民医院开展高原地区合理用药的专题培训，对全省医生、护士和药师分别作了《高原低氧环境中药物转运体的表达和功能》《肠道菌群介导的高原低氧对药物代谢的研究》《高原低氧环境药物体内代谢变化对临床用药的启示》的报告，增强了高原地区的临床安全用药研究和应用能力，促进高原地区合理用药。加快青海省药学学科建设，推进基础与临床研究合作，形成高原低氧环境药物代谢研究示范，引领精准化、个体化医疗，实现

高原环境药物代谢领域创新资源及服务资源的辐射带动作用。

⑧青藏高原草种质资源创新与利用服务平台。以生物学性状、农艺性状、抗逆性状、遗传多样性以及经济价值为基础，通过广泛收集、规整合并、图像信息采集，建立了草种质资源数据"寻种"系统，依托牧草种质资源采集、整理、评价以及核心种质库建设，提供青藏高原草种质资源多维度统计检索服务，实现资源的信息模糊检索与精准定位服务支持；建立了青藏高原草种质资源管理系统，通过生物学特性、抗逆性特征以及经济用途分类对草种质资源信息进行管理，实现草种质资源信息在线维护；建立了草种质资源服务子系统，集合草种质资源检索管理、资源圃适应性评价、实验室分析检测等信息功能，通过服务门户集成，实现了资源共享与技术在线服务。围绕畜牧业生产、生态修复中存在的实际需求，通过开展青藏高原建群属种、主栽属种草种质资源核心种质构建，深入挖掘适宜青藏高原不同生态区域推广种植的抗逆性资源、优异性资源，并有针对性地开展高寒地区优良牧草种子生产瓶颈技术研究和人工草地建植关键技术研究，集成现有品种技术，建立资源易共享、技术易利用、品种易推广的转化及技术服务平台，打通研发与应用的服务通道，为青藏高原草牧业发展和生态环境治理提供技术保障。

4.青海省科普发展情况

2020年度全省科普工作持续健康发展，整体处于稳中有升态势，全省科普统计工作有效地增加了科普宣传的能力，提高了公众的科普知识水平。科普统计作为青海省创新发展的重要部分，对扎实推进青海省创新驱动发展战略起到有力的支撑作用。统计数据表明，公众参与科普活动的积极性在不断提高，在全省范围内产生了良好的社会影响。其中科普经费投入仍以政府投入为主，科普人员队伍总体稳定，科普专职人员队伍结构进一步优化，学历水平不断提高。全省科普场馆数量有所增加，展厅面积不断扩大，科普传播媒介继续发挥作用，高校、科研机构的科普场所对外开放力度进一步加大。科普活动逐渐成为提高公众科技意识和科学素养的重要途径，其中以科技活动周为代表的群众性科普活动产生了广泛的社会影响。

（1）科普专职人员队伍总体稳定，学历水平不断提高

2020 年度全省共有科普人员 11565 人，其中科普专职人员 1127 人，同比增长 4.64%，占科普人员总数的 9.74%，科普专职人员中具有中级职称及以上或大学本科及以上学历的科普人员 770 人，比 2019 年增长 23.20%，专职从事科普工作的人员力量持续加强。科普兼职人员 10438 人，同比减少 26.80%，占科普人员总数的 90.26%，科普兼职人员中具有中级职称及以上或大学本科及以上学历的科普人员 7409 人，比 2019 年减少 28.73%，整体呈减少趋势。全省科普兼职人员投入工作量共计 25296 人/月，同比减少 44.44%。科普人员主要分布在西宁市和海东市，占全省科普人员的比重达 86.78%。其中，西宁市共有科普人员 4452 人，占全省科普人员总数的 38.50%；海东市共有科普人员 5584 人，占全省科普人员总数的 48.28%。2020 年度全省共有 4972 名女性科普人员，占全省科普人员总数的 42.99%，同比减少 22.15%；全省共有农村科普人员 3135 人，占全省科普人员总数的 27.11%，同比增长 11.65%。农村科普人员队伍保持稳定增长。

全省共有科普管理人员 159 人，占全省科普人员总数的 1.37%，同比减少 15.87%，科普管理人员总体规模仍然较小。2020 年度专职从事科普创作的人员共 130 人，仅占全省科普人员总数的 1.12%，同比减少 7.14%，由此可见，专职从事科普创作的人员占比仍然较小，并有逐年减少的趋势。2020 年度全省共有注册科普志愿者 22148 人，较上年增长 101.90%，数据波动比较明显。

（2）场馆建设整体向好，场馆数量和展厅面积有所增加

科普场馆作为重要的科普基础设施，其主要功能是展览和教育，不同场馆可以从不同领域、不同侧面来提供更深入的科普服务。2020 年度全省有科技馆 3 个，与上年保持一致，科技馆建筑面积合计 41213 平方米，科技馆展厅面积达 18378 平方米。科学技术博物馆 7 个，比上年增加 1 个，建筑面积合计 55139 平方米，比上年增长 38.83%，展厅面积达到 18573 平方米。城市社区科普（技）专用活动室 78 个，比上年增加 4 个，增长 5.41%；2020 年度农村科普（技）活动场地 4407 个，较上年大幅增长，增加了 3837

个;科普宣传专用车(辆)11 辆,较上年略微减少;2020 年度共有科普画廊 526 个,基本保持稳定。总体来看,科普场馆建设整体向好,科普场馆数量和展厅面积不断扩大。

(3)科普经费总量有所下降,政府财政拨款为主要来源

科普经费是科普事业发展的关键,科普事业的发展离不开有力的资金支持,科普经费是科普场馆等科普设施建设的有力保障,是开展各项科普活动的重要保证。2020 年度,青海省科普经费总量有所下降,全省科普经费筹集额 17883 万元,比上年减少 13.71%。其中,政府财政拨款 15678 万元,占总额的 87.67%,比上年减少 14.15%。政府拨款的科普专项经费 7123 万元,占年度科普经费总额的 39.83%,比上年增长 6.31%。政府拨款成为科普经费的主要来源,表明政府对科普事业的支持力度持续加大。

2020 年度青海省年度科普经费使用额 15733 万元,同比减少 19.01%。其中科普活动支出经费 5369 万元,同比减少 18.66%,占科普经费使用额的 34.13%;科普场馆基建支出 1663 万元,减少了 79.42%;其他支出 2486 万元,较上年增长 80.93%。2020 年度由于在建科普场馆完工,科普经费使用额中科普场馆基建支出出现了大幅下降,因此总体科普经费使用额呈下降态势。

2020 年度全省科技活动周经费筹集额 144 万元,比上年下降 36.92%,近几年数据呈波动趋势。其中政府拨款 91 万元,占科技活动周经费筹集额的 63.19%,企业赞助约为 8 万元,占科技活动周经费筹集额的 5.56%。

(4)科普宣传中传统传媒渠道持续发挥作用

由于科普传播手段应用更加广泛,以互联网为传播渠道的网络化科普传媒快速发展,微博、微信和微视频等新媒体在科学传播中的使用日益显著,传统形式的宣传媒介与新媒体平台联动,形成立体化科普传媒矩阵。

2020 年全省共出版科普图书 64 种,同比增长 106.45%;出版总册数约为 102730 册,同比增长 133.32%。全省共出版科普期刊 18 种,同比增长 38.46%;出版总册数为 73510 册,出版量同比增长 4.27%。2020 年度

全省共发行科技类报纸 105.8 万份，同比减少 9.65%；全省广播电台播出科普（技）节目总时长为 9539 小时，同比增长 27.71%，增加 2092 小时；电视台播出科普（技）节目总时长为 1633 小时，同比增长 203.53%。2020 年度全省发行科普（技）音像制品 33 种，同比增长 32.00%；发行科普（技）类光盘 8173 张，录音、录像带 4500 盒，全省共有科普网站 18 个。

（5）线下与线上科普活动紧密结合，广泛开展科普活动

2020 年度全省举办科普（技）展览 8012 次；各类机构共举办科普（技）竞赛 159 次，参加人数为 4.78 万人次；全省科技活动周共举办科普专题活动 1080 次，参加人数为 64.67 万人次。

2020 年度共建有青少年科技兴趣小组 275 个，参加人数 34814 人；青少年科技夏令（冬）营活动共举办 26 次，参加人数 1770 人次；全省共有 77 个大学、科研机构的科普场所均向社会开放，约有 4.8 万人次参观；举办实用技术培训 2214 场次，培训人数约 23.78 万人次；举办重大科普活动 347 次。

（6）科普工作助推"创新创业"高质量发展

2020 年度科普工作在推动科技资源开放共享、提升改进创新创业服务方面发挥了独特作用。近年来，创新创业科普活动载体持续增加，科普工作对创新创业的助推作用不断增强。2020 年度共有众创空间 18 个，与上年保持一致；服务创业人员 1228 人；孵化科技类项目 135 个；创新创业培训 211 次，培训参加人数为 13723 人次；举办科技类创新创业赛事 20 次，参加人数为 8488 人次。

5. 青海省科研机构绩效评价

为落实《青海省贯彻〈国家创新驱动发展战略纲要〉实施方案》，深入开展"三评"工作，创新政府配置资源模式，激发科研机构创新活力，青海省科技厅组织开展了全省科研机构创新绩效评价。

（1）基础条件

从绩效情况看，2021 年科研机构人员共 3520 人，与 2019 年相比减少

6.75%。科技活动人员总数2622人，与2019年相比增加30%。高层次人才287人，详见表11、图10。

表11　2017～2019年、2021年科研机构人员情况

单位：人

年份	科研机构人员总数	科技活动人员总数	具备技术职称人数	具备学历人数	高层次人才
2017	3697	2087	1946	2182	257
2018	3798	2131	2024	2221	300
2019	3775	2017	2143	2194	182
2021	3520	2622	2894	2748	287

资料来源：2021年青海省科研机构绩效评价报告。

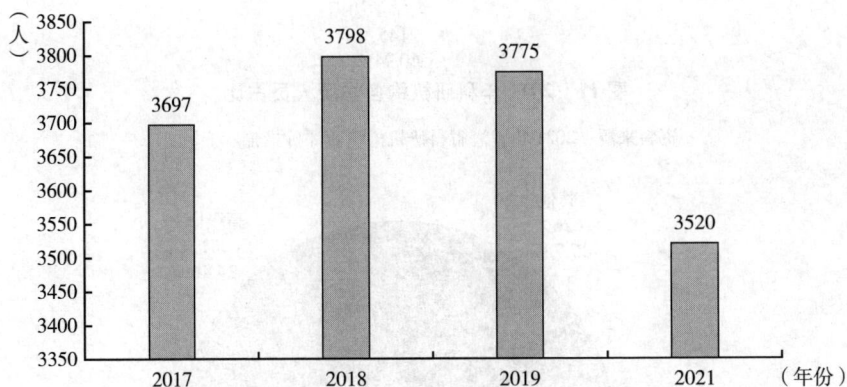

图10　2017～2019年、2021年科研机构人员总数情况

资料来源：2021年青海省科研机构绩效评价报告。

从学历构成来看，2021年，大学以上学历2748人，其中博士学历192人，占5.45%，硕士学历411人，占11.68%，大学学历2145人，占60.94%（见图11）。

从技术职称来看，2021年，具有职称的人数为2894人，其中高级职称861人，占24.46%，中级职称1110人，占31.53%，初级职称923人，占26.22%（见图12）。

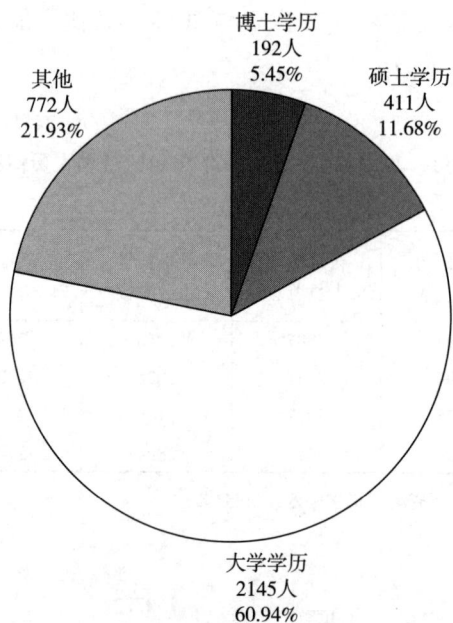

博士学历
192人
5.45%

硕士学历
411人
11.68%

其他
772人
21.93%

大学学历
2145人
60.94%

图11　2021年科研机构各学历人员占比

资料来源：2021年青海省科研机构绩效评价报告。

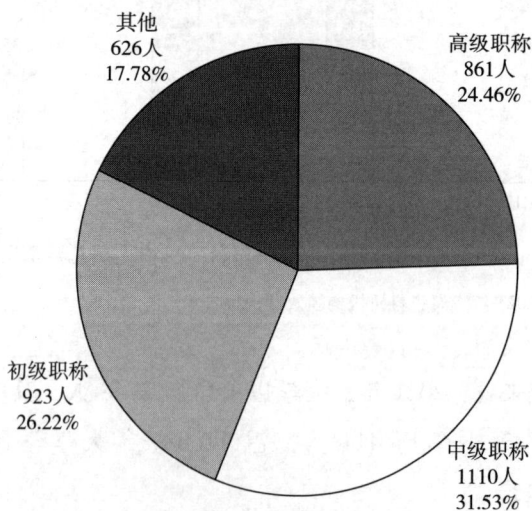

其他
626人
17.78%

高级职称
861人
24.46%

初级职称
923人
26.22%

中级职称
1110人
31.53%

图12　2021年科研机构具备技术职称人员占比

资料来源：2021年青海省科研机构绩效评价报告。

（2）科研项目

2021 年，共争取科研项目 336 个，与 2019 年相比减少 15.37%，项目总经费 23918.22 万元。其中国家项目 29 个，省部级项目 154 个，其他项目 153 个（见表 12）。

表 12　2017~2019 年、2021 年青海省科研机构科研项目及经费情况

年份	科研项目(个)				项目经费(万元)
	国家项目	省部级项目	其他项目	合计	
2017	124	412	200	736	44374.06
2018	102	367	253	722	68827.16
2019	43	180	174	397	44316.72
2021	29	154	153	336	23918.22

资料来源：2021 年青海省科研机构绩效评价报告。

2021 年，科研项目数位列前三的单位分别为中国科学院青海盐湖研究所、青海省畜牧兽医科学院、青海省农林科学院，承担或参与的科研项目分别为 93 个、49 个、40 个，占项目总数的 27.68%、14.58%、11.90%（见表 13、图 13）。

（3）科研产出

科研产出包括专利与标准，科技论文、专著，科技成果及奖励，技术产品，技术产品结构等指标。2021 年，获得授权专利、软件著作权和审定品种 265 项，与 2019 年相比增长 0.76%；新增有效发明专利 71 件，同比减少 2.74%；制定技术标准 95 个，同比增长 41.79%；发表科技论文 855 篇，同比减少 25.65%；出版专著、教材 35 部，同比增长 6.06%；获得科技奖励 30 项，同比增长 66.67%（见表 14）。

①专利与标准

2021 年，获得授权专利、软件著作权和审定品种数位列前三的单位分别为青海省畜牧兽医科学院、中科院青海盐湖研究所和青海省农林科学院，占总授权项的 54.72%（见图 14），新增有效发明专利占总量的 71.83%（见图 15）。

表13 2021年青海省各科研机构承担科研项目及经费情况

序号	单位名称	国家项目（个）		省级项目（个）		其他项目（个）		项目总数（个）	项目总经费（万元）
		主持	参与	主持	参与	主持	参与		
1	中国科学院青海盐湖研究所	9	3	59	1	21	0	93	8089.58
2	青海省畜牧兽医科学院	0	2	16	3	16	12	49	5272.1
3	青海省农林科学院	9	0	16	2	9	4	40	1948.28
4	青海省气象科学研究所	1	0	5	1	15	4	26	341.8
5	青海省科学技术信息研究所有限公司	0	0	4	2	6	0	12	499.43
6	青海省气候中心	0	0	5	0	7	0	12	78.05
7	青海省气象灾害防御技术中心	1	0	2	1	8	0	11	169
8	青海省药品检验检测院	4	0	1	0	4	0	10	602.3
9	青海省地质矿产测试应用中心	0	0	0	0	9	0	9	88
10	青海省心脑血管专科医院	0	0	0	0	9	0	9	0
11	青海省高原科技发展有限公司	0	0	3	0	6	0	9	708.12
12	青海省规划设计研究院有限公司	0	0	2	1	4	0	7	1219.67
13	青海省环境科学研究设计院有限公司	0	0	1	0	6	0	7	452.39
14	西宁海关技术中心	0	0	1	6	0	0	7	23
15	青海省生产力促进中心有限公司	0	0	3	0	3	0	6	471
16	青海省交通规划设计研究院有限公司	0	0	1	0	4	0	5	560
17	青海省藏医药研究院	0	0	4	0	0	0	4	860
18	青海省水利水电科学研究院有限公司	0	0	3	1	0	0	4	575
19	青海省轻工业研究所有限责任公司	0	0	2	0	1	0	3	260

续表

序号	单位名称	国家项目（个）		省级项目（个）		其他项目（个）		项目总数（个）	项目总经费（万元）
		主持	参与	主持	参与	主持	参与		
20	西宁市蔬菜技术服务中心	0	0	2	0	1	0	3	385
21	西宁市林业科学研究所	0	0	1	0	2	0	3	300
22	青海省交通科学研究院	0	0	0	0	1	1	2	175.5
23	青海省化工设计研究院有限公司	0	0	1	0	0	0	1	300
24	青海省建筑建材科学研究院有限责任公司	0	0	1	0	0	0	1	400
25	青海省测试计算中心有限公司	0	0	1	0	0	0	1	10
26	黄南藏族自治州动物疫病预防控制中心	0	0	0	1	0	0	1	120
27	青海省体育科学研究所有限公司	0	0	1	0	0	0	1	10
28	黄南藏族自治州农牧业综合服务中心	0	0	0	0	0	0	0	0
29	青海省质量和标准研究院	0	0	0	0	0	0	0	0
	合计	24	5	135	19	132	21	336	23918.2

资料来源：2021年青海省科研机构绩效评价报告。

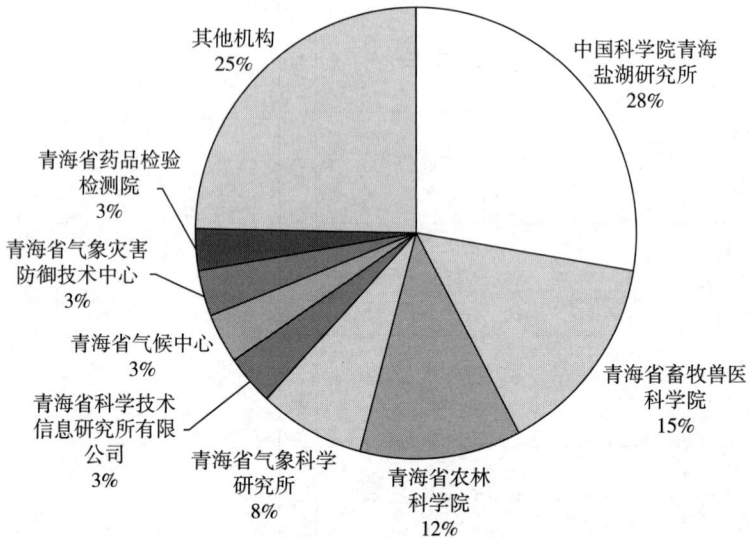

图 13　2021 年各科研机构科研项目数占比情况

资料来源：2021 年青海省科研机构绩效评价报告。

表 14　2021 年青海省科研机构科研产出明细

	科研产出	数量
专利与标准	授权专利、软件著作权和审定品种(项)	265
	新增有效发明专利(件)	71
	国家标准(个)	5
	地方标准(个)	48
	行业或团体标准(个)	42
科技论文、专著	SCI/EI(篇)	201
	核心期刊(篇)	302
	其他论文(篇)	352
	出版专著、教材(部)	35
科技成果及奖励	国家科技进步奖(项)	0
	省级科技进步奖一等奖(项)	2
	省级科技进步奖二等奖(项)	5
	省级科技进步奖三等奖(项)	7
	相关行业部门科技奖(项)	16

资料来源：2021 年青海省科研机构绩效评价报告。

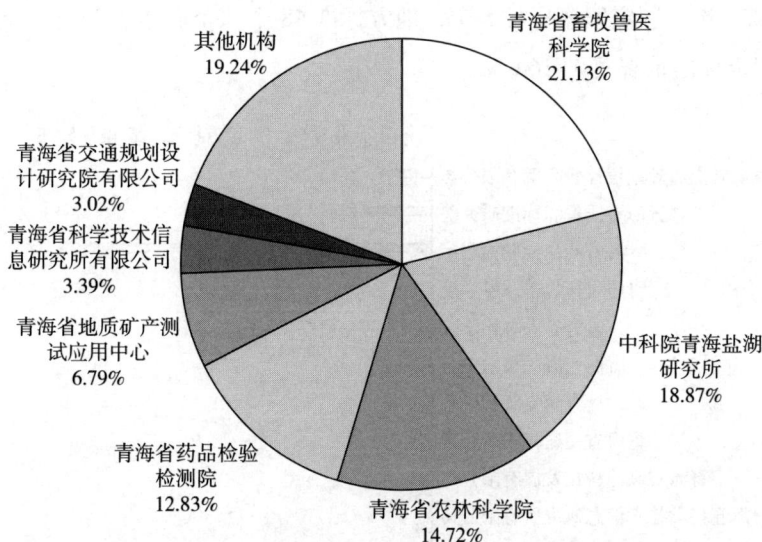

图 14　2021 年各科研机构获得授权专利、软件著作权和审定品种总数占比情况

资料来源：2021 年青海省科研机构绩效评价报告。

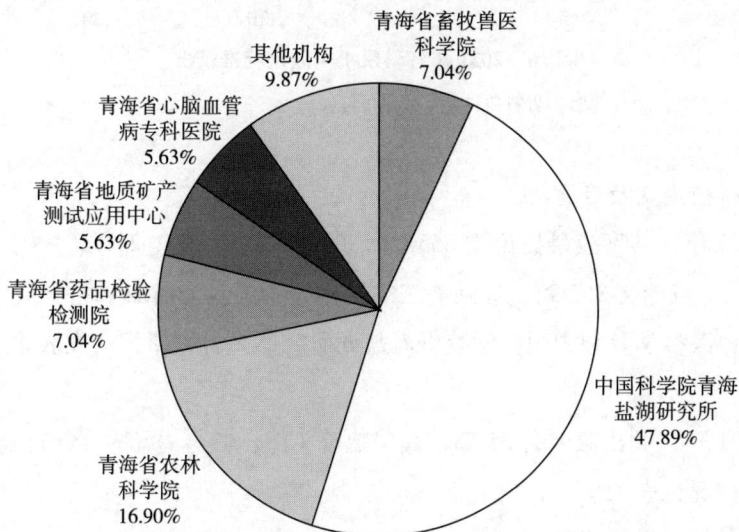

图 15　2021 年各科研机构新增有效发明专利占比情况

资料来源：2021 年青海省科研机构绩效评价报告。

2021年，制定国家标准5个，地方标准48个，企业标准42个。各科研机构制定标准情况见图16。

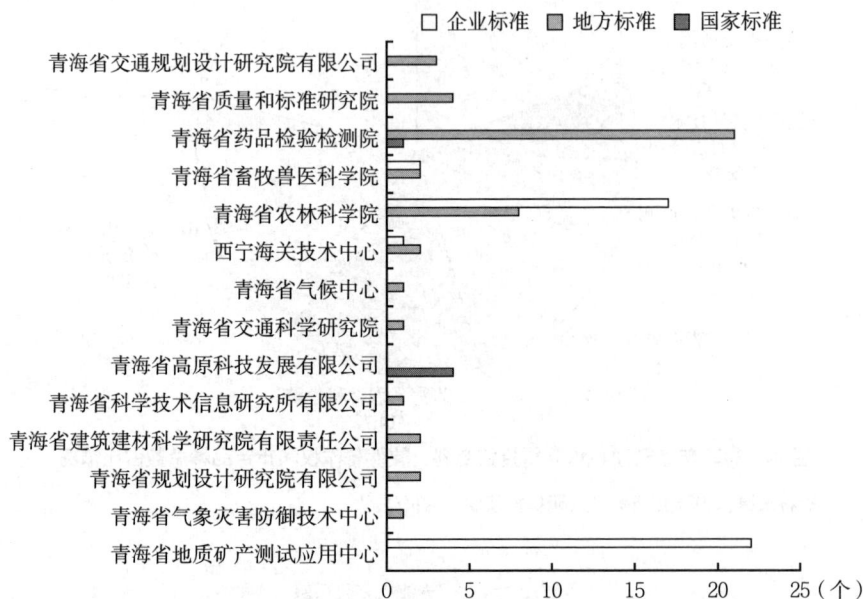

图16　2021年各科研机构制定标准情况

资料来源：2021年青海省科研机构绩效评价报告。

②科技论文及专著

2021年，共发表科技论文855篇，其中SCI/EI论文201篇，核心论文302篇，一般论文352篇。位列前三的机构分别为青海省农林科学院、青海省畜牧兽医科学院和中国科学院青海盐湖研究所。各科研机构发表论文情况见图17。

2021年，共出版专著35部，其中独著7部，参与28部。各科研机构出版专著情况见表15。

③科技成果及奖励

2021年，29家科研机构共获得科技奖励30项。其中，国家级科技进步奖励0项，省级科技进步奖励14项，相关行业部门科技奖励16项。各科研机构获得科技奖励具体情况见表16。

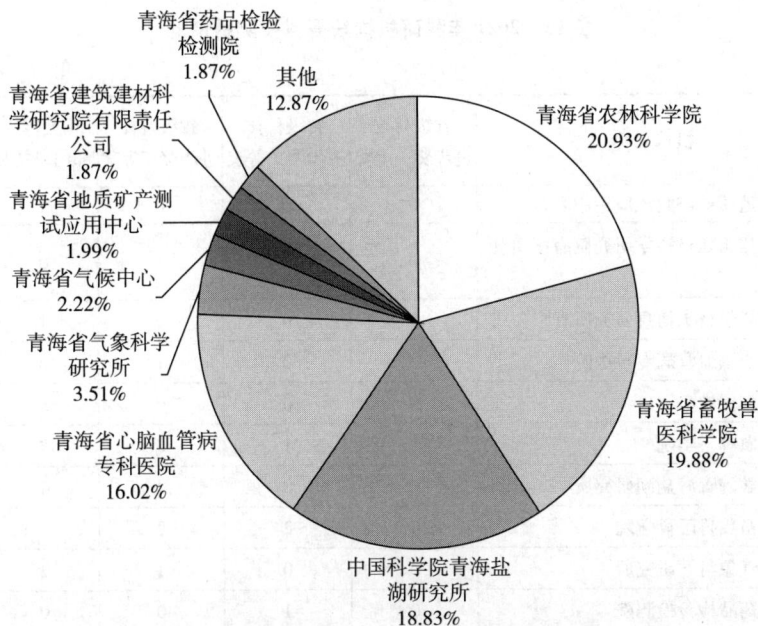

图 17 2021 年各科研机构发表论文占比情况

资料来源：2021 年青海省科研机构绩效评价报告。

表 15 2021 年科研机构出版专著情况

单位：部

机构名称	出版专著		总数
	独著	参与	
青海省气候中心	3	0	3
青海省藏医药研究院	0	17	17
青海省农林科学院		1	1
青海省畜牧兽医科学院	0	8	8
青海省气象科学研究所	1	0	1
青海省体育科学研究所有限公司	1	1	2
青海省药品检验检测院	0	1	1
西宁市林业科学研究所	1	0	1
青海省水利水电科学研究院有限公司	1	0	1

资料来源：2021 年青海省科研机构绩效评价报告。

表16 2021年科研机构获得科技奖励情况

单位：项

机构名称	省级科技进步奖一等奖	省级科技进步奖二等奖	省级科技进步奖三等奖	相关行业部门科技奖	总数
青海省地质矿产测试应用中心	0	0	0	1	1
青海省建筑建材科学研究院有限责任公司	0	0	1	0	1
青海省科学技术信息研究所有限公司	1	0	0	1	2
青海省心脑血管病专科医院	0	0	1	0	1
青海省气候中心	0	0	0	5	5
青海省农林科学院	1	1	0	3	5
中国科学院青海盐湖研究所	0	0	2	4	6
青海省畜牧兽医科学院	0	2	2		4
青海省气象科学研究所	0	0	1	2	3
青海省药品检验检测院	0	1	0	0	1
青海省水利水电科学研究院有限公司	0	1	0	0	1

资料来源：2021年青海省科研机构绩效评价报告。

6.青海省科研成本结构

2021年，29家科研机构R&D经费总计42266.6万元，占总收入的21.27%，与2019年相比减少15.63%，自筹研发经费为6117.96万元，占R&D经费的14.47%，与2019年相比减少39.99%。

青海省农林科学院、中科院青海盐湖研究所和青海省畜牧兽医科学院的R&D经费较多，分别为12787.96万元、9123.95万元和5158.7万元，共占R&D总经费的64.05%。

2021年，29家科研机构年末固定资产原价总额为180462万元，其中科研仪器设备原价69284.5万元。科研仪器购置费占总支出的比例在20%左右，为合理区间。中科院青海盐湖研究所、青海省生产力促进中心有限公司、青海省药品检验检测院、黄南藏族自治州动物疫病预防控制中心和青海省气象科学研究所的科研仪器购置费占总支出的比例较佳，分别为 16.7%、13%、12.2%、11.6% 和 11%。其余单位科研仪器购置费占总支出的比例均存在过高或过低情况，科研仪器购置费用支出不够合理。

（1）经济和社会效益

2021 年，29 家科研机构总收入为 198721 万元，与 2019 年相比增长 7.01%，其中科技活动收入为 88792.6 万元，占总收入的 44.68%。总支出为 166146 万元，占总收入的 83.61%。总利润为 23831.8 万元，利润率为 11.99%。技术性收入为 71986.1 万元，占总收入的 36.22%。当年新技术产品销售收入 34715 万元，占总收入的 17.47%。科技成果与知识产权转移转化收入为 2290.93 万元，其中科技成果转移转化收入 2240.83 万元，占 97.81%，知识产权转让与许可收入较少，仅占 2.19%。

2021 年，青海省 29 家科研机构共开展科普活动 105 次，科普活动开展较多的单位有黄南藏族自治州农牧业综合服务中心、青海省农林科学院、青海省体育科学研究所有限公司、青海省气象灾害防御技术中心、黄南藏族自治州动物疫病预防控制中心，分别为 20 次、11 次、10 次、10 次、10 次，占科普活动总数的 58.09%。

（2）科技创新条件

①科研平台

近年来，青海省科研机构在重点实验室、工程技术研究中心、科研基础条件平台等科研平台建设方面提升显著。2021 年，新增科研平台 13 个，其中国家级科研平台 1 个、省部共建或省级科研平台 12 个（见图 18）。

2021 年，新增大型仪器入网共享 45 台，分布在青海省农林科学院、西宁海关技术中心、青海省水利水电科学研究院有限公司 3 家单位，分别为 23 台、13 台、9 台。

②高层次人才及创新团队

科研机构人才队伍的建设水平稳步提升。2021 年新增高层次人才 126 名，其中省级人才 84 人、其他人才 42 人（见图 19），新增省级创新团队 5 个。

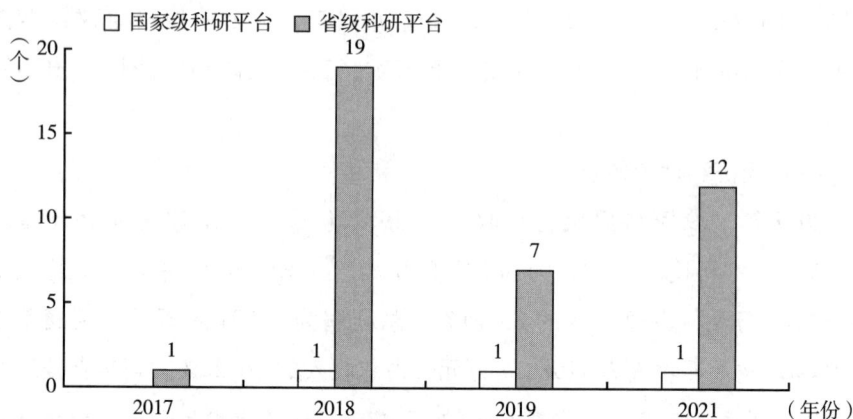

图18　2017~2021年青海省科研机构新增科研平台情况

资料来源：2021年青海省科研机构绩效评价报告。

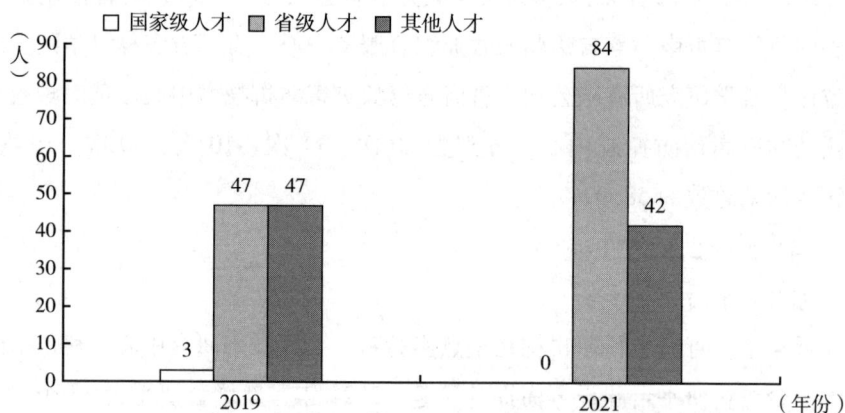

图19　2019年和2021年科研机构高层次人才情况

资料来源：2021年青海省科研机构绩效评价报告。

③人员、工资、研发收入及研发支出情况

a. R&D经费占总收入的比重

根据相关研究，R&D经费占总收入的比重为30%，为最佳占比。2021年，R&D经费占总收入的比重较合理的单位有青海省畜牧兽医科学院、青海省药品检验检测院、青海省水利水电科学研究院有限公司、青海省藏医药研究院，分别为 32%、32%、27%、25%。

b. R&D 人均研发支出和 R&D 人均收入

2021 年，R&D 人均研发支出位列前五的单位有青海省农林科学院、青海省科学技术信息研究所有限公司、中科院青海盐湖研究所、青海省高原科技发展有限公司和青海省藏医药研究院，分别为 77.98 万元、43.99 万元、37.4 万元、34.15 万元和 29.35 万元。

2021 年，R&D 人均收入位列前五的单位有青海省气象科学研究所、西宁市蔬菜技术服务中心、青海省气候中心、中国科学院青海盐湖研究所和青海省交通规划设计研究院有限公司，分别为 25.4 万元、22.75 万元、21.1 万元、20.74 万元和 19.66 万元。

c. 人均有效发明专利数

2021 年，青海省科研机构人均有效发明专利数总体情况如图 20 所示。

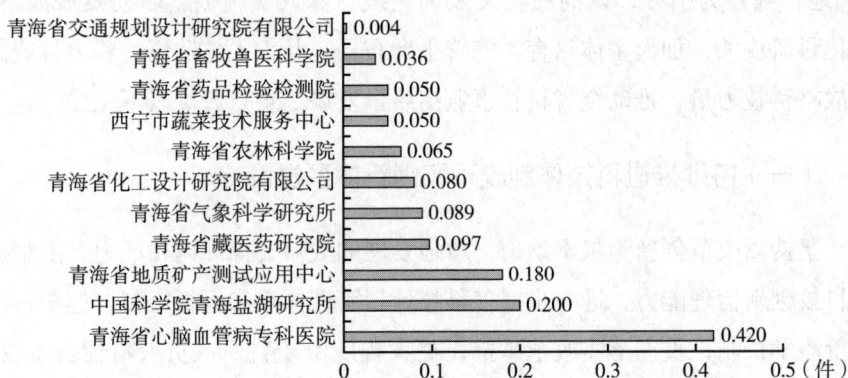

单位	数值
青海省交通规划设计研究院有限公司	0.004
青海省畜牧兽医科学院	0.036
青海省药品检验检测院	0.050
西宁市蔬菜技术服务中心	0.050
青海省农林科学院	0.065
青海省化工设计研究院有限公司	0.080
青海省气象科学研究所	0.089
青海省藏医药研究院	0.097
青海省地质矿产测试应用中心	0.180
中国科学院青海盐湖研究所	0.200
青海省心脑血管病专科医院	0.420

图 20　2021 年青海省科研机构人均有效发明专利数总体情况

资料来源：2021 年青海省科研机构绩效评价报告。

（3）科技环境

近年来，青海省科研机构注重制度和管理创新，多数科研机构均制订了激励科研、鼓励人才引进培养、鼓励科技成果产出和转移转化等方面的管理制度或政策措施，为提升科技创新能力营造了良好的科技环境。2021 年青海省科研机构制定相关规章、制度等共计 120 项，其中激励科研的管理制度

74 项、鼓励人才引进培养的制度措施 29 项、鼓励科技成果产出和转移转化的措施 17 项。

在资本多元化率方面，29 家科研机构中国有资本占注册资本比例 100% 的有 25 家，青海省轻工业研究所有限责任公司、青海省高原科技发展有限公司、青海省水利水电科学研究院有限公司和青海省化工设计研究院有限公司 4 家单位的国有资本占注册资本比例分别为 17.82%、17.86%、14.29%、13.24%。

三　2022年青海科技体制改革和科技创新体系建设展望

2022 年，青海省科技部门认真学习贯彻党的十九大和历次全会精神，按照省委十三届十次全会安排部署，进一步提高科技工作政治站位，突出创新核心地位，认真按照《青海省"十四五"科技创新规划》任务部署，以"四地"建设为引领，以高质量发展为主线，深入实施创新驱动发展战略，强化科研攻关，加大主体培育，完善平台布局，壮大人才队伍，着力打造高原战略科技力量，推动全省科技事业高质量发展。重点开展以下工作。

（一）持续推进科技体制改革和创新体系建设

坚持以改革创新为根本动力，增强发展的战略支撑和内在活力，围绕提升科技创新治理能力，进一步完善科技计划管理体系和运行机制，健全科技评价激励机制，贯彻落实改革举措，更大程度给予科研人员人财物自主权，营造有利于激发科技创新的生态系统。

一是根据中央深改办、青海省委改革办关于科技体制改革工作要求，重点围绕国家和全省深化体制机制改革的总体布局，不断完善科技创新政策环境，及时确定青海省科学技术厅 2022 年度科技体制改革任务和台账。

二是着力打通政策落实"最后一公里"，深入推进落实《青海省关于优化科技创新体系提升科技创新供给能力的若干政策措施》《关于激发科技创新活力提升创新效能的若干措施》，抓好政策举措的落实，进一步释放创新创造活力。

三是持续跟进"揭榜挂帅制""帅才科学家负责制"项目试点，不断完善科技项目组织方式，进一步探索"包干制"项目管理模式。

四是推进完善成果、人才等科技评价机制，通过建立以科技创新质量、贡献、绩效为导向的评价体系，进一步提高科技成果转移转化成效，减轻科技人员负担，激发创新新动能。

（二）加强科技创新平台建设工作

面向青海省重大战略需求，面向重大科学问题和产业转型升级，以促进本省经济社会发展为主要目标，持续推进科技创新平台建设，推动青海省科技资源的整合共享与高效利用，提升科技创新平台的支撑作用和水平，推动科技创新平台更好发挥资源共享服务功能。

1. 积极推进重点实验室建设

一是持续推进国家重点实验室建设。聚焦国家战略，推进多能互补绿色储能国家重点实验室建设，积极争取科技部及中科院支持建设中科院两所国家重点实验室。二是开展重点实验室分类评估。按照新修订的《青海省重点实验室管理办法》，开展重点实验室评估工作。三是推进省实验室建设。持续推进青藏高原种质资源研究与利用实验室建设，不断完善实验室运行机制。

2. 强化科技基础条件平台建设工作

一是围绕"十四五"科技创新规划布局，集中打造生态环境保护、盐湖资源综合开发利用、高原医学、特色生物等科技创新平台，加快提升科研基础条件水平，优化区域科技创新发展布局，推进以平台建设为载体促进科技成果转移转化。二是发挥国家野外科学观测研究站作用，结合青藏高原第二次综合科学考察、黄河上游生态保护和高质量发展要求，强化与相关部门协同推进青海省野外科学观测研究站建设，推进青海省野外科学观测研究站建设发展，开展长期稳定连续观测、试验研究和科技示范，促进原创性重大科技成果产出。

3. 探索科研机构管理创新机制

一是开展科研机构分类评价，遴选第三方进行标准化评估，对符合条件的科研机构的科技投入和产出进行分析，科学反映科研机构开展科技创新活动的状况，完成2022年科研机构的绩效评价工作，加强对科研机构的规范化管理，促进全省科研机构的快速发展。二是贯彻落实国家《关于促进新型研发机构发展的指导意见》精神，积极探索以研发能力为核心能力、以创新创业综合模式为基本模式的新型研发机构发展，制订新型研发机构发展指导意见（或管理办法），指导先进储能技术国家重点实验室、中科院西北高原生物研究所组建新型研发机构。

（三）推进冷湖天文观测基地建设

围绕打造冷湖世界级天文观测基地的区域发展战略需求，积极对接国家天文台、紫金山天文台等科研院所，围绕海西的天文地域资源优势，大力推进天文大科学装置台址建设，促进科技、文化、旅游、经济融合发展。

一是充分发挥领导小组办公室职责，协调推进冷湖天文观测基地基础设施建设，为国家天文和空间科学的战略需求提供基础服务工作，保障野外科学观测顺利实施，争取列入中国未来天文大科学装置的站址备选名单，争取更多国家天文科学装置落户青海。

二是积极对接清华大学，推进MUST项目建设，加强与国家天文台、紫金山天文台、地质与地球科学研究所等国家级研究机构和高校的联系，争取更多国家和省外研究机构天文装置落地冷湖，与已落地项目形成集聚效应。

三是进一步督促实施"天文大科学装置冷湖台址监测与先导科学研究"重大科技专项，力争取得新的阶段性成果，完成项目验收工作。

（四）充分发挥科技顾问智囊作用

深入贯彻落实习近平总书记在参加十三届全国人大四次会议青海代表团审议和来青考察时的重要讲话精神，根据《青海省人民政府科技顾问聘任办法（暂行）》，结合青海省经济社会发展情况和重点产业、学科发展需求，充分发挥科技顾问科技智囊作用，开展青海省重点领域创新发展战略咨询，并积极做好相关服务保障工作。

一是进一步充实壮大科技顾问队伍。为充分发挥国内各领域高层次专家在全省经济社会发展重大问题中的参谋作用，结合青海省经济社会发展情况和重点产业、学科发展需要，持续壮大青海省科技顾问团队，以期为青海创新型省份建设建言献策，提供战略咨询和智力支撑。二是建立科技顾问定期联络机制。加强与科技顾问的沟通交流，建立良性沟通渠道和定期联络机制，可采取咨询座谈、书面建议、方案论证等多种形式进行沟通交流，通过沟通交流汇聚青海省产业发展的具体科技问题，更好地促进青海省相关领域高质量发展。

（五）科技监督和科研诚信建设工作

做好科技监督与科研诚信工作，是贯彻落实党的十九届五中全会精神的迫切需要，是营造科研守信良好环境的迫切需要，是保证科技评价公平公正的迫切需要。继续推进科技计划项目随机抽查工作，严格落实科研诚信承诺和审核制度，加大科研违规失信案件的查处力度，营造诚实守信的良好氛围，使弘扬科学精神、恪守诚信规范成为科研人员的共同理念和自觉行动。

一是统筹开展科技监督评估工作。根据公平公正和量力而行原则，基于工作需要，明晰各主体职责，监督评估牵头处室统筹协调，开展年度检查抽查和评估，各责任处室开展专项评估，形成分层分级开展监督和评估工作的"大监管"格局。二是做好科研诚信建设工作。强化对项目管理、资金使用、科研诚信建设的监管，贯彻落实科研诚信"凡办必查"工作。持续推动落实《青海省省级科技计划科研诚信管理办法》，加大对违规和科研不端行为的查处力度，做好对科研失信行为的处罚及上报工作。

分 报 告
Sub-reports

G.3
2021年青海省农业农村科技发展报告

青海科技发展报告课题组*

摘　要： 2021年青海省农业农村科技工作立足新发展阶段、贯彻新发展理念，围绕绿色有机农畜产品输出地建设，进一步强化农业科技领域资源链、创新链、产业链的融合布局。巩固拓展脱贫攻坚成果同乡村振兴有效衔接，持续开展联点帮扶村乡村振兴工作。充分发挥农业科技园区在推进农牧业科技成果转化、农牧业新兴产业培育、现代农牧业管理模式创新等方面的示范引领作用，加强以企业为主体的省级农业科技园区建设，完善农牧业科技创新服务体系，推动高原特色现代农牧业提档升级。以打造牦牛技术创新中心为先导，组织各类创新共同体团队合作搭建技术研究中心、联合研发中心、协同创新中心等产业创新平台，打造青藏高原特色农牧业创新制高点。围绕巩固拓展脱贫攻坚成果、扎实推进乡村振兴、创建绿色有机农畜产品输出地等目标，以高原特色

---

* 课题组成员：许淳、王洁渊、杨军、张静、常丽娜、雷萌桐。

现代生态农牧业产业化发展和提质增效为重点，以绿色生态为导向，努力用科技创新实现质量兴农、特色兴农、品牌兴农、绿色兴农，为推动全省特色农牧业产业绿色发展提供科技支撑和服务。

关键词： 农业科技　乡村振兴　青海省

一　科技助力绿色有机农畜产品输出

结合"十四五"规划确定的现代种业和高效农业生产等专项及厅州会商工作中各市州提出的重大需求，重点支持开展牦牛、藏羊、青稞、油菜、特色经济作物、乡村振兴与科技脱贫巩固提升等领域中面临的关键问题技术研发和集成示范。同时，结合前期厅州会商工作中各市州提出的重大需求，予以倾斜支持。2021年，共组织实施科技项目14项，资助经费4300万元，重点实施高寒牧区饮水安全，玉树特色黄菇、荨麻、芫根的加工利用，新型高效牛羊矿物质舔砖产品研制，禽类养殖场废弃物综合利用，油菜多重功能开发应用与产业升级等科研项目。

（一）聚焦重点工作，切实推进高原生态畜牧业创新发展

牦牛藏羊产业方面，通过"青海高原型牦牛遗传多样性研究和类群划分""青海无角欧拉羊的定向选育技术研究与示范""青海有机畜产品屠宰加工追溯技术优化与研究示范"等项目实施，开展了牦牛遗传多样性评估和群体结构分析等工作，挖掘牦牛新资源或类群4个。筛选出无角欧拉羊种公羊25只，选育无角欧拉羊母羊800只，其中繁育核心群母羊400只，为青海省牦牛藏羊地方品种列入国家畜禽遗传资源名录提供了技术支撑。优化集成了牦牛藏羊原产地可视化追溯、草地监测、屠宰加工环节无线覆盖、冷链追溯等技术和高端有机畜产品生产标准，填补了在高寒高海拔地区实现有

机农畜产品追溯生产研究空白。饲草产业方面，通过"饲草用燕麦品种选育与提纯复壮技术集成示范""贵南农牧交错区饲草料资源高效利用技术集成与示范"等一批科研项目实施，建立燕麦种子生产田 25 万亩，收获燕麦良种 6 万吨；建立多年生牧草原种圃 300 亩，原种繁育田 1000 亩，商品种子基地 20 万亩，年产多年生牧草种子 800 万公斤。疫病防控方面，通过家畜主要疫病诊断与防控研究示范，建立牛羊疫病的快速诊断方法，特异性和敏感性高于 90%。筛选了羔羊痢疾-肠毒血症二联苗，保护率达 95% 以上，在祁连、海晏等地示范 38 万头份，免疫效果良好。冷水鱼产业方面，通过"高原冷水鱼养殖技术研发与集成示范""高原虹鳟鱼营养调控技术集成示范"等项目实施，研制出的三倍体虹鳟鱼 1 千克以下的饲料配方，在大幅降低成本的同时，充分利用青海本地的菜籽油、蚕豆粉，促进了三文鱼饲料原料本土化、配方本地化。通过集装箱式养殖模式示范，投放三倍体虹鳟鱼种 1.5 万尾，以省地节水、品质可控、智能标准、产出高效、绿色生态等多项优势，打造渔业绿色发展、转型升级的新样板。

（二）抓好对标落实，引领高原现代特色农业高质量发展

油菜产业方面，通过"春油菜新品种高效生产配套技术集成推广""杂交春油菜新品种繁育技术研究及体系建设"等一批科研项目实施，在大通、贵德等地建立青杂 15 号、13 号有机种植基地 1.6 万亩，建成年产 2 万吨高端油脂精深加工生产线，构建了"育繁推一体化"的现代种植业科技创新模式。马铃薯产业方面，组织实施"青南地区马铃薯关键技术集成与示范""专用型马铃薯产业高质量发展关键技术研发与示范"重大专项等，建立专用型品种原种生产基地 808 亩，一级种生产基地 4760 亩，商品薯生产基地 2.8 万亩，在玉树州囊谦县香达镇亩产达 3405.7 公斤，对推进马铃薯产区向高海拔地区拓展奠定了科研基础。青稞产业方面，通过"青海省高原特色农作物现代种业创新体系建设""青稞提质增效关键技术研究与示范"等重大科技专项的实施，重点开展了青稞多用途种质资源创新，高产、早熟、抗倒伏品种选育及高产栽培技术研究。昆仑系列品种平均亩产从 164 公斤提

高到 217 公斤，青稞商品化率达 83% 以上。同时开展了"双减增效行动"适用品种、"粮苗草三用"品种、产品加工专用品种等多元专用优良品种选育工作。特色产业方面，通过"柴达木枸杞产业提质增效综合配套技术集成示范""特色作物藜麦品种扩繁技术示范"等重点研发专项的实施，培育出的"青杞 2 号""青黑杞 1 号""青藜 8 号""青白藜 1 号"等优良本地化品种，已逐步成为海西枸杞产区主栽品种。

（三）推进农牧业创新平台建设

一是重点推进青藏高原区域牦牛技术创新中心建设，多次赴科技部汇报对接，并与西藏、四川等省进行沟通对接，由青海省牵头，按照优势互补、合作共赢、统筹推进的理念，组织有关省（区）牦牛领域科研单位、企业共同推进青藏高原区域牦牛技术创新中心建设。

二是投资 2000 万元，启动实施牦牛技术创新中心科研基础条件建设项目，开展野外基地建设，实验室条件能力提升、咨询专家委员会组建等工作。

三是为提升动物疫病诊断及检测、新型兽医生物防治制剂的开发以及综合防控一体化体系建设水平，投入财政专项资金 800 万元，加快推进青海省"高原动物疫病检测及防控技术研发中心"生物安全二级实验室升级改造。

二 科技创新赋能乡村产业振兴

（一）宣传中央和省委1号文件精神，开展"巩固拓展脱贫攻坚成果全面推进乡村振兴落地见效"活动

按照全省《关于印发〈2021 年全省万名干部下乡开展"巩固拓展脱贫攻坚成果全面推进乡村振兴落地见效"活动实施方案〉的通知》要求，开展"巩固拓展脱贫攻坚成果全面推进乡村振兴落地见效"活动。厅领导带队深入联点帮扶的海西州乌兰县茶卡镇巴音村、海东市互助县南门峡镇却藏

寺村、果洛州达日县特合土乡夏曲村开展中央、省委1号文件宣讲，推进党的各项强农、惠农、富农政策落地见效，开展"我为群众办实事"实践活动，为却藏寺村协调青薯9号种薯2吨、巴音村青稞种子1吨、化肥1吨、有机肥5吨，夏曲村营养舔砖1吨、饲料1吨。协调林草局开展6.19万亩黑土滩治理工程，有效解决了夏曲村生态畜牧业发展、冬季抗灾保畜以及居民饮水安全等问题。同时，开工建设却藏寺村"脑山区绿色节能建筑技术集成与示范"项目，紧扣却藏寺村丰富的文旅资源优势，以脑山区绿色节能建筑示范为核心，打造乡土旅游集散中心，形成"农家乐"形式的民宿、餐饮等第三产业发展示范点，为村集体经济发展和民生改善开新路、增动能。

（二）持续开展补短板工作，确保区域产业提档升级，增强发展新动能

围绕脱贫地区特色产业发展、饮水安全等投入经费400万元实施科技项目3项。开展玉树地区芫根的加工利用及示范项目，根据玉树的土壤条件，配套高效的种植技术，开发芫根功能饮料和芫根饲料，为当地培养芫根选育及加工的技术骨干，提升芫根加工利用的产业化水平。开展玉树特色黄菇、荨麻资源加工利用关键技术研究及产业化项目，集成黄菇、荨麻资源优势，基于玉树黄菇、荨麻杀菌定色、微波干燥等技术，开发玉树黄菇、荨麻系列产品，化资源优势为经济优势，带动农牧民持续稳定增收。在达日县夏曲村开展基于光伏提水的高寒牧区饮水安全技术研究与示范项目，开展光伏提水技术、水质净化消毒技术及防冻技术集成示范，为农牧区饮水安全提供强有力的科技支撑。

（三）做好科技领域实现巩固拓展脱贫攻坚成果同扎实推进乡村振兴有效衔接的政策落实及措施制定

根据《中共青海省委办公厅 青海省人民政府办公厅关于做好全省实现巩固拓展脱贫攻坚成果同扎实推进乡村振兴有效衔接政策体系有关事项的通知》精神，结合科技工作实际，围绕乡村产业振兴、人才振兴，制定

《青海省巩固拓展脱贫攻坚成果扎实推进乡村振兴科技创新行动计划》，开展以"科技特派员工作站""科技小院"为核心的乡村振兴科技创新行动。到"十四五"末，在青海省科技特派员（"三区"人才）服务与管理平台管理的省级科技特派员（"三区"人才）稳定在 500 人左右，试点示范"科技小院" 40 个以上，每年培训基层科技人员、乡土人才、致富带头人 200 人次以上；"科技小院"服务的企业（合作社）40 个以上，五年间累计集成应用先进实用科技成果 100 项以上；五年间累计打造乡村振兴科技示范县 8~10 个。

（四）持续深入推进科技特派员制度，推进科技人才下沉服务，不断增强乡村振兴内生动力

一是争取科技部"三区"人才经费 2204 万元，选派 1000 名"三区"人才深入基层开展科技服务，培训基层专业人员或致富带头人等 8 期 513 人次。

二是开展科技特派员服务脱贫攻坚，支撑"三农"发展宣传工作，进一步激发科技创新人才服务乡村振兴的热情。推荐的 4 名科技特派员被科技部列入《科技人员助力边远贫困地区边疆民族地区和革命老区脱贫攻坚典型整合汇编》，推荐的 3 名科技特派员入选全国"大美科技特派员"评选。

三是贯彻落实习近平总书记对科技特派员的系列讲话、指示精神，创新科技特派员工作形式，开展"科技特派员工作站""科技小院"试点建设，制订完成了《关于扎实推进科技特派员服务乡村产业振兴的实施意见》《青海省乡村振兴科技示范县实施意见》，为下一步推进乡村振兴工作奠定了政策基础。

四是强化政策供给，落实工作举措。制订出台《青海省巩固拓展脱贫攻坚成果扎实推进乡村振兴科技创新行动计划》《关于扎实推进科技特派员服务乡村产业振兴的实施意见》《青海省乡村振兴科技示范县实施意见》，草拟《关于新时代坚持和深化科技特派员制度的实施意见》《青海省省级科技特派员管理办法（试行）》，为"十四五"科技支撑乡村产业振兴奠定一体化推进的政策基础。

三 存在的问题

一是农牧业科技创新平台作用发挥需进一步增强。国家和省级农业科技园区、星创天地等创新平台在推动特色产业发展等方面，由于人员数量、整体素质、服务理念等方面的欠缺，因此工作创新动力不足。省内以农科院、牧科院为主的农牧业科研院所，创新能力有所增强，但成果应用、转化率较低的状况依然存在。

二是协同创新工作有待进一步提升。精准对接农牧业"卡脖子"重大关键技术难题、构建省内外各类创新团队长效合作机制等仍需进一步加强。

三是农牧业高端人才、基层科技人才及基层科技管理人员缺乏，流失严重；高校和科研院所的相关考核机制不利于科技成果转化，相关政策措施落实不力。

四 2022年重点工作

一是围绕绿色有机农畜产品输出地建设，进一步强化农业科技领域资源链、创新链、产业链的融合布局。以高原特色农牧业种质资源保护与创新利用为目标，充分运用现代生物育种技术等，开展具有优质、高产、多抗等特性的专用农作物品种及畜禽新品种（品系）的创制选育和育繁推一体化、商业化育种体系建设示范。以现代农牧业高效生产模式的创新为目标，坚持市场导向，围绕高原特色农牧业高质量发展中种养方式、营养调控、疫病绿色防控等关键技术开展集成攻关，开展集约化、标准化、规模化绿色生产体系的创建示范。以绿色有机农畜产品产值和附加值显著提升为目标，充分发挥省内外协同创新团队作用，不断提升青海省科研团队精深加工科研创新能力和农牧业龙头企业在现代生物贮运保鲜工艺、冷链装备应用、物流及溯源信息等方面的技术应用水平，建立绿色有机农畜产品品质评价标准体系，创制契合市场需求的特性突出、风味独特的新产品。

二是巩固拓展脱贫攻坚成果同乡村振兴有效衔接，持续开展联点帮扶村乡村振兴工作。支持由省内外高校、科研院所及省内基层科研推广单位围绕"科技特派员工作站""科技小院"与县（市、区）政府、农业科技园区管理机构等共建集农牧业综合服务、创新创业和科技成果转化于一体的科技示范基地，形成公益性与经营性相结合、专业服务与综合服务相协调的新型农牧区科技服务体系。支持县级科技管理部门聚焦乡村产业振兴和人才振兴，组织开展以"科技特派员工作站""科技小院"为创新平台、以乡村企业（合作社）为创新主体、以实用技术成果产业化和创新能力提升为手段、以省内外区域协同创新机制为保障、以兴村强县为目标的具有显著数字乡村建设特点的乡村振兴科技示范县建设。不断落实落细联点帮扶村帮扶举措，打造科技帮扶新亮点。

三是充分发挥农业科技园区在推进农牧业科技成果转化、农牧业新兴产业培育、现代农牧业管理模式创新等方面的示范引领作用，加强以企业为主体的省级农业科技园区建设，完善农牧业科技创新服务体系，推动高原特色现代农牧业提档升级。

四是以打造牦牛技术创新中心为先导，组织各类创新共同体团队合作搭建技术研究中心、联合研发中心、协同创新中心等产业创新平台，打造青藏高原特色农牧业创新制高点。

G.4
2021年青海科技支撑社会发展报告

青海科技发展报告课题组*

摘　要： 2021年青海省社会发展科技工作立足"三个最大"省情定位，深入实施创新驱动发展战略，聚力解决生态环境、生物医药、公共安全、民生改善等领域关键科技问题，取得显著成果。本报告从科技创新支持生态保护、强化资源安全保护、加快现代生物产业体系建设、增进民生福祉和强化公共服务、推动国家可持续发展议程创新示范区建设五个方面总结了2021年度青海科技支撑社会发展情况，并讲述了2022年重点工作安排，从全面推进生态文明建设、科技支撑特色生物产业提质增效、扎实保障和改善民生等方面为平安青海建设贡献科技力量。

关键词： 科技创新　社会发展　青海省

一　2021年青海科技支撑社会发展情况

2021年青海社会发展科技工作坚定不移贯彻新发展理念。扎扎实实推进科技支撑生态文明，牢固树立"绿水青山就是金山银山"理念。扎扎实实推进经济健康可持续发展，培育壮大生物医药产业，推动实现创新链供给产业链。扎扎实实保障和改善民生，提升科技服务社会高质量发展水平，着

---

* 课题组成员：苏海红、张燕、王杏芳、祁秀丽、党军、刘世铭、樊鑫山。

力推动民生改善创造高品质生活。行稳致远保护利用好水资源、矿产资源等自然资源，科学推动禀赋资源优势转化为现实发展优势。

（一）以国家公园为主体的自然保护地体系建设为目标，提升科技创新对青海省生态保护支持力度

深入学习贯彻习近平生态文明思想，坚决落实习近平总书记重要讲话和重要指示批示精神，以"绿水青山就是金山银山"理念为指引，牢固树立新发展理念，全面认识青海生态保护的战略地位和重要性，严守生态保护红线，为青海省打造全国生态文明高地保驾护航。

1. 科技创新筑牢国家生态安全屏障

推动高原科学与可持续发展研究院和中科院三江源国家公园研究院建设。与青海师范大学共同组织召开了高原科学与可持续发展研究院第一届三次理事会，举办了第三届高原科学与可持续发展高层论坛。三江源国家公园星空地一体化生态监测及数据平台建设和开发应用重大科技项目成效显著，率先应用直升机和系留气球空中监测平台，搭载可见光、中波红外、偏振光、激光雷达、高光谱等载荷，开展可可西里、勒池草原等重点区域综合监测，在生态监测方法学研究中具有重要开创意义。研发了生态参数反演、多源数据时空融合、数据驱动的空间数据生成等5项多源异构数据解析集成关键技术，提高了数据连续性和时空分辨率，显著提升了三江源国家公园生态监测数据的获取与管理、数据产品开发及共享效率与决策服务水平。

青海生态环境价值评估及大生态产业发展综合研究重大专项取得突破。通过全面调查研究近20年实施的生态保护、修复与建设项目，系统分析了生态系统服务及其价值评估的理论和方法，建立了符合青海省生态系统特点的服务价值评估指标和技术体系，揭示了生态系统服务动态变化特征，阐明了生态系统服务的维持机制及溢出效应。同时，围绕"生态-生产-生活"之间关系，探索三者协调发展机制，提出了"三生"共赢协调发展途径。项目研究成果和大量科学数据为贯彻落实"双碳"目标要求，制订符合青

海实际的"双碳"时间表、路线图奠定了坚实基础。

祁连山黑河源草地生态生产共赢模式创建与示范成果显著。在海北州祁连县野牛沟乡建立了10亩适宜栽培牧草技术示范区，栽培牧草品种16个，通过技术推广，三年累计保护黑土滩人工草地2万亩以上；建成鼠害控制及春季休牧等天然草地保护技术核心示范区，示范推广面积达65万亩以上，建立起"科研机构+公司+生态畜牧业合作社+牧民"联动的运作模式，在建成的祁连山高寒草地生态试验站示范基地开展示范应用。采用新型复合保温墙体钢结构体系、被动式阳光房+主动式光伏发电太阳能综合用能技术和一体化污水处理系统及集中型饮水过滤净化技术建成牧区生态宜居住房。

持续推进三江源区代表性动物基因资源保护与应用。已完成10个动物基因组测序和组装，在三江源有蹄类基因组、雪豹基因组和大型猛禽基因组解析和协同进化研究方面获得了重要突破，同时揭示了青藏高原存在未知犬科物种、藏野驴高原适应的分子机制，阐述了牦牛和高原鼠兔肠道菌群多样性影响机制，在动物趋同进化研究领域获得重要进展，将建立三江源动物基因库，为研究青藏高原动物种群演化和动态及遗传多样性保护提供参考，为动物多样性保护提供理论指导和研究范式。

2.科技支撑青海省如期实现碳达峰碳中和

实现碳达峰碳中和，是以习近平同志为核心的党中央统筹国内国际两个大局做出的重大战略决策，是立足新发展阶段、贯彻新发展理念、构建新发展格局、推进高质量发展的内在要求。省委、省政府站在全面贯彻落实习近平总书记重要讲话精神和中央关于碳达峰碳中和战略部署的高度，要求从零碳产业、固碳增汇、清洁能源等方面先行先试，加快推进科技和制度创新，加大固碳增汇技术应用，大力推动绿色低碳技术研发、示范和推广。基于此，在先、后两次组织专家学者召开座谈会的基础上，青海省科学技术厅起草了《科技支撑引领青海碳达峰碳中和实施方案》，并组织谋划省级重大科技专项"青海省碳达峰碳中和技术集成示范"，重点推动青海柴达木荒漠地区"光伏+生态修复"，创建高原微藻碳增汇技术应用示范区和水-热-光-土耦合的增水增汇技术应用示范区。

3. 科技引领木里矿区以及祁连山南麓青海片区生态环境综合整治

对标《木里矿区以及祁连山南麓青海片区生态环境综合整治三年行动方案（2020~2023年）》，围绕乡土草种收集与示范、渣山土壤改良、木里矿区治理动态监测评估三个方面部署省级重点研发计划项目4个，共资助经费900万元。2021年各项目稳步推进，由青海省农林科学院土壤肥料研究所会同北京化工大学段雪院士团队等国内相关单位联合实施的《高寒矿区表层土壤改良关键技术研究与集成应用》项目，已分别在西宁和江仓矿区2号井温棚开展微区试验并进行出苗情况调查分析，形成了总结报告并上报省委、省政府，报告得到省领导的重要批示。由青海师范大学史培军教授团队联合北京师范大学共同实施的"青海木里矿区治理动态监测评估技术研究"项目，通过对矿区地形地貌、植被、水环境以及土壤环境监测结果的评估分析，认为采矿已全部停止，正负地貌高差明显缩小，生态恢复加快，水土质量优良，治理成效显现。向省委、省政府先后报送的《青海木里矿区生态环境综合整治科技支撑情况的汇报》、《木里矿区渣山表层土壤改良试验出苗情况初步分析报告》和《青海木里矿区治理动态监测评估技术研究》报告获得信长星省长、张黎副省长的重要批示。科技部党组成员、副部长李萌赴青海调研木里矿区江仓2号井科技示范区生态环境综合整治进展情况。其间李萌副部长分别与青海省政府信长星省长、刘涛副省长就共同做好木里矿区生态环境综合整治、推动科技支撑青海绿色高质量发展进行了交流。围绕木里矿区生态修复及综合整治工作，在前期科技支撑工作的基础上，决定年内启动应急科技攻关项目"高寒矿区生态修复关键技术研究集成与示范"。截至2021年底，科技部已发布国家重点研发计划"长江黄河等重点流域水资源与水环境综合治理"重点专项2021年度第二批项目申报指南征求意见稿，并在积极组织申报。

（二）立足"三个更加重要"战略定位，强化科技创新对青海资源安全保护支撑作用，做好"中华水塔"守护人

1.科学推动区域节水和污水治理，实施江河源区水生态保护与水资源高效利用

围绕水生态保护、水安全保护，聚焦人工配土工程应用条件下区域水源涵养能力提升、清洁型小流域治理等开展黄河谷地重点水土流失区生态综合修复技术示范。通过建立三江源河湖监测管理三维可视化大数据平台，为三江源区河湖监测管理提供具有系统性、时效性的基础数据服务。

围绕水资源利用，开展柴达木盆地水循环过程高效利用与生态保护技术研究与示范，以水资源高效利用为核心，遵循基础研究-技术集成-综合调控一体化创新思路，创新水循环信息获取技术，在建立的5000亩察汗乌苏、大格勒绿洲农林牧精量灌溉技术示范区配备了恒压智能供水控制系统、灌溉首部过滤施肥系统、自动上位综合控制系统、管路电动阀门及控制系统、田间管网及土壤墒情监测系统，实现了"适时"和"适量"指导灌溉，达到精量灌溉的目的。

围绕水污染治理，针对青藏高原乡村地区人居分散和污水处理困难的现状，开展了青藏高寒地区分散型农村生活污水处理技术研究与示范，将污水处理系统与太阳能光电光热技术耦合，实施农村生活污水处理系统增温研究，有效实现了高寒条件下农村分散型生活污水生物处理系统的正常运行。建成2座污水处理站，成果惠及乡村农户46户。

2.促进矿产资源绿色发展，构建新时期矿产资源勘察开发新格局

"柴北缘战略性新兴矿产找矿突破及关键技术示范"项目取得新突破。通过研究柴北缘地区锂、干热岩、铀矿及贵金属成矿作用及成矿环境，构建了茶卡北山锂铍矿等四种不同类型成矿模式，以及伟晶岩型锂铍矿、砂岩型及硬岩型铀矿、砾岩型金矿、干热岩等5套勘查技术方法组合。同时，在研究稀有金属、干热岩、铀矿以及金矿成矿规律的基础上，划分了找矿远景区18处，同时圈定2处干热岩开采区、3处开发靶区，新发现5处稀有金属矿

（化）点。项目实施为突破区域找矿重大技术瓶颈，进行成矿预测、发现新的矿床类型并完成深入找矿提供了重要理论支持，也为进一步开展找矿勘探工作规划选区提供了科学依据。

（三）聚焦青海省特色生物产业高质量发展，突出科技创新对加快建设现代生物产业体系的支撑作用

挖掘特色生物产业优势，顺应产业发展规律，强化问题导向和需求导向，统筹推进青海特色生物资源与中藏医药产业高质量发展。加强本省生物产业技术集成创新，推进生物科技创新平台建设，促使现代生物科技的技术成果在青海转化、应用和推广。积极推动特色生物资源产品开发与产业化。推进特色生物资源大品种种植、加工及功能提取物应用开发示范，开展汉藏药材（当归、黄芪、羌活、川贝母、秦艽）良种繁育基地建设，天菊植物提取剂在枸杞等鲜果保鲜中的应用与示范研究，富硒紫皮大蒜炮制中药饮片的集成技术与应用示范，青稞、藜麦、菊粉、沙棘特色功能食品的开发等，加快青海特色资源产品开发与产业化发展。

持续推进青海省藏医药产业发展。推动重点藏药大品种有效性、安全性、成药性评价等科技专项的实施，重点开展沙棘籽蛋白深加工技术研究与系列产品开发、青稞籽粒胁迫萌发关键技术研究及功能性产品开发和中试示范、藏药十一味维命胶囊治疗"索龙"病的作用机制及临床疗效评价等研究，建立了年产100吨的沙棘籽粕蛋白生产线，开发发芽青稞红曲袋泡茶等6款发芽青稞系列产品，新建年产3000万袋菊粉颗粒剂（含粉剂）生产线和年产2000万片片剂生产线各1条，达到3000吨牦牛发酵乳生产能力，新增产值7172万元，实现利税1292万元，不断提升青海省藏药新药研发水平，为藏药大品种新药的申报提供了重要支撑，对加速藏药现代化、产业化和市场化起到重要推动作用。围绕冬虫夏草重大产业发展、生态环境和社会发展等方面涉及的共性关键技术，立项支持冬虫夏草野生抚育和产业升级绿色关键技术研究，通过冬虫夏草原生地种植资源保护、生态抚育及道地性溯源技术、全产业链整体质量控制技术、安全性有效性评价技术、产业升级新

产品研发、产业升级特异性标准制订等研究，以科技引领确立青海在冬虫夏草产业中的主导地位。加强与西藏自治区科学技术厅相关处室的沟通，双方在科研优势互补的基础上就科技成果转移转化等问题共同探讨、合作推动藏医药产业高质量发展。

（四）围绕医疗卫生与社会治理，加强科技创新对增进民生福祉和强化公共服务的支撑作用，努力为青海人民创造高品质生活

1. 积极推动高原转化医学中心建设

按照省政府《关于推动高原转化医学中心建设工作实施方案》的相关要求，围绕青海省临床诊疗技术、科研成果、科技奖励、人才队伍、实验室、研究平台等，积极推进高原转化医学中心建设工作，为高原转化医学中心建设奠定了良好基础。

高原医学研究调研方面。由青海省人民医院牵头，会同青海金诃藏药集团、青海省科学技术协会，从医疗机构、科研机构、高校、企业等相关涉及高原医学主体的临床诊疗技术、科研成果、科技奖励、人才队伍、实验室、研究平台等方面进行全面梳理总结，撰写《青海省高原医学摸底调研报告》《青海省中藏药产业发展调查报告》《青海省高原医学学术人才报告》，在专家论证的基础上，经修改完善，最终形成了《高原转化医学中心可行性报告》。

引才方面。吸纳高原医学领域院士加入省政府科技顾问队伍。为强化高原转化医学中心的智库作用，青海省科学技术厅积极沟通对接，经请示省政府同意，将中国工程院院士王军志作为省政府科技顾问人选。

创新平台建设方面。根据省委《青海省关于优化科技创新体系提升科技创新供给能力的若干政策措施》有关精神，从2021年起设立吴天一院士科研专项基金，2021年度支持经费300万元。另外，以青海大学附属医院国家基因检测技术应用示范中心、青海省肝胆外科院士工作站（青海大学董家鸿院士工作站）、清华大学精准医学研究院青海大学包虫病研究中心、青海省包虫病临床医学研究中心等临床研究平台为基础，向科技部提交了部省共建包虫病临床医学研究中心申报书。

高原医学研究成果转化方面。会同海东科技园管委会、三江源国家公园研究院，在海东科技园建设青海省生物产业技术创新中心。其第一个成果转化项目——新型冠状病毒快速检测试剂盒，截至 2021 年底，该生产线已组建完成并正式投产。

2. 支持临床医学研究

不断加大科研攻关力度，医疗领域的新技术、新成果竞相涌现，日益满足人民对美好生活的向往。持续开展高原病防治、高原健身运动、地方病防治、新型突发传染病防控模式等研究。推动基因快速检测技术的研究与应用，为突发及输入型传染病的早期发现和筛查提供技术储备。青海省人畜包虫病防控策略与创新技术应用研究取得重大成果，利用二代测序技术从临床包虫病患者外周血中发现虫源性核酸片段，并成功地在前期验证的不同分期、临床治疗前后患者外周血中得到验证，该成果为后续包虫病的早期辅助诊断试剂盒的开发、流行地区病患高效筛选奠定了重要基础。

推动省级临床医学研究中心体系建设。建成国家肿瘤疾病、老年疾病、血液疾病、儿童健康与疾病 4 个临床医学研究中心青海分中心，培育建设省级临床医学研究中心 2 个（老年病、血液系统疾病）。6 家已认证省级临床医学研究中心推广相关临床诊疗方案、操作规程等 18 个，与全省 40 余家基层医疗卫生机构建立临床诊疗技术创新网络，大幅提升了基层医疗机构临床诊疗水平。积极融入国家血液疾病、老年病、儿童健康与疾病等大队列研究 3 项。

3. 加强青海省人类遗传资源管理，提升科技领域生物安全工作水平

加强青海省人类遗传资源管理工作。会同青海省卫生健康委员会组织有关专家成立调查组，开展青海省人类遗传资源管理调研工作，对青海大学、青海师范大学、青海大学附属医院、青海省藏医院、市州人民医院（藏医院）、第三方医学检测机构等 28 家机构进行了现场调查。根据调查结果，梳理形成了《青海省 2020 年人类遗传资源调查工作总结报告》。

建成青藏高原人类遗传资源样本库（西宁库）。该样本库总占地面积2000 平方米，库容约 250 万份。样本库以"高原特色、标准规范、保障安

全、合作共赢"为方针，严格执行生物样本标准化采集、保藏流程和质量控制处理方法，为青藏高原独特人类资源的保护和合理利用提供示范样板。样本库配备了全自动化液体处理工作站、全自动化核酸提取仪、高通量测序仪、大容量超高速离心机、程序降温仪、生物样本库专业信息管理系统等，并已获得科技部人类遗传资源管理办公室"人类遗传资源采集和保藏"许可资质。样本库的建成为青海省今后新药研发、医学转化研究、生物与健康服务等领域的创新发展提供了重要科技条件平台支撑。

4. 巩固疫情防控和应急科研创新成果

根据疫情防控形势，启动实施 2021 年疫情防控应急科研专项，推动青海省中医院疫情防控应急科研专项成果的转化推广。组织"青海省新型冠状病毒感染肺炎的中医综合防治方案研究"科研团队赶制防瘟散、扶正避瘟合剂、中药消杀复方等科研产品，紧急支援青海省第四人民医院、西宁市新冠肺炎疫情防控处置工作指挥部 6500 余份。

疫情防控应急科研专项成效显著。青海省中医院形成 4 种院内制剂，并取得青海省食品药品监督管理局颁发的批准文号，纳入《青海省基本医疗保险药品目录》乙类药品报销范围。青海金诃藏医药集团有限公司开发了青鹏胶囊、七味青鹏丸、十味紫菫散等 3 种防治新冠肺炎的藏药新制剂。中国科学院西北高原生物研究所研发了巴达消毒漱口水、巴达皮肤抑菌液、纳米微球型巴达鼻腔消毒剂 3 种消毒类新产品；研究开发的新型冠状病毒快速检测试剂盒取得荷兰卫生福利和体育部医疗器械注册函，获准在欧盟成员国上市销售；与相关企业合作开展科研成果转化，截至 2021 年底，快速检测试剂盒已在海东工业园投产。

5. 科技助力玛多地震灾害应急重建工作

青海省科学技术厅第一时间组织成立玛多地震应急科技工作领导小组，切实强化科技厅地震应急科技工作组织领导，确保快速、高效、有力地开展地震应急响应相关科技工作。及时召开应急科技工作专家咨询会，根据专家意见和建议制定了《青海省科学技术厅"5·22"玛多 7.4 级地震应急工作行动方案》。青海省科学技术厅社会发展科技处会同外国专家局积极组织中国科学院西北高原生物研究所，将疫情防控应急专项"纳米微球型抗病毒藏药复方巴达体外消毒剂的研制和应用"的成果转化为"巴达消毒湿巾"产品，通过青海省红十字会捐往果洛州玛多县地震灾区。组织相关转制科研院所多次赴果洛州各县开展地震灾后应急评估、安全鉴定、市政规划调研等工作，并根据果洛州各县的发展定位、经济社会发展现状以及受灾情况分别参与编制了五年市政基础设施专项规划。在青藏高原二次科考地质灾害方向综合风险防范课题基础上，提出深化对青藏高原地震-气候变化耦合对"三江源水塔"生态安全综合影响研究报告。同时，深入研究地震引发的地层破裂过程对高原特殊地质环境、冻土环境、水文环境、生态环境产生的影响，评估地震引发的地质灾害、水质安全、生态安全等多灾并发、链发风险，为高原地区区域地震-地质-生态灾害链风险防范、生态安全屏障建设、"三江源水塔"安全保护、灾害应急响应、灾区恢复重建和可持续发展等提供科技支撑。

6. 积极开展社会综合治理工作

认真贯彻落实省委政法委主要领导指示精神，多次与省委政法委相关处室沟通对接，筛选梳理了本省政法系统的科技需求，认真组织省内外相关单位结合青海政法工作科技需求，编制项目建议书并向科技部申请国家科技项目支持。同时，先期安排青海省重点研发项目开展社会治理先进技术与应用示范科技支撑项目。通过科技支撑，构建公共安全监控联网体系、平安城市治安监控体系、立体化社会治安防控体系、共享共用的政法综治信息化平台，努力提高突发公共安全事件的预警、处置能力，为平安青海建设提供技术与数据支撑。

（五）持续推动海南藏族自治州国家可持续发展议程创新示范区建设

青海省科学技术厅会同海南藏族自治州（以下简称海南州）政府，按照财政部和住房建设部反馈意见，对《海南藏族自治州可持续发展规划（2020~2030年）》和《海南藏族自治州国家可持续发展议程创新示范区建设方案（2020~2022年）》进行修改完善并上报科技部。苏海红副厅长带领相关处室负责人前往海南州，与自治州领导共商海南州国家可持续发展议程创新示范区建设具体举措，并赴科技部社会发展科技司汇报沟通。2021年8月，配合省政协调研组赴海南州进行了海南州可持续发展示范区推进工作的实地调研。9月，海南州委、州政府主要领导和相关负责同志来科技厅就持续推动海南州创建国家可持续发展议程创新示范区建设工作进行了对接交流。科技厅会同海南州政府草拟了《青海省人民政府关于支持海南藏族自治州建设国家可持续发展议程创新示范区若干政策措施》（代拟稿），并组织有关专家进行了专题研讨。并且，通过省级重点研发计划立项支持黄南州开展黄河谷地重点水土流失区生态综合修复技术示范、干热岩单孔取热的导热流体注入关键技术研究项目。

二 2022年重点工作安排

以习近平总书记考察青海时的重要讲话精神为引领，以生态文明高地建设和"四地"建设任务为重点，不断加强党的领导，强化思想政治建设，围绕省委、省政府重要决策部署和青海省"十四五"科技创新规划布局，认真贯彻落实新发展理念，按照厅党组2022年工作目标计划安排，以切实有效的工作举措落实以人民为中心的发展思想。

（一）始终做好生态文明建设和生态环境综合整治工作

重点在生态价值评价体系建设、生态产品价值转化路径研究、青藏高原陆地生态系统碳循环机理研究、重点生态功能区保护修复等方面凝聚省内优质科研资源，开展协同创新攻关，推动形成具有青海特色的生态文明新模式。围绕木里矿区及祁连山南麓青海片区生态环境综合整治工作，积极推进应急科技攻关项目"高寒矿区生态修复关键技术研究集成与示范"重点专项的立项及实施，持续推动高海拔地区生态修复项目成果转化及木里矿区高寒生态系统修复与精准动态监测技术研发。

（二）持续推动临床医学研究中心建设，支持高原医学研究发展

在高原医学重点领域，以高原医学领军人才为引领，持续支持高原医学研究，支撑高原医学学术、医药产业、健康产业发展。进一步提升青藏高原人类遗传资源库建设水平，在现有基础上按照国家标准 GB/T 37864−2019《生物样本库质量和能力通用要求》，进一步开展样本库规范化建设。示范建设青海省疾病样本库，解决医疗机构宝贵的临床生物样本规范化保藏的难题，探索建立生物样本库长期有效的运行模式。

（三）强化科技支撑碳达峰碳中和目标

瞄准科技部对青海省"双碳"工作的目标定位，鼓励绿色低碳技术研发和可持续发展模式集成，支持科研院所、高校、企业在应对气候变化成因、二氧化碳移除等方面加强理论方法研究，支持绿色技术创新成果转化应用。

（四）促进高原特色生物产业高质量发展

积极推进高原种质资源库和高原生物技术创新转化中心平台建设，着力推动生物技术在生物医药、工业、农业、资源、环境和生物安全等领域的应用推广，重点支持中藏药、生物医药、疾病预防检测等领域关键共性技术突破，促进生物产业高质量发展。

（五）推进海南州国家可持续发展议程创新示范区建设工作

紧密围绕生态环境保护、生态畜牧业发展、清洁能源综合利用、高原生物医药、公共卫生与健康、低碳技术创新示范、污染防治等，加强先进技术研究与创新集成，打造示范样板，形成典型经验，为海南州区域生态保护和可持续发展提供有力的科技支撑。

（六）强化社会综合治理社会支撑

认真贯彻落实青海省委关于"向科技要警力"的指示精神，围绕社会综合治理，积极谋划国家重点研发计划项目，部署实施省级重点研发计划开展社会治理先进技术与应用示范，为平安青海建设提供科技支撑。

2021年青海科技合作与交流发展报告

青海科技发展报告课题组[*]

摘　要： 本报告以解决制约经济社会发展瓶颈问题为出发点，梳理总结了2021年青海科技合作与交流工作情况、归纳形成了工作亮点。2021年青海省不断拓展科技合作交流渠道，着力在拓宽合作领域、创新合作模式、提高合作质量、扩大对外影响方面下功夫，通过"走出去"和"引进来"相结合的方式，稳步开展青海省引才引智工作；积极组织并完成第22届"青洽会"各项科技工作；坚持"面向大众"和"引领示范"相结合的原则广泛开展了科普宣传工作。青海科技合作与交流取得了新进展。

关键词： 科技合作　科技交流　青海省

一　2021年青海科技合作与交流工作概况

（一）积极推进，不断拓展科技合作交流

以解决制约经济社会发展"瓶颈"问题为出发点，在拓宽合作领域、创新合作模式、提高合作质量、扩大对外影响方面下功夫，不断拓展科技合作交流。一是实施科技合作项目。组织入库2022年度省级国际合作专项15

---

* 课题组成员：姚长青、叶拴劳、吴玲娜、颜有奎、黄晓凤。

个，项目总经费720万元，专项经费650万元，当年资助330万元。合作国家有美国、英国、西班牙、乌克兰、日本等国以及"一带一路"沿线国家。二是组织完成国际合作项目。完成"大数据驱动的国产高分遥感高寒草地监测技术""基于GABA-A蛋白受体介导的天然活性化合物筛选及分子药理学研究"等省级国际合作项目11个，科研成果水平显著提高，支撑经济发展效果明显。三是加强与中科院的合作。协助中科院兰州分院完成了"西部之光"项目中期、终期评估；2021年度"西部之光"申报项目40个，通过答辩和专家初步评审，获得中科院批复项目10个。与中科院大学一起为西宁（国家级）开发区培训企业管理骨干，提升管理人员管理水平。四是完成发展中国家培训班培训任务。因疫情原因，协助承担单位海南州布绣嘎玛民族工艺品有限责任公司通过线上方式在青海西宁与尼泊尔加德满都开班，来自尼泊尔、印度、斯里兰卡的20名学员参加了培训。五是积极参加国际人才交流大会。组织有关人员参加第十九届中国国际人才交流大会。集中进行了青海省外专引智工作成展、人才政策宣讲和需求发布等，并与驻澳大利亚、乌克兰、日本培训机构进行了合作交流对接。六是做好"青洽会"各项工作。邀请代表中科院的中科院兰州分院肖国青院长出席大会，特别邀请中国地质大学（武汉）校长王焰新院士参加"青洽会"开幕式并请其在主旨论坛演讲。青海省科学技术厅外国专家局被省政府授予"青洽会"先进单位称号。

（二）立足实际，稳步开展引才引智工作

根据青海省社会经济发展需要，通过"走出去"和"引进来"相结合的方式，积极推进青海省引才引智工作。及时掌握单位需求，帮助项目单位想办法解决工作中遇到的困难。协助青海天创新能源科技有限公司邀请德国科隆大学教授Werner Michael Rammensee来青开展国际合作交流，项目进展顺利。组织国家外国专家项目的申报、推荐工作，经认真审核，向科技部申报引智项目11个，批复9个，获得国家资金235万元。利用中韩、中日科学技术交流平台积极开展国际科技合作政策宣讲工作，促进科研人员了解韩

日科技创新政策，加深双方沟通联系，进一步促进国际交流合作。在科技工作者日，组织科技工作者代表认真学习习近平总书记在两院院士和科技第十次全国代表大会上的重要讲话精神，进一步激发全省广大科技工作者投身新青海建设的积极性，努力营造"尊重人才、尊重知识，崇尚科技、崇尚创新"的浓厚社会氛围。积极推动外国人来华工作和居留许可"一窗通办、并联办理"，外国人来华居留许可入驻西宁市民中心，简化办理流程，压缩办理时间，提供优质高效服务。截至 2021 年底，新办来华工作许可证 8 件、延期 61 件、注销 20 件、补办 2 件，共办理外国人来华工作许可业务 91 件。

（三）稳扎稳打，持续做好科普工作

切实落实习近平总书记对科普工作的重要指示精神，以建设创新型省份为目标，坚持"面向大众"和"引领示范"相结合的原则，持续做好科普宣传工作。开展"2020 年度全国科普统计"。对科普统计人员开展全面、系统的科普统计调查工作培训，演示网上直报系统的操作流程，围绕重点及难点问题进行现场答疑。开展 2021 年青海省科普讲解大赛，共有 50 名选手参赛，评选出一等奖 3 名、二等奖 7 名、三等奖 10 名。激发和调动广大科普工作者学知识、练技能的热情，提升基层科普讲解传播能力。与青海省委宣传部、省科协联合下发《关于举办 2021 年青海省科技活动周的通知》。在海北州西海镇奥凯广场与全国同步举办"2021 年青海省科技活动周启动仪式"，来自省直有关部门、海北州、海晏县的广大科技工作者参加了启动仪式，并现场为牧民群众进行科普知识的讲解、疾病的预防、无人机的表演。修订了《青海省科研科普基地认定和管理办法》，并据此组织 2021 年度科研科普基地申报、评审工作，2021 年新认定 6 家科研科普基地。对 2019 年认定的 4 家科研科普基地进行评估，实现科学研究与科普活动的紧密结合，推动学术资源向科普资源转化。与中国科学院西北高原生物研究所、青海省青藏科学考察服务中心一起，为果洛州玛多县地震灾区捐赠 10 万元片消毒湿巾。

二 2021年青海科技合作与交流工作亮点

（一）科技活动周影响深远

2021年青海省科技活动周聚焦"百年回望：中国共产党领导科技发展"主题，结合党史学习教育，在全省范围展示科技战疫成效、科技创新成果、美好生活体验、科技助力乡村振兴等方面内容，通过开展科普讲解、实验演示、示范传授等特色科普活动，增进公众对科技的了解，有力推动科技创新成果和科学普及活动惠及于民。

（二）科普讲解大赛再传佳绩

随着民众对科普知识的重视和科普讲解大赛的影响力提升，参与单位越来越积极，选手数量比2020年上涨60%，其讲解水平与选手的科普素养也上了一个新的台阶。本年度来自全省各行业的50名参赛选手同台竞技，共同演绎传播科普知识的魅力。参赛选手既有来自博物馆、科技馆等的专业讲解员，也有来自医院、高等院校、中小学、企业等不同行业和领域的"科普达人"，结合"百年回望：中国共产党领导科技发展"主题，围绕卫生健康、生态环境保护、大数据、新材料等内容，比拼讲解技能、展示讲解风采，以简短明快的形式、通俗易懂的语言，深入浅出地阐释科学原理，呈现了一场集科学、艺术、技能于一体，展示、交流、创新、融合的"科普盛宴"。获得一等奖的3名选手将代表青海省参加全国科普讲解大赛。

（三）创新政务服务为民办实事

积极贯彻落实科技部"放管服"改革精神，加强部门联动，创新政务服务，省外专家同省和西宁市出入境部门、西宁市市民中心经过多次沟通，达成了外国人来华工作许可入驻西宁市民中心，与出入境部门实现信息共享，"内循环"并联审批、一窗发证，"最多跑一次"，解决了外国人才就业创业办证环节多、填表多等问题，真正做到"减环节、减时间、减材料、减跑动"，切实为各类外国人才来青创新创业搭建高质量服务平台，提供更多便利服务。

三　2022年青海科技合作与交流工作展望

（一）继续推进拓展国际合作交流

利用中阿、中俄、中日、中欧等科技合作交流平台，积极推进"一带一路"科技创新合作，提倡离岸研发、飞地合作，不断拓展合作交流渠道。组织青海省优势资源和特色产业，通过"一带一路"平台，进行技术转移转化。

（二）努力推进引才引智工作

继续探索离岸创新、柔性引才的新模式，允许外国专家远程参与国内项目，与项目单位开展合作研究、学术交流等，指导项目单位推进引进外国专家项目实施。

（三）简化流程，做好外国人来华工作许可

进一步加大"一窗通办、并联办理"工作力度，继续简化办事手续，优化工作流程，缩减办事时限，提高办事效率，为外国人才来青创新创业提供更加便捷高效周到的服务，有效推动优化营商环境政策措施落实落地。

（四）扎实开展科普宣传

一是通过科技活动周、科技工作者日、科普知识讲解大赛、科研科普基地认定等手段，加大科普知识的宣传力度。二是以"公民科学素质纲要"为主线，丰富科普资源，创新文化环境和科学氛围，加大对重点行业、重点人群的教育力度，不断提升公民科技素养。三是以新的理念、新的思路、新的举措，全力推进"科普讲解大赛"的实施。

G.6
2021年青海大众创业万众创新发展报告

青海科技发展报告课题组*

摘　要： 2021年，青海省稳步推进大众创业万众创新，进一步深入优化科技创新环境，细化"双创"相关管理条例，出台了"打造'双创'升级版""促改革稳就业强动能""科技领域放管服改革二十条""提升科技创新供给能力十八条"等政策措施。加强"双创"工作组织与协调统一，推动各类"双创"载体特色化、功能化、专业化发展升级，强化区域覆盖、功能布局、协同发展，增强示范功能和带动效应，使得科技创新主体不断扩大。举办创新大赛、"双创主题活动"，创新活力不断增强，"双创"服务平台更加完善，创新支撑更加有力，培育了一批创新水平高、成长潜力好、科技支撑作用强的科技创新主体，为"十四五"开局打下良好基础。

关键词： 大众创业　万众创新　青海省

2021年，青海省持续深入实施创新驱动发展战略，大力培育创新链、延伸产业链、提升价值链，加快建立以企业为主体、市场为导向、产学研用多方协同、大中小企业融通发展的科技创新体系，同时举办创新创业大赛、"双创"活动周等各类主题活动，促进"双创"资源集聚，营造浓厚的创新创业氛围，为加快培育发展新动能、实现充分就业和经济高质量发展提供坚实保障。

---

* 课题组成员：张银廷、朱生海、李岩、赵以莲、高亚锋、张慧芳、樊鑫山、米杰、彭文博、杨发、周成录、刘虹、陈欣、景丛凤、李轩。

一 2021年青海省"大众创业万众创新"工作情况

（一）落实创新创业政策，释放创新创业动能

2021年，青海省认真贯彻落实国务院关于大力推进"双创"、强化实施"双创"、打造升级"双创"的一系列措施和意见，聚焦新阶段"双创"工作新形势新任务新使命，密集出台了"打造'双创'升级版""促改革稳就业强动能""科技领域放管服改革二十条""提升科技创新供给能力十八条"等政策措施，进一步释放创新创业创造活力，营造良好创新创业生态，不断优化创新创业环境，降低创新创业成本，释放创新创业动能。

1.制订创新券绩效评估细则，提升机构服务能力

创新券解决了企业在创新研发中面临的资源短缺和资金不足问题，有效加速了科技成果转化，促进产学研更加紧密合作，引导企业加大科研投入，强化企业创新主体地位。为规范青海省科技创新券的运行，细化创新券使用管理措施，推动全省科技服务业的快速发展，2021年制订出台了《青海省科技创新券使用绩效评估实施细则（试行）》（青科发高新〔2021〕64号），绩效评估优秀的创新券接收机构，按其上年度创新券兑付金额的30%给予奖励补助，每年最高补助不超过50万元；绩效评估不合格的创新券接收机构限期整改，连续两次绩效评估不合格的创新券接收机构退出青海省科技创新券公共服务平台，两年内不得开展创新券兑付工作。

2.加强全省"双创"工作组织领导和协同联动

在广泛征询各成员单位意见建议的基础上，省科技厅牵头制订印发了《2021年度"双创"活动实施计划方案》和《2021年度"双创"特色载体培育方案》，以创新创业大赛、"双创"活动周等活动为抓手，促进"双创"资源集聚和创新创业项目孵化培育。建立项目推进联络员协调制度，通过梯级培育、综合施策和精准服务，加强对科技企业产权保护、技术创新、管理提升、市场开拓、品牌建设、融资增长等方面的支持和服务，全面提升

"双创"主体核心竞争力。

3. 多措并举推进科技领域"放管服"改革

初步建立了从科技项目到人才评价等较为完善的全省科技领域"放管服"政策体系，加大科技政策供给，优化科技创新氛围，增强科研人员的获得感和科研动力，不断提升全省创新创业活力。制订出台了《中共青海省委办公厅　青海省人民政府办公厅印发〈关于激发科技创新活力提升创新效能的若干措施〉的通知》（青办发〔2021〕27号），持续减轻科研人员负担，优化科技创新环境，进一步激发科研主体创新活力。推行省级科技计划项目"揭榜挂帅制"和"帅才科学家负责制"试点，汇集全国优质创新资源，助力青海传统产业转型升级和新兴产业培育。完善科技成果转移转化激励措施，打通科技与经济结合通道。

4. 加大奖补支持，激发创新活力

按照党中央、国务院对科技工作的新部署新要求，贯彻落实科技部关于项目形成机制、经费管理改革、进一步宽松科研环境及优化科研生态的改革部署，大力推进现有奖补政策兑现，因地制宜推进项目形成机制和经费管理改革。在兑现奖补政策方面，截至2021年底，兑付国家级创新平台、高新技术企业奖补等共计2329.82万元。落实科技创新券政策，释放企业创新动能。2021年为科技企业孵化器在孵企业发放创新券近57万元，降低了企业用于科研投入的成本，增强了企业创新活力；落实研发费用加计扣除补助政策，促进企业创新主体培育。2021年科技企业孵化器在孵企业中，56家高新技术企业和科技型企业的研发费用税前加计扣除金额4391万元，折算减免税额1098万元。

5. 创新人才引育模式，激发人才创新活力

青海省科学技术厅坚持以创新型省份建设为总揽，紧扣产业需求创新引才路径，充分发挥科技计划项目和创新平台建设作用，探索建立了"项目+人才+平台"的培养模式。为科技人才引进培养和施展才华搭建平台，大力支持高层次科技人才和优秀青年科技人才、创新团队，共计培养各类人才1万余人；建成国家级创新平台59个，省级创新平台143个。推荐全省优秀科研人员入选国家级人才、青海省高端创新创业人才团队，积极组织选拔青

海省自然科学与工程技术学科带头人，推动科技人才成为全省创新驱动发展的主力军。在第二届"智汇三江源·助力新青海"人才项目洽谈会"项目+人才+平台"科技引才专场签约仪式上，来自省外 14 家高校、科研院所及企业的专家与省内 6 家高校、科研院所、事业单位凝练的 5 个科技创新平台项目、10 个国内合作交流项目进行了分批次签约。

（二）推动载体转型升级，赋能企业创新发展

推动各类"双创"载体特色化、功能化、专业化发展升级，强化区域覆盖、功能布局、协同发展，增强示范功能和带动效应，为加快培育发展新动能、实现更充分就业和经济高质量发展提供坚实保障。截至 2021 年底，全省建成青海高新区、西宁市城北区 2 家国家"双创"示范基地；建成西宁经济技术开发区、格尔木昆仑经济开发区、海东河湟新区 3 家国家级"双创"特色载体；建成国家大学科技园 1 家；建成省级孵化器 15 家（国家级 7 家）、省级众创空间 54 家（国家备案 13 家）。构建了"创业苗圃-孵化器-加速器-产业园"全链条创新创业孵化体系，实现了"双创"特色载体数量和质量的双提升，全面释放创新创业势能。

1. 建设高质量孵化载体，提高专业化服务水平

根据《青海省众创空间认定管理办法》（青科发高新〔2020〕86 号）和《青海省科技企业孵化器认定管理办法》（青科发〔2020〕87 号），组织开展 2021 年度省级科技企业孵化器和众创空间认定工作，经过形式审查、现场调研和专家综合评审等程序，青海绿能云网专业化众创空间、贵德县拓方众创空间等 7 家众创空间被认定为 2021 年度省级众创空间。2021 年青海省众创空间依旧保持"数量稳步攀升，质量稳步提升"的良好趋势。众创空间总数达 54 家（其中国家备案 13 家），孵化总面积 37.7 万平方米，工位数 3678 个，创业导师 1237 人，常驻初创企业/团队 1307 家（见表 1）。涌现出一批服务领域聚焦、孵化质量较高、团队水平更优的专业化众创空间，成为催生经济发展的新动力。2021 年，科技部相关司局来青海考察调研三江源生态专业化众创空间建设情况，实地参观了众创空间科技成果转化仿真

实验室、成果转移转化综合服务中心、青藏高原国家云数据中心机房、众创空间在孵企业等，并就其功能定位等问题提出了指导性意见和建议。

表1　2019~2021年青海省众创空间部分指标变化情况

指标	2019年	2020年	2021年
众创空间数量(家)	48	53	54
其中:国家备案众创空间数量(家)	15	14	13
众创空间总面积(平方米)	416330.43	375466.82	377124.09
提供工位数(个)	3045	2523	3678
常驻初创企业/团队数量(家)	1389	1050	1307
创业导师数量(人)	1240	971	1237

资料来源:青海省科学技术厅统计资料。

2.用好考核"指挥棒"，建好孵化生态体系

2021年，为增强"双创"服务平台创新创业服务能力，推进提质增效，根据《青海省科技企业孵化器和众创空间绩效评价细则（试行）》（青科发高新〔2020〕88号），对省级科技企业孵化器和众创空间运行情况进行了绩效评价。如对省级科技企业孵化器和众创空间新增孵化企业数、培育科技型中小企业数、高新技术企业数、企业新增专利数、获得创业投融资等指标进行了量化考评，对管理绩效、基础条件、服务水平和孵化质量等指标进行了定性评价。青海中关村高新技术产业基地有限公司、西宁创业孵化基地、青海省创业发展孵化器有限公司被评为省级优秀科技企业孵化器，西宁市城中区创新创业孵化基地、圣航农牧众创空间、青海青年众创空间等10家单位被评为省级优秀众创空间，其中青海中关村高新技术产业基地连续三年在全省孵化器绩效评价中获得优秀等级。形成了科技成果不断涌现、创新能力不断增强、企业效益不断提升、产业结构不断优化的良好"双创"工作局面。

科技企业孵化器作用日益明显。孵化器平台通过建设重点实验室、技术中心、产品中试基地、技术转移中心等，促进了科技研发与成果转化、技术转移与扩散，已成为促进科技成果产业化、培育科技企业和企业家的重要载体，助力青海省创新驱动内涵式增长。孵化平台创新能力不断增强，创新发

展水平不断提升，企业研发规模不断扩大，掌握核心能力的技术不断提高，创新型企业不断涌现。2021年青海省15家科技企业孵化器共计在孵企业643家，实现收入143亿元；研发（R&D）经费支出1.04亿元；孵化器内有效知识产权数量增加273件，增长率45%，创历年之最（见表2）。

表2　近三年青海省科技企业孵化器部分指标变化情况

指标	2019年	2020年	2021年
孵化器数量（家）	15	15	15
其中：国家级孵化器数量（家）	6	7	7
孵化器总面积（平方米）	1188858.05	1280847.63	1340697.74
孵化器内企业总数（家）	611	699	752
当年毕业企业数（家）	65	103	98
在孵企业数（家）	471	528	643
在孵企业总收入（万元）	258523	234951	1431149
在孵企业从业人员（人）	6575	7406	8110
在孵企业研究与试验发展(R&D)经费支出（万元）	4120.5	4664.4	10362
拥有有效知识产权数（件）	542	606	879

资料来源：青海省科学技术厅统计资料。

3. 重点推进特色载体建设，凸显孵化杠杆效应

2021年，通过推进海东河湟新区国家科技资源支撑型特色载体各项建设任务，实现孵化器、加速器等"双创"载体入驻使用，年内实现产值近2亿元，新增就业人数500人以上；企业研发费用达4900余万元，技术合同交易额达3800余万元；高新技术企业、科技型企业、科技型中小企业数量快速增长到60家，拥有各类重点实验室、技术研发平台7家。同时，海东河湟新区国家科技资源支撑型特色载体与武汉理工大学合作共建青海武汉理工大学科技文化融合发展产业研究院，与青海师范大学就应急产业发展、高原小球藻培育应用、藏文语义识别等关键技术开展合作，引入该校省级工程技术中心2家，落地成果转化项目2个，形成各类知识产权20余项；与青海大学国家重点实验室就牦牛产业开发、清洁能源利用等关键技术攻关开展

合作；与中国科学院西北高原生物研究所共建高原天然产物有效成分分离纯化技术工程中心。

青海大学科技园通过建设青科绿谷众创空间孵化大厅，实现创新创业种子苗圃功能；对接青科知识产权中心，搭建技术交易中心业务模块和资源平台，形成科技项目辅导-知识产权服务-企业科技规划-企业科技避税-双企培育等全链条服务功能；与城北区政府开展紧密合作，联合成立西宁市城北区"国家级'双创'示范基地"双创联盟。获批国家中小企业公共服务示范平台，在国家级科技企业孵化器绩效评价中取得良好成绩。青海大学科技园累计孵化企业 104 家，在孵企业 66 家，其中国家级高新技术企业 4 家、青海省科技型企业 7 家、科技型中小企业 7 家、"新四板"上市企业 1 家、西宁市技术研究中心 2 家；完成技术合同登记 3199.01 万元，技术交易额 1293.36 万元；带动就业 400 余人，接纳应届毕业生 27 人、实习生近 200 人。

青海省科技创新中心围绕青海省发展规划，聚焦生态环保、工业互联网、数字经济、现代农牧、绿色能源、乡村振兴等领域，构建"科技服务+企业培育+融资孵化+供销畅连+人才培养"为核心的孵化服务生态体系，累计孵化企业 123 家，入驻企业 84 家。同时，青海省科技创新中心积极向省外优秀孵化器学习借鉴，打通孵化器地域限制，创建联动孵化和飞地孵化模式，强化孵化服务，实现"为创新服务、为服务创新"的可持续发展，在全省形成孵化标杆示范效应，形成 1+N 孵化新格局。

（三）办好创新创业活动，激发创新创业活力

2021 年，在新冠疫情防控常态化条件下，为贯彻落实习近平新时代中国特色社会主义思想，强化实施创新驱动发展战略，推动创新创业高质量发展，青海省科学技术厅联合各有关部门在全省范围内举办"双创"活动周青海分会场、科技活动周、青海省大学生创新创业大赛、中国创新创业大赛青海赛区地方赛、创新创业产品巡展、招聘会、政企对接活动等"双创"主题活动，营造了浓厚的创新创业文化氛围。另外，青海省工业和信息化厅、青海省教育厅还分别组织了"创客中国"暨"创青春"青海省创新创

业大赛、中国国际"互联网+"大学生创新创业大赛（青海赛区）等主题活动，进一步激发了创新创业的热情。

1. 成功举办"民生银行杯"第七届青海省大学生创新创业大赛

根据全省"双创"工作部署安排，青海省科学技术厅联合青海省财政厅、青海省教育厅、共青团青海省委和中国民生银行西宁分行，共同举办以"高水平创新创造　高质量创业就业"为主题的第七届青海省大学生创新创业大赛，充分调动各类市场主体和社会各方参与"双创"活动的积极性，突出创业带动就业质量提升、突出创业支撑科技自立自强、突出创新创业促进全民共同富裕、突出创业者的参与度和获得感。通过赛事宣传、动员报名、资格审核等，大赛共吸引368个项目报名参赛（见图1），经过审核、初赛、决赛等多轮激烈角逐，评选出了40个大学生团队组和企业组优秀项目，发放奖金26万元。涌现出致力于"泡沫铝制备工艺"的融科新材料团队、专注于"肝病变早筛技术"的肝御者团队和潜心研发"输电母线筒波纹管伸缩位移检测装置"的尘电电力等优秀创新创业团队。在大赛活动宣传方面，紧跟潮流，采用了抖音开屏广告、头条开屏广告、腾讯社交广告、微信视频广告、MG动画等主流宣传方式，让更多的社会群体关注"双创"，吸引广大青年参与"双创"，在全省范围持续营造创新创业浓厚氛围。

图1　2015~2021年青海省大学生创新创业大赛参赛项目数

资料来源：青海省大学生创新创业大赛管理办公室。

2021 年，青海省大学生创新创业大赛共有 368 个报名项目，受新冠疫情等因素影响，报名数量较 2020 年下降 11%。报名参赛的创业项目技术领域分布较广，新一代信息技术占比 27.2%，生态农牧业占比 14.2%，生态文化旅游占比 13.9%，清洁能源占比 11.3%，生物医药占比 6.4%，新材料占比 5.9%，高端装备制造占比 5.3%，高技术服务占比 1.7%，其他占比 14.1%（见图 2）。

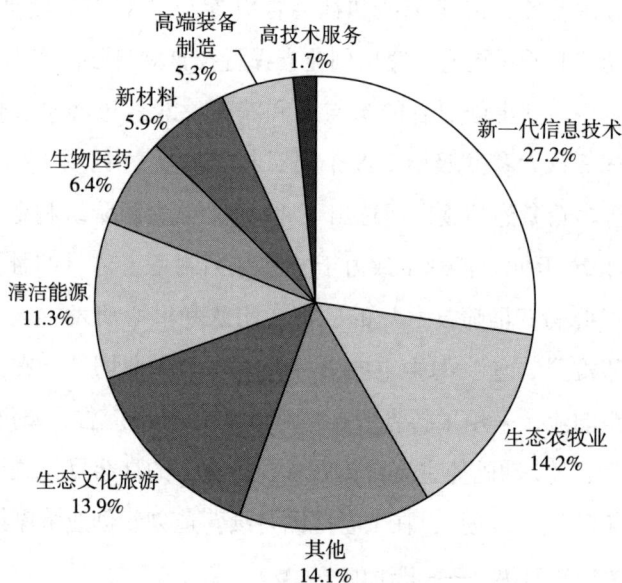

图 2　2021 年青海省大学生创新创业大赛各领域参赛项目占比

资料来源：青海省大学生创新创业大赛管理办公室。

2. 成功举办第十届中国创新创业大赛青海赛区地方赛

根据《科技部关于举办第十届中国创新创业大赛的通知》（国科发火〔2021〕150 号）要求，青海省于 8 月发布了《关于举办第十届中国创新创业大赛青海赛区比赛的通知》，启动了以"科技创新　成就大业"为主题的第十届中国创新创业大赛青海赛区比赛。主办方通过新闻媒体、腾讯社交广告、微信公众号、青海省创新创业综合服务平台等积极宣传，并走访科技企业孵化器、众创空间，积极动员符合条件的企业报名。本届大赛注册报名企业共 75 家，其中成长组注册报名企业 55 家、初创组注册报名企业 20 家，网上审核通过企业 50 家，其中成长组企业 34 家、初创组企业 16 家。报名参赛企业数量较往年明显提升，参赛企业的成长性及参赛项目的创新性方面也相对较好。青海省科学技术厅积极与海东河湟新区管委会等各单位对接沟通，设置大赛奖项和奖励资金，确定初创企业组一等奖、二等奖、三等奖各 1 名，成长企业组一等奖 1 名、二等奖 2 名、三等奖 3 名，争取比赛奖励资金 9 万元。

结合疫情常态化防控要求，将初赛、复赛、决赛进行合并，采用线上项目路演直播方式展示、"10+5"互动答辩模式评选。由来自省内创投、技术领域的专家组成的大赛评委会，按照《评分细则》规定重点从技术、市场、团队、财务等方面进行专业评审。经过激烈角逐，青海全益药业有限公司的"航天标准级牦牛胶原蛋白肽特殊膳食食品的研究与产业化"项目、青海杞动健康食品有限公司的"基于 KOL（Key Opinion Leader）营销模式下高原特色食品的研发与推广"项目分别荣获青海赛区成长企业组一等奖和初创企业组一等奖。根据组委会《关于推荐第十届中国创新创业大赛全国赛入围企业的通知》要求，推荐 4 家初创企业、7 家成长企业入围全国赛。

3. 成功举办全国"双创"活动周青海分会场活动

按照国家发展改革委《关于召开 2021 年全国大众创业万众创新活动周动员电视电话会议的通知》要求，青海省与全国同步举行了 2021 年全国大众创业万众创新活动周青海省分会场（以下简称活动周）系列活动。本次活动周集中开展了启动仪式、产品展、工作交流会等形式多样、内容丰富、意义深刻的主题活动，推动全年"双创"氛围持续升温，使之成为全省"双创"工作的年度盛会。启动仪式采用了 VR 虚拟会场和活动视频直播技术，丰富了活动呈现方式。省直有关单位、各市州科技局、高等院校、科研院所、省级科技企业孵化器和众创空间负责人，部分"双创"企业代表近 300 人参加了此次活动。省委副书记、省长信长星出席并宣布活动周正式启动，张黎副省长和武汉理工大学吴超仲副校长为青海武汉理工大学文化科技融合产业技术研究院揭牌。活动期间组织了"双创"产品展会，青海聚之源新材料有限公司的高端六氟磷酸锂、青海全益药业有限公司的牦牛胶原蛋白小分子肽冻干粉、青海佑戎兴环保工程有限公司的野外便携式净水机、国网青海省电力公司"双创"示范中心的能源大数据创新平台等50家企业近100项产品在青海农林牧交易中心集中展示，让社会各界更好地关注到青海的新产品、新业态。同步举办的还有数据湖算法大赛、创新创业大赛、文化交流传播论坛、专业化孵化服务培训等一系列特色活动，促进创新创业要素对接互动、交流共享、探索新路径，营造更加浓厚的创新创业氛围。

4. 成功举办"双创"工作交流会

围绕"双创"载体升级和"双创"服务升级，举办一年一度的"双创"工作交流会。全省科技企业孵化器和众创空间代表就探索构建高效、便捷、共享的孵化链条体系，发展可持续、专业化、精细化、多元化服务路径等，进行了"面对面"的交流探讨，着力提升创新创业能力和水平，进一步发挥好全省"双创"工作重要承载窗口和平台作用，切实承担起推动区域经济发展、培育经济发展新引擎的时代责任和使命。截至2021年底，青海省科技企业孵化器和众创空间管理人员达873人。

（四）开展"双创"专项行动，立足实际解决难题

1. 培养孵化专业人才，强化"双创"人才队伍

2021年，青海省科技企业孵化器协会举办了2021年度青海省创业孵化从业人员初级资格培训班，邀请国科火炬企业孵化器研究中心主任杨晓非、重庆科企孵化器研究院院长张静、省科技企业孵化器协会会长杨发等领导和嘉宾出席开班仪式，来自全省30余名创业孵化从业人员参加了此次培训。通过政策解读、案例分析、交流互动等多种形式，以丰富的案例带学员走进"课堂"，全面认识孵化行业，深入探究创新创业文化精神以及创业孵化服务体系建设等实操经验。此次培训有效提升了青海省孵化从业人员的业务能力和服务水平，为全省科技孵化高质量发展提供了坚实的人才保障。

2. 破解发展瓶颈问题，引导载体转型升级

为进一步掌握青海省科技企业孵化器和众创空间的运行机制、服务能

力、孵化成效以及在发展过程中存在的问题，青海省科学技术厅高新技术处联合青海省科技企业孵化器协会成立调研组，前往西宁市、海东市、海西蒙古族藏族自治州、海南藏族自治州、海北藏族自治州、黄南藏族自治州、玉树藏族自治州等地，对2021年申报拟认定的省级众创空间及2020年绩效评价不合格的国家级科技企业孵化器和省级众创空间集中开展督导检查和"一对一"指导服务，并以探索飞地模式协调解决玉树藏族自治州省级众创空间建设中的困难。

3. 加强东西部合作，搭建孵化帮扶桥梁

借助"科技援青"等渠道，加强与东部地区的合作。青海省科技企业孵化器协会联合省内外创新机构，搭建科技创新创业服务平台，为企业提供政策推送、对接咨询、产品展示等综合服务，通过飞地孵化、联合孵化，建立对接通道；邀请东部优秀创业导师开展专题讲座，传授先进创新技术方法和孵化器建设经验，同时积极搭建智慧双创"云路演"服务平台，力图打破地域限制、打造线上合作桥梁。青海大学科技园科技创新服务中心借助清华大学等对口支援帮扶优势，引入"孵化服务+创业培训+天使投资+开放平台"模式，合作成立青海启迪之星创业投资中心（有限合伙）基金，筛选优质创新创业项目给予投资支持。

4. 积极应对疫情形势，鼓励企业逆势发展

2021年，面对新冠疫情的复杂形势，青海省科学技术厅积极应对。一方面为企业兑付开办补贴、社保补贴、岗位补贴，通过减免厂房和办公楼租金、降低融资成本等方式为企业纾困；另一方面通过提高行政服务能力、平台服务能力和载体服务能力，为企业创造更好的营商环境和创新平台。海东科技园在疫情期间为加强基地企业用工需求，建立商业企业员工共享信息平台，并提出跨业态、跨企业的"共享员工"概念，在园区企业中先行先试，极大程度地满足了特殊时期企业的用工需求，为企业纾困解难，有效促进了疫情期间的生产生活保障；东川工业园区中小企业创业园在孵企业青海迪安医学检验中心有限公司，在疫情期间承担着核酸检测工作，日检测量约3000~5000人次。在人员少、任务重的情况下，创业园积极帮助企业解决核

酸检测地点及室外办公环境设置问题，帮助企业申请政府资金 10 万元，减免该企业 6 个月房租共计 24.3 万元。

二 问题分析

总体来看，2021 年青海省"双创"工作在从量变向质变转化，培育科技创新主体成效显著，带动高质量就业明显，汇聚新领域新产业突出。但受区域经济、科技、教育发展不平衡、不充分等因素影响，青海省"双创"工作在专业化管理人才引进与培养、优质创新创业企业孵化、促进科研成果转移转化、引导基层创新意识和融资服务方面与东部、中部乃至西部发达地区在质量和数量上都有较大差距，在省内也存在创新创业载体发展区域不平衡、创新能力普遍较低、创新创业人才紧缺、创业层次和水平较低等问题。

（一）孵化载体服务能力不足

孵化载体作为全链条孵化培育的核心承接端口，近年来青海省孵化载体已呈现多元主体参与发展的态势。但随着技术创业门槛的提高，产业领域越来越细化，导致一些孵化载体无法扩大服务范围和深化服务领域，孵化载体服务内容趋同，围绕产业与创业需求、经济利益和契约关系的孵化产业生态尚未形成。大部分孵化载体运营模式不健全，赢利模式单一，专业的服务人才和团队管理服务水平及整合社会资源的能力不足，无法通过增值服务产生有效收益或者产出，主要收入来源仍是依靠地方政府财政支持和房租收入，创业孵化机构与创业企业尚未形成真正的利益共生。

（二）创业企业创新能力不足

近年来，青海省大力推进科技创新，引导企业加大研发投入，掌握核心关键技术，提升企业竞争优势。虽然企业知识产权数量在增长，知识产权保护意识在增强，但是企业拥有形成核心竞争力的专利甚少，企业技术创新性程度普遍不高。综观历届青海省创新创业大赛项目，技术水平起点高、拥有核心关键技术、能够吸引大众眼球的凤毛麟角。其主要原因：一是创业团队的专业水平不高，不具备较高层次的创新能力和研发能力；二是创业资金匮乏，创业者不愿意在研发上投入大量资金或者冒险；三是多数初创企业倾向于低成本、低难度、高回报的创业项目。

（三）创业企业成长能力不足

初创企业普遍存在团队不稳定、创业毅力不坚定、企业管理不规范、应对市场变化经验缺乏、自身造血能力不足等问题。其主要原因：一是创业企业经营规模较小，容易受到内外部环境变化的影响，短时间内难以形成品牌效应、口碑效应等有利市场条件；二是多数创业者在没有充分了解市场行情的情况下选择技术门槛低、投资少、缺乏核心竞争力的项目，在市场上表现出"水土不服"问题；三是创业者容易盲目跟风、短线投资，频繁更换项目，半途而废者多，有始有终者少。

（四）创业企业融资能力不足

企业融资难、融资贵是普遍存在的问题，而更为突出的是创业企业的融资能力不足问题。其主要原因：一是团队没有经济基础，质押能力和担保能力不足，难以获得银行贷款；二是项目缺乏技术创新和市场前景，难以吸引天使投资和风险投资；三是在初创企业抗风险能力较差、容错机制不健全的情况下，一旦创业失败，创业团队将负债累累；四是政策扶持资金多数是项目实施后以补助形式或奖励形式扶持，而创业企业最为紧缺的是项目落地实施的孵化资金。

三 2022年度工作重点

立足新发展阶段，贯彻新发展理念，构建新发展格局。在省委、省政府的高度关注和重视下，青海省围绕实施"一优两高"战略、保护"地球第三极"、培育"四种经济形态"、创建"五个示范省"的总体布局，2022年将持续推进创新驱动发展战略，加快政策供给和制度环境的再优化，突出科技引领作用和企业创新主体地位，加强特色孵化载体建设和服务能力提升，营造"双创"文化氛围，凝聚"双创"资源要素。

（一）加强舆论导向，强化政策支持

创新创业活动是有效营造"双创"社会氛围、强化"双创"意识、落地"双创"政策的重要渠道。利用省内相继搭建的多形式创新创业活动平台，比如创新创业大赛、成果展示、经验交流、研讨观摩、就业招聘等，大力宣传创新创业理念，树立创新创业先进典型，增强创新创业曝光度。从舆论上加以引导，提高全社会对创新创业的认识，激发创新主体的创造力和活力，更好地服务于本地经济建设。

（二）支撑科技自立自强，凸显企业创新地位

引导科技创业孵化机构与高校院所合作，推进产学研深度融合；鼓励龙头企业兴办创业孵化机构，推动产业链上下游企业开放共享、融通创新、协同发展；推动各地方制订科技型中小微企业研发专项资金支持政策，增强企业技术创新能力；落实好各项科技支持政策，引导和鼓励企业加大研发投入、加快科技成果转化。

（三）提升孵化生态能级，重点孵化未来产业

持续完善科技企业孵化器、众创空间绩效评价指标体系，突出孵化成效的权重，践行优胜劣汰原则，引导孵化器行业健康有序发展；加大孵化载体的专业化建设支持力度，引导孵化器、众创空间向专业化、特色化转型升级，推动孵化服务向上下游科技创业企业延伸；鼓励孵化载体结合区域主导产业与当地技术、市场等优势条件培育新兴产业。

（四）丰富创新创业资源，提升创新创业水平

利用互联网、云计算等信息化手段，构建开放的创新创业服务平台，综

合运用市场化、专业化和资本化手段，为创新创业提供全链条增值服务。同时，加强与东部地区合作，通过结对帮扶、联合共建、模式输出、异地孵化等方式，加强培养本地区的创新创业人才，提升青海省创新发展动力，提高创新创业效率。

G.7
2021年青海省科技企业发展报告

青海科技发展报告课题组*

摘　要： 2021年，青海省科技部门积极落实《青海省"十四五"科技创新规划》目标任务，不断强化企业创新主体地位，提升企业技术创新能力，助推青海省科技企业高质量发展。全省科技企业数量稳步增长，质量不断提高。本报告主要从2021年青海省科技企业政策落实、经济效益、创新投入、科技产出、人才构成等角度进行深入分析，并结合工作实际，为今后持续开展科技企业培育计划、实现企业创新主体高质量发展提供相应借鉴。

关键词： 高新技术企业　科技型企业　青海省

一　2021年度科技企业总体情况

2021年，青海省科技部门坚持以习近平新时代中国特色社会主义思想为指导，全面贯彻落实省委、省政府关于激发企业创新活力的工作部署，强化企业创新主体地位，激发企业创新活力。通过持续优化政策环境、构建梯级培育体系、规范科技服务流程等举措，助推青海省科技企业数量与质量双提升。截至2021年底，全省拥有高新技术企业234家、省级科技型企业543家、国家科技型中小企业入库212家。

---

* 课题组成员：朱生海、李岩、赵以莲、高亚锋、王士强、李晓砚、张军剑、杨灿、陈智、彭文博、马明兰、付蓉。

（一）持续优化政策环境，激发企业创新活力

持续优化科技创新环境。为有效落实《青海省关于优化科技创新体系提升科技创新供给能力的若干政策措施》，配套制定《青海省科技创新券管理办法》《青海省科技小巨人企业认定管理办法（试行）》《青海省科技创新券使用绩效评估实施细则（试行）》等多项政策，从营造良好环境、落实惠企政策、完善资助模式、集聚创新资源、丰富创新应用、优化创新链条等方面，形成支持科技企业研发的强大合力，提升科技企业的技术创新能力，助推青海省科技企业高质量发展。

多渠道精准开展政策宣贯。科技、财政、税务部门齐发力，着力推动"企业找政策"向"政策找企业"转变。通过"青海科技""青海税务"公众号、电台报纸、线上培训、实地入企入园调研等多种形式，全面推进科技企业培育、企业研发费用加计扣除等普惠性政策宣传辅导工作，全年累计召开6次培训会，参培人员达到800余人次；精准推进惠企政策落实工作。2021年全面兑现高新技术企业认定奖励资金1460万元、科技小巨人企业奖励资金270万元，落实科技企业研发费用加计扣除补助资金4575.94万元，兑付科技创新券427万元，通过减税降费着眼"放水养鱼"，让企业"轻装上阵"，实实在在的"真金白银"帮助企业较大限度降低研发成本，激发企业创新活力。

（二）构建梯级培育体系，推动企业量质双升

通过构建科技企业梯级培育体系，完善"初创企业-国家科技型中小企业-高新技术企业-科技小巨人企业"梯级培育模式，精准施策、重点扶持、优化服务，对当年新认定高新技术企业和科技小巨人企业分别奖励10万元和90万元；在原加计扣除政策基础上，对高新技术企业和科技型企业按当年研发费用加计扣除免税额的10%给予最高不超过200万元奖补；支持高新技术企业、科技型企业、科技型中小企业和有研发投入的规模以上企业使用创新券购买技术创新服务，每家企业年度累计可申领创新券20万元。全省

科技企业培育认定工作取得阶段性进展。截至 2021 年底，全省在效高新技术企业达到 234 家、省级科技型企业 543 家、国家科技型中小企业入库 212 家，分别较上年增长 7.34%、18.82%、19.77%。在数量持续增长的同时，企业整体规模也在不断扩大，2021 年，全省高新技术企业、科技型企业分别实现主营业务收入 746.58 亿元、753.36 亿元，较上年增长 2.24%、60.8%，实现工业总产值 400.15 亿元、637.02 亿元。全省科技企业数量和质量稳步提升，科技创新支撑引领经济社会高质量发展效果日益凸显。

（三）规范科技服务流程，提升监督管理水平

严格认定标准要求，规范科技服务流程，确保科技企业认定管理工作质量。一是严把材料初审关。科技部门严格依据科技企业相关管理办法进行拟申报企业的征集、培训、自查、初审、调研等工作，并提前开展审计机构政策培训，严肃审计质量。二是严把认定企业质量关。制定《青海省2021 年度科技企业认定专家评审工作方案》，通过税务数据核查、信用核查、异议企业核实处理等工作，确保申报企业资料质量和评审结果的独立、客观、公正。三是严把企业监督管理关。2021 年青海省开展了高新技术企业认定管理自查自纠工作，联合财税部门随机抽取 70 家高新技术企业进行重点检查，依据《高新技术企业认定管理办法》，取消 9 家企业享受 2020 年度高新技术企业税收优惠资格，对 3 家高新技术企业进行限期半年整改。同时，为有效掌握科技企业发展现状，青海省科技部门按期开展了高新技术企业火炬统计、科技企业年度快报/年报工作。根据科技部火炬中心年度工作要求和安排，认真谋划国家科技型中小企业评价服务工作，年内开展 4 批次科技型中小企业评价入库申报工作，共 212 家企业获得国家科技型中小企业评价入库编号；其间开展了国家科技型中小企业入库信息抽查工作，确保入库企业质量。通过上述举措，进一步细化落实了科技企业认定工作流程和监督管理机制，确保相关认定管理工作全流程有章可循、有法可依，有效提升了青海省科技企业监督管理水平，助推高新技术企业高质量发展。

二 高新技术企业

2021 年，青海省高新技术认定管理工作领导小组办公室深入实施国家创新驱动发展战略，紧紧围绕省委、省政府科技创新的各项部署要求，充分发挥企业作为科技创新的主体作用，通过政策组合拳与优化升级"放管服"改革等举措，大力推进高新技术企业认定和政策落实，青海省高新技术企业得到持续发展，取得了显著成效，实现了高新技术企业"十四五"良好开局。

（一）高新技术企业年度整体发展概况①

1.高新技术企业规模稳定发展

2021 年度新认定高新技术企业 81 家，全省高新技术企业达到 234 家，较 2020 年增加 16 家，增长 7.34%，呈现稳定增长趋势。

2021 年度高新技术企业中规模以上工业企业②达到 93 家，占总数的 39.74%。其中，产值 2000 万元（含）至 5000 万元以下企业 2 家、产值 5000 万元（含）至 1 亿元以下企业 38 家，共占全省高新技术企业总数的 17.09%；产值 1 亿元（含）至 10 亿元以下企业 48 家，占全省高新技术企业总数的 20.51%；产值 10 亿元（含）至 50 亿元以下企业 14 家、50 亿元及以上企业 1 家，共占全省高新技术企业总数的 6.41%。全省规模以上工业高新技术企业总产值到达 396.38 亿元，户均产值 4.26 亿元，分别较上年增长 24.23%、17.36%。

2.高新技术企业产值收入有所增加

2021 年，由于青海盐湖工业股份有限公司退出高新技术企业序列（该企业 2020 年度工业总产值为 139.54 亿元），排除青海盐湖工业股份有限公司的

---

① 2021 年度高新技术企业数据出自年度火炬统计年报数据。
② 规模以上高新技术企业指主营业务收入 2000 万元及以上工业企业，同比数据剔除青海盐湖工业股份有限公司影响。

影响，青海省高新技术企业产值及整体获利能力同比持续增加（见图1）。截至2021年末实现工业总产值为400.15亿元，同比减少22.38%；主营业务收入为746.58亿元，同比增长3.09%；净利润率为9.35%，较2020年增长4.58个百分点；企业整体盈利面为73.08%，较2020年增长2.08个百分点；净资产收益率为22.21%，较2020年增长14.49个百分点；成本费用利润率为13.47%，较2020年增长5.99个百分点。

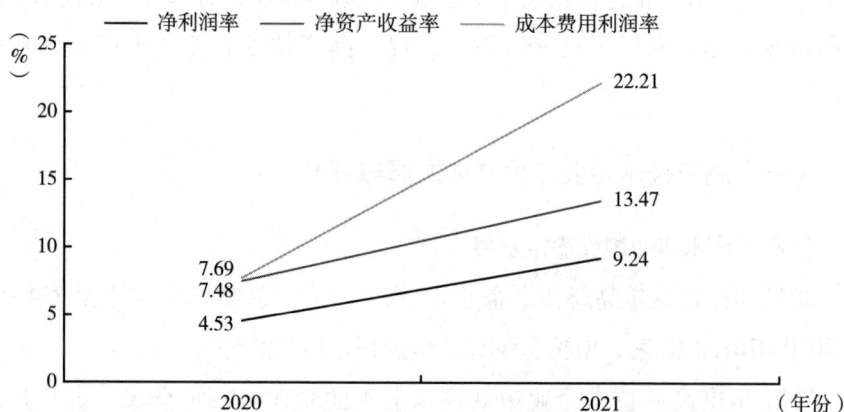

图1　2020~2021年青海省高新技术企业效益变化情况

资料来源：2021年度火炬统计年报数据。

3. 高新技术企业人员构成持续优化提升

2021年度青海省从人才培育引进、创新创业、激励保障三个方面出台了共30条人才重点支持政策，这些政策惠及面广、含金量高、针对性强，是青海支持服务人才的务实举措，较大限度地集聚了各类人才，更好地激发了人才创新创业活力。如图2所示，截至2021年底，高新技术企业年末从业人员中，本科学历人员占比为33.26%，较2020年上升4.67个百分点，硕士及以上人员占比为1.64%，较2020年上升0.05个百分点，通过数据可以侧面反映出高新技术企业人员构成尤其是高层次人才构成呈现集聚向好态势。

4. 高新技术企业研发经费支出逐年增长

2021年，青海省高新技术企业科技活动人员为8453人，同比下降

硕士及以上人员
1.64%

本科学历人员
33.26%

本科以下人员
65.10%

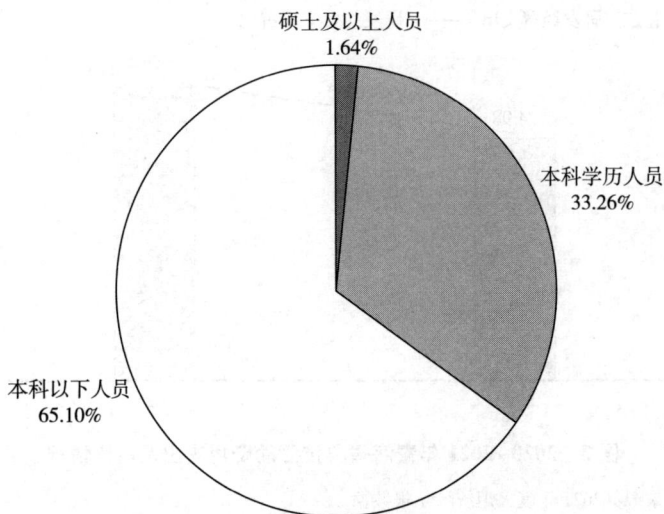

图2　2021年青海省高新技术企业高学历人才储备情况

资料来源：2021年度火炬统计年报数据。

19.22%，占整体从业人员的比例为20.94%，较2020年下降2.04个百分点。虽然科技活动人员数量有所下降，但是研发经费的投入仍保持增长，如图3所示，2021年高新技术企业研发投入为30.33亿元，占全省高新技术企业销售收入总额的4.01%，研发投入额同比提高21.42%，研发占比同比提高0.73个百分点。数据表明，青海省高新技术企业保持了一定的研发投入，投入强度也较上年度有所提高，一方面得益于国家研发费用加计扣除政策的实施和青海省研发费用加计扣除补助力度的加码激励，另一方面也体现出企业对科技创新的重视程度越来越高。2021年度青海省科技厅兑现科技企业研发费用加计扣除补助资金4575.94万元，较2020年增长近1倍，极大地激发了企业的创新活力。

5. 高新技术企业专利申请与授权数稳中有增

如图4所示，2021年全省高新技术企业专利当年申请量1189件，同比增长14.0%，其中发明专利329件，同比减少15.42%；当年专利授权量1194件，同比增长15.36%；发明专利授权量151件，同比增长17.97%；

117

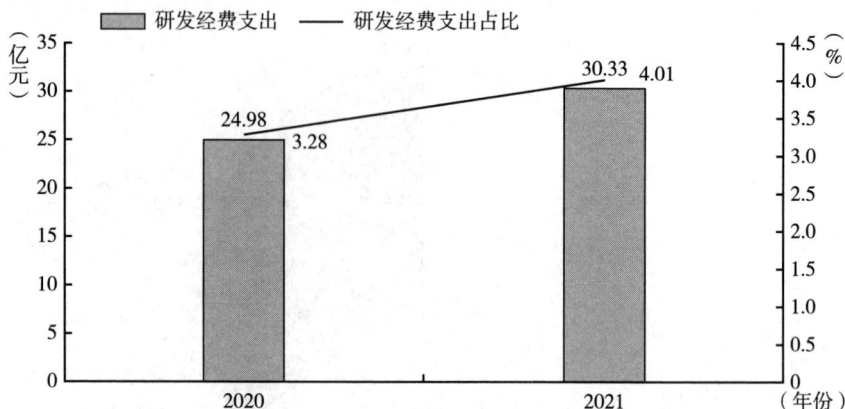

图 3 2020~2021 年青海省科技活动费用支出及占比情况

资料来源：2021 年度火炬统计年报数据。

全省高新技术企业拥有有效专利 4935 件，同比增长 14.24%。数据表明，2021 年度青海省高新技术企业对专利申报的重视程度和投入力度持续增强，知识产权保护意识正在逐年增加。专利申请数量同比提升，但代表核心技术的发明专利同比下降，表明青海省高新技术企业在核心技术研发方面仍需加以重视、加大研发投入。

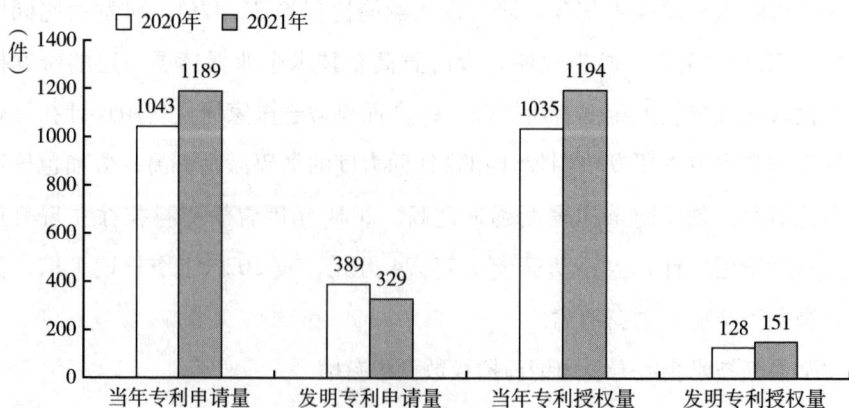

图 4 2020~2021 年青海省高新技术企业专利申请及授权情况

资料来源：2021 年度火炬统计年报数据。

（二）高新技术企业年度细分领域发展情况

1. 按企业所处地域对比分析，高新技术企业发展不均衡性依然明显

截至 2021 年底，西宁市高新技术企业达到 180 家，同比增长 7.14%，数量占全省高新技术企业总数的 76.92%（见表 1）。对于经济发展较好的海东市和海西州来说，高新技术企业数量分别占全省高新技术企业总量的 8.12%、11.11%，其他市州高新技术企业数量较少且增长缓慢，海南州达到 6 家，同比增长 50%，增速较快，但相对数量还是较少，海北州、果洛州和玉树州各有 1 家，黄南州还未实现零的突破。2021 年度西宁市的 GDP 达到 1548.8 亿元，占青海省 GDP 的 46.28%①，在创新政策环境、科技创新资源、科技人才资源利用、企业自主创新能力方面相较其他地区具有较大的优势，企业向高新技术企业成长的环境较好。海东市和海西州的高新技术企业均保持着稳定发展，其他市州因科技创新资源不足和科技人才匮乏，高新技术企业发展较为困难。

表 1　2020~2021 年各市（州）高新技术企业数

地区	2020 年		2021 年		2021 年企业数增幅（%）
	企业数（家）	占比（%）	企业数（家）	占比（%）	
西宁市	168	77.06	180	76.92	7.14
海东市	17	7.80	19	8.12	11.76
海西州	26	11.93	26	11.11	0.00
海南州	4	1.83	6	2.56	50.00
海北州	1	0.46	1	0.43	0.00
黄南州	0	0.00	0	0.00	0.00
果洛州	1	0.46	1	0.43	0.00
玉树州	1	0.46	1	0.43	0.00

资料来源：2021 年度火炬统计年报数据。

---

① 资料来源：《青海统计年鉴 2021》。

2. 按照企业工业园区分布对比分析，高新技术企业发展集聚效应显著

2021 年度青海省三大工业园区充分发挥高质量发展引领作用，利用园区配套政策、招商引资、产业链和资源等优势，吸引企业主动开展科技创新活动，高新技术企业数量和规模较上年度保持稳定。如图 5 所示，截至 2021 年底，园区内企业共有 142 家，占全省总量的 60.68%，数量较上年少 1 家，整体保持稳定。其中，青海国家高新技术产业开发区高新技术企业 56 家，占全省总量的 23.93%，数量较上年多 1 家；西宁（国家级）经济技术开发区高新技术企业 53 家，占全省总量的 22.65%，数量较上年少 4 家；柴达木循环经济试验区高新技术企业 21 家，数量较上年少 1 家；海东工业园区（河湟新区）高新技术企业 12 家，比上年多 3 家。三大工业园区内高新技术企业实现工业总产值 285.07 亿元、营业收入 576.7 亿元，分别占全省高新技术企业总量的 71.24%、76.29%。数据显示，三大工业园区依旧是高新技术企业发展的主阵地。表 2 为高新技术企业可享受政策汇总。

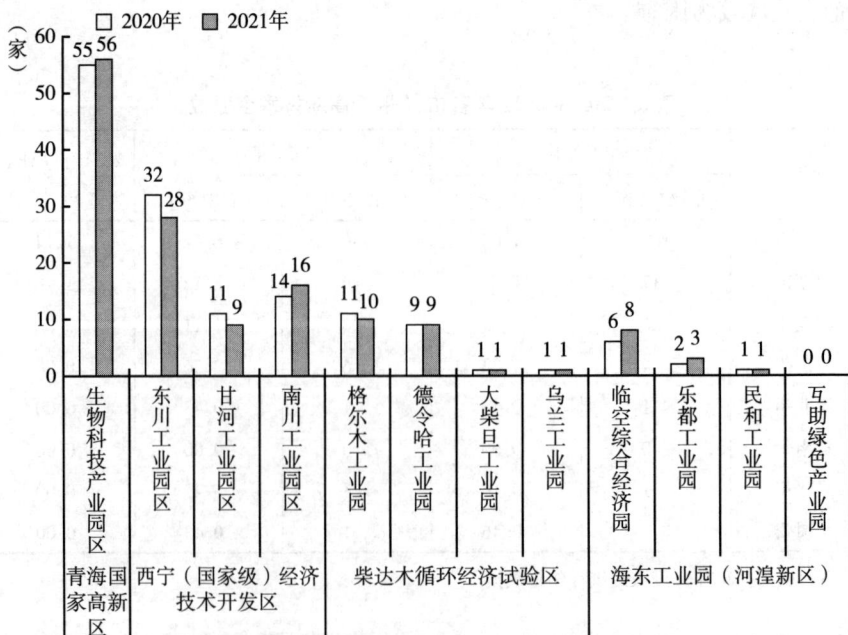

图 5　2020~2021 年青海省高新技术企业按园区分布情况

资料来源：2021 年度火炬统计年报数据。

表 2　高新技术企业可享受政策汇总

序号	文件名称	支持方式
1	《中华人民共和国企业所得税法》	国家需要重点扶持的高新技术企业,减按15%的税率征收企业所得税
2	《财政部、税务总局关于延长高新技术企业和科技型中小企业亏损结转年限的通知》(财税〔2018〕76号)	自2018年1月1日起,当年具备高新技术企业或科技型中小企业资格的企业,其具备资格年度之前5个年度发生的尚未弥补完的亏损,准予结转以后年度弥补,延长结转年限由5年延长至10年
3	《中共青海省委办公厅　青海省人民政府办公厅印发〈青海省关于优化科技创新体系提升科技创新供给能力的若干政策措施〉的通知》(青办字〔2020〕76号)	1. 对新认定的高新技术企业奖励10万元; 2. 对高新技术企业和科技型企业按照当年研发费用加计扣除免税额的10%给予最高不超过200万元奖补
4	《青海省科技创新券管理办法》(青科发高新〔2021〕4号)	申领企业同一年度内可分次申领创新券,其中高新技术企业、科技型企业、科技型中小企业和有研发投入的规模以上企业年度累计申领额度不超过20万元
5	《西宁市委　市政府印发加强产学研合作促进科技成果转化若干措施(试行)》(宁发〔2020〕16号)	成长为高新技术企业,一次性引导奖励30万元
6	海西州推进《青海省贯彻〈国家创新驱动发展战略纲要〉实施方案的若干措施》(西发〔2016〕23号)	在省财政奖励基础上,对首次通过高新技术企业州财政给予一次性补贴10万元
7	《格尔木工业园科技创新奖励办法》(格园管〔2020〕9号)	对园区内当年新认定的高新技术企业除享受国家、省、州相关奖励政策外,由园区管委会给予不高于10万元一次性奖励;对园区内当年复审成功的高新技术企业除享受国家、省、州相关奖励政策外,由园区管委会给予不高于5万元一次性奖励
8	《海东河湟新区招商引资优惠政策(试行)》	对在新区内申报并经省科技厅认定、科技部备案,正常生产经营、依法纳税的高新技术企业,首次认定当年给予奖励15万元

资料来源:国家、青海省及市州近年政策。

3.按照技术领域类别对比分析，青海省特色产业发展优势明显

按高新技术企业八大领域划分，高技术服务领域 67 家、新材料领域 31 家、资源与环境领域 17 家、新能源与节能领域 16 家、生物与新医药领域 51 家、先进制造与自动化领域 18 家、电子信息领域 33 家、其他领域 1 家（见表 3）。青海省高新技术企业主要集中在高技术服务、生物与新医药、电子信息和新材料四个领域。这四个领域高新技术企业合计达到 182 家，占青海省高新技术企业总量的 77.78%；实现主营业务收入 619.57 亿元，占青海省高新技术企业主营业务收入总量的 82.98%；研发经费支出为 25.27 亿元，占青海省高新技术企业研发经费支出总量的 83.32%。这四个领域的高新技术企业无论在数量、规模还是在研发投入等方面均占据了比较重要的地位。

从各领域企业创造经济价值分析，234 家高新技术企业中年度营业收入最多的是高技术服务领域，67 家企业年营业收入合计为 308.42 亿元，占总量的 40.80%。数据显示，高技术服务领域企业作为青海省科技成果转化的桥梁，服务于青海省高新技术企业，成为促进全省科技创新以及科技成果转化的重要组成部分。紧随其后是青海省特色产业：新材料、资源与环境、新能源与节能领域，营业收入分别为 269.33 亿元、74.21 亿元和 42.21 亿元，占比为 35.63%、9.82% 和 5.58%，数据显示，以上三个领域营业收入合计占青海省高新技术营业收入总量的一半以上，这说明青海省高新技术企业紧紧围绕着"四地"建设目标，助力青海省经济高质量发展。其他领域收入共计 59.11 亿元，占比为 8.17%。

表 3　2021 年青海省高新技术企业按技术领域分布情况

技术领域	2021 年企业数（家）	占比（%）	2021 年营业收入（亿元）	占比（%）
高技术服务	67	28.63	308.42	40.80
新材料	31	13.25	269.33	35.63
资源与环境	17	7.26	74.21	9.82

技术领域	2021年企业数(家)	占比(%)	2021年营业收入(亿元)	占比(%)
新能源与节能	16	6.84	42.21	5.58
生物与新医药	51	21.79	35.83	4.74
先进制造与自动化	18	7.69	17.45	2.31
电子信息	33	14.10	5.99	0.79
其他领域	1	0.43	2.49	0.33

资料来源：2021年度火炬统计年报数据。

4. 按企业性质分析，民营高新技术企业发展态势良好

如表4所示，2021年青海省高新技术企业数量中，国有企业59家，同比减少6.35%，民营企业175家，同比增长12.90%。数据表明，民营高新技术企业已成为青海省高新技术企业发展的重要组成部分，在培育地方创新主体过程中，民营企业的参与度越发凸显。近年来，青海省在"三型"企业培育工作方面对民营企业实行统一政策，一视同仁。通过对民营企业落实普惠性科技政策，大力培育民营企业科技创新主体，鼓励民营企业加大研发投入和技术引进；多元化支持企业技术创新，支持民营科技企业建立省级重点实验室、工程技术研究中心等科技创新平台并承担省级科技计划；着力提升科技服务能力，支持民营科技企业申领创新券，减轻民营科技企业的研发成本；强化科技人才支撑，选派科技专员进驻企业，根据企业技术需求，深入企业开展科技咨询、技术诊断、人员培训等多措并举，民营高新技术企业数量发展迅猛。

表4 2020~2021年青海省高新技术企业发展规模

项目	高新技术企业数量(家)	其中:民营企业数(家)	从业人员期末数量(人)	工业总产值(亿元)	总资产(亿元)	总负债(亿元)
2020年	218	155	46345	515.53	1266.28	817.43
2021年	234	175	40416	400.15	1075.76	762.63
2021年增幅(%)	7.34	12.90	−12.79	−22.38	−15.05	−6.70

资料来源：2021年度火炬统计年报数据。

三 省级科技型企业

（一）省级科技型企业年度整体发展概况

1.省级科技型企业在企业数量和产业规模方面保持稳步增长

2021年度新认定省级科技型企业166家，重新认定124家。截至2021年底，全省在效科技型企业达到543家，同比增长18.82%；工业总产值达到637.02亿元，同比增长57.54%；主营业务收入达到753.36亿元，同比增长60.81%（见图6）。

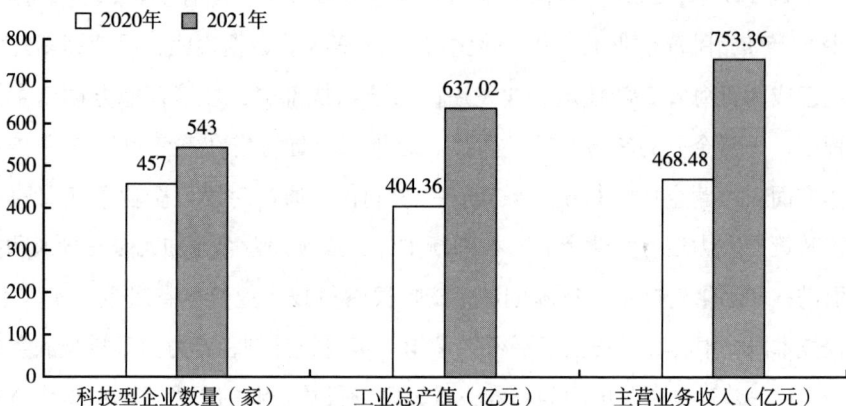

图6 2020~2021年青海省级科技型企业发展规模情况

资料来源：青海省科技型企业快报数据。

2.省级科技型企业在经济产出及盈利方面稳中有升

2021年，青海省级科技型企业实现销售收入768.16亿元，同比增长57.13%，户均销售收入1.41亿元，较上年增长32.24%；利润总额为49.56亿元，同比增长139.77%。可以看出，在政策红利的带动下和外部环境的提升中，企业的发展也处于上升期。2021年青海省科技型企业中盈利企业为330家，赢利面为60.8%。从分领域盈利情况来看，盈利水平较高的四个领域分别为高技术服务领域、先进制造与自动化领域、资源与环境领域、新能源与节能领域，盈利企业占比分别为 73.43%、66.67%、62.00% 和 61.90%（见表5）。

表5 青海省级科技型企业盈利情况

单位：家，%

项目	企业分布	其中：盈利企业	盈利企业占比
科技型企业数量	543	330	60.77
高技术服务	143	105	73.43
先进制造与自动化	30	20	66.67
资源与环境	50	31	62.00
新能源与节能	21	13	61.90
电子信息	71	39	54.93
新材料	46	25	54.35
生物与新医药	182	97	53.30

资料来源：青海省科技型企业快报数据。

3. 省级科技型企业研发投入及产出方面基本保持稳定

2021年，省级科技型企业研发投入为 26.46 亿元（见表6），同比增长 27.33%，研发投入占主营业务收入的 3.58%，研发投入占比同比下降 0.86 个百分点；户均研发投入为 487.29 万元，较上年度增长 7.17%；研发人员为 8401 人，较上年增长了 14.83%，户均研发人员 15 人，同比下降 6.25%。2021年科技型企业研发投入及研发人员总数较上一年度均有较大提升，但研发占比与户均研发人员数量均有所下降，分析原因主要是部分企业在研发出核心产品（服务）后，销售收入得到较高增长，后续的研发投入和科技人员投入却没有随着销售收入的增长而加大，这导致省级科技型企业研发投入占比和企均研发人员数据下滑。

表6 2020~2021年青海省级科技型企业研发投入及产出情况

指标	2020年	2021年	同比增长（%）
研发投入（亿元）	20.78	26.46	27.33
主营业务收入（亿元）	468.47	740.01	57.96
研发投入占比（%）	4.44	3.58	-19.39

指标	2020 年	2021 年	同比增长(%)
户均研发投入(万元)	454.70	487.29	7.17
研发人员(人)	7316	8401	14.83
户均研发人员(人)	16	15	-6.25

资料来源：青海省科技型企业快报数据。

科技产出方面，截至 2021 年底，青海省级科技型企业拥有在效知识产权总量为 4135 件，较上年度增长 21.15%，企业户均 8 件，与上年度持平。从拥有的知识产权构成来看，发明专利 453 件，占在效知识产权总量的 10.96%；实用新型专利 2332 件，占比 56.40%；外观设计 226 件，占比 5.47%；软件著作权 1124 件，占比 27.18%（见表 7）。企业知识产权依然以实用新型、软件著作权等二类知识产权为主，科技创新能力有限，企业核心技术掌握程度不高，导致市场竞争力较弱，还需进一步加大科技创新投入。

表7　2020~2021 年青海省级科技型企业知识产权情况

单位：件，%

知识产权类型	2020 年	2021 年	同比增长
发明专利	427	453	6.09
实用新型	1994	2332	16.95
外观设计	234	226	-3.42
软件著作权	758	1124	48.28
合计	3413	4135	21.15

资料来源：青海省科技型企业快报数据。

4.省级科技型企业人才队伍建设逐步加强

2021 年底，科技型企业年末从业人员中，科技活动人员为 1.2 万人，同比增长 11.5%。从从业人员的学历情况来看，博士、硕士、本科、大专的从业人员同比增幅分别为 4.88%、6.78%、19.99%、29.46%（见图 7）。科技型企业从业人员中硕士及以上学历人数为 1117 人，占整体从业人员的比例为 1.66%，同比下降了 0.29 个百分点。

从以上数据可以看出，青海省科技型企业从业人员虽然整体数量和各层次学历的人员均较上一年度有所增加，但高学历人才的占比却有所下降，说明当前青海的科技型企业对高学历人才的投入和吸引力仍需要加大，只有进一步加强企业人才队伍建设，才能更深层次激发企业的发展潜力。

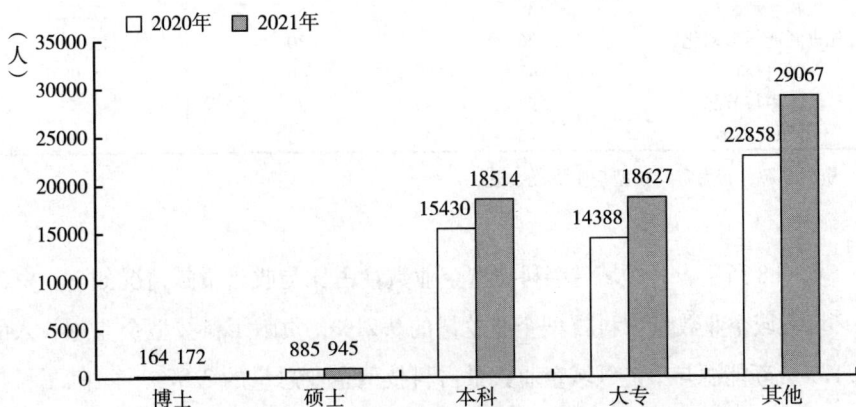

图7　2020~2021年青海省级科技型企业员工学历构成

资料来源：青海省科技型企业快报数据。

（二）省级科技型企业年度细分领域发展情况

1. 省级科技型企业特色产业发展优势突出

截至2021年底，543家科技型企业中，电子信息领域71家，占全省总量的13.08%，较上年度增长了29.09%；高技术服务领域143家，占全省总量的26.33%，较上年度增长了25.44%；生物与新医药领域182家，占全省总量的33.52%，较上年度增长了17.42%；先进制造与自动化领域30家，占全省总量的5.52%，较上年度增长了15.38%；新材料领域46家，占全省总量的8.47%，较上年度增加了3家；新能源与节能领域为21家，占全省总量的3.87%，较上年度减少了1家；资源与环境领域50家，占全省总量的9.21%，较上年度增长了19.05%（见表8）。

表8 2020~2021年青海省级科技型企业数量变化

单位：家，%

项目	2020年	2021年	增幅
科技型企业数量	457	543	18.82
电子信息	55	71	29.09
高技术服务	114	143	25.44
其他领域	0	0	—
生物与新医药	155	182	17.42
先进制造与自动化	26	30	15.38
新材料	43	46	6.98
新能源与节能	22	21	-4.55
资源与环境	42	50	19.05

资料来源：青海省科技型企业快报数据。

如图8所示，各领域省级科技型企业数量占比与收入贡献情况如下：资源与环境领域企业数量占科技型企业总量的9.21%，贡献了科技型企业总收入的41.17%；新能源与节能领域企业数量占科技型企业总量的3.87%，贡献了科技型企业总收入的2.34%；新材料领域企业数量占科技型企业总量的8.47%，贡献了科技型企业总收入的34.96%；先进制造与自动化领域企业数量占科技型企业总量的5.52%，贡献了科技型企业总收入的3.87%；生物与新医药领域企业数量占科技型企业总量的33.52%，贡献了科技型企业总收入的6.83%；高技术服务

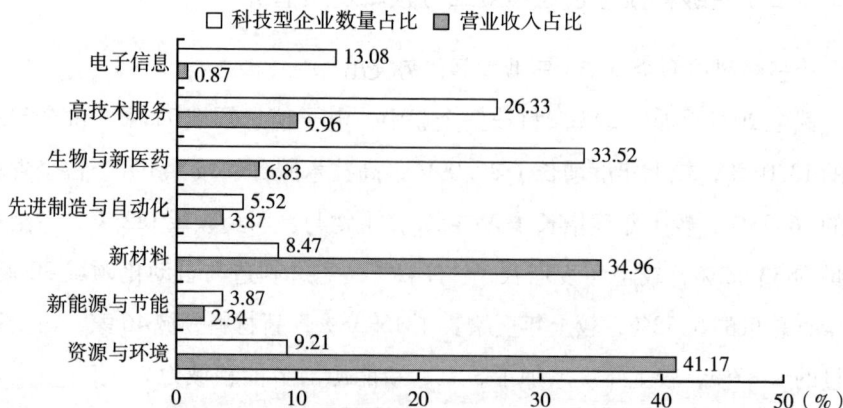

图8 2021年青海省级科技型企业按技术领域分布情况

资料来源：青海省科技型企业快报数据。

领域企业数量占科技型企业总量的26.33%，贡献了科技型企业总收入的9.96%；电子信息领域企业数量占科技型企业总量的13.08%，贡献了科技型企业总收入的0.87%。通过对比分析可以看出，生物与新医药、高技术服务、电子信息领域企业主要以中小企业为主，资源与环境、新材料等四个领域以大中型实体企业为主，以27.07%的数量占比贡献了科技型企业82.34%的营业收入。

从2020年和2021年各技术领域的经济指标情况可以看出，资源与环境领域、新材料领域的企业各项经济指标均高于科技型企业平均水平，与近年青海省重点支持锂电产业、盐湖产业发展息息相关。生物与新医药、电子信息领域企业多以中小微企业为主，存在核心技术不强。产品市场竞争力较弱的情况，在规模化发展、创新能力提升方面还有较大的发展空间（见表9）。

表9 2021年青海省级科技型企业指标变化（按技术领域划分）

项目	户均营业收入（亿元）	户均净利润（亿元）	户均工业总产值（亿元）	户均期末从业人数（人）
总体情况	1.40	0.10	1.17	124
电子信息	0.09	0.01	0.00	16
高技术服务	0.53	0.03	0.003	92
生物与新医药	0.29	0.02	0.22	53
先进制造与自动化	0.99	0.09	1.03	101
新材料	5.84	0.35	4.98	297
新能源与节能	0.86	0.12	0.81	47
资源与环境	6.33	0.58	6.38	512

资料来源：青海省科技型企业快报数据。

2. 省级科技型企业各地域发展不均衡性依然存在

543家科技型企业中，位于西宁市的有350家，占比64.46%；位于海西州的有82家，占比15.10%；位于海东市的有64家，占比11.79%；位于海南州的有21家，占比3.87%；位于海北州的有14家，占比2.58%；位于黄南州的有6家，占比1.10%；位于果洛州的有3家，占比0.55%；位于玉树州的有3家，占比0.55%。科技型企业从地域分布来看，依然主要集中在西宁市、海西州和海东市三地（见图9）。

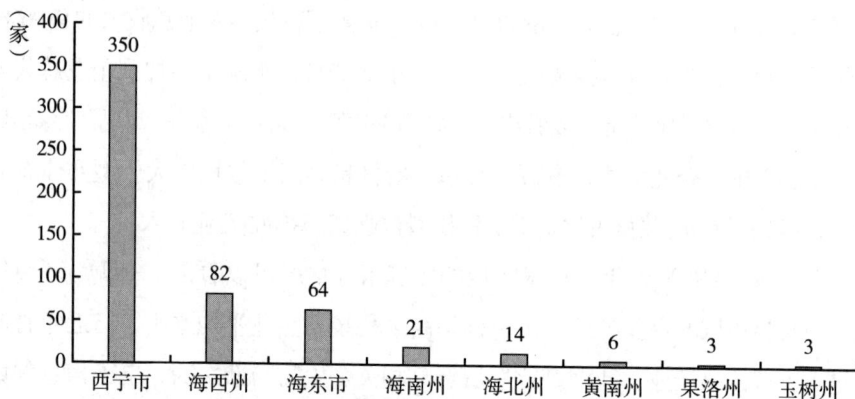

图9 2021年青海省级科技型企业按地域分布情况

资料来源：青海省科技型企业快报数据。

3. 省级科技型企业园区发展集聚效应显著

截至2021年底，全省543家科技型企业中，位于西宁经济技术开发区、柴达木循环经济试验区、海东工业园区三大主要园区的企业有261家，占比达到48%（见图10），发展集聚效应明显。2021年，各园区根据自身特色、

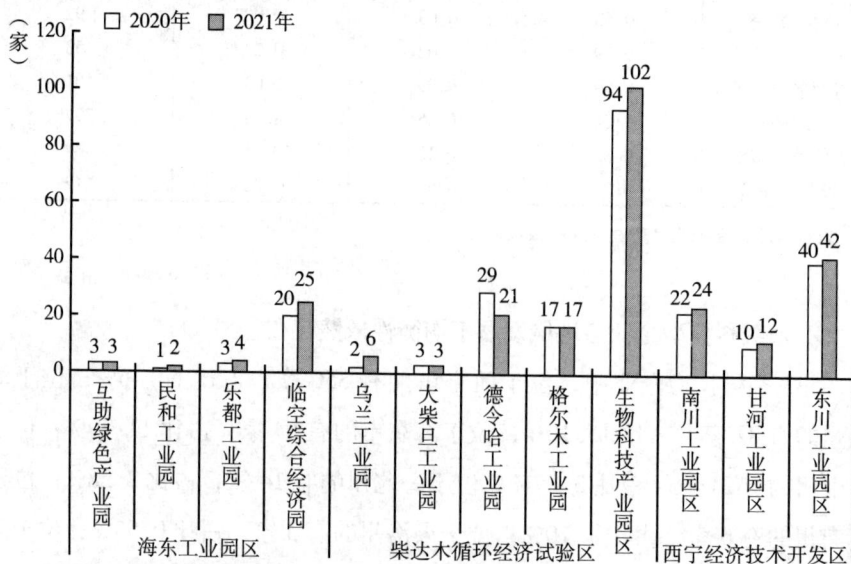

图10 2020~2021年青海省级科技型企业分布情况（按园区划分）

资料来源：青海省科技型企业快报数据。

区内企业发展特点，积极探索提升创新能力，优化创新环境，通过青海省一系列奖补政策，结合自身配套举措因地制宜，激励企业科技创新成效显著，区内企业数量较 2020 年有显著提升。表 10 为省级科技型企业可享受政策汇总。

表10　省级科技型企业可享受政策汇总

序号	文件名称	支持方式
1	《中共青海省委办公厅　青海省人民政府办公厅印发〈青海省关于优化科技创新体系提升科技创新供给能力的若干政策措施〉的通知》（青办字〔2020〕76 号）	1. 对高新技术企业和科技型企业按照当年研发费用加计扣除免税额的 10% 给予最高不超过 200 万元奖补； 2. 深入实施科技创新券制度，扩大创新券规模，按照高新技术企业和科技型企业每年度累计发放不超过 20 万元
2	海西州推进《青海省贯彻〈国家创新驱动发展战略纲要〉实施方案的若干措施》（西发〔2016〕23 号）	在省财政奖励基础上，对首次通过科技型企业认定的小微企业，州财政给予一次性补贴 10 万元
3	《格尔木工业园科技创新奖励办法》（格园管〔2020〕9 号）	对园区内当年新认定的科技型企业除享受国家、省、州相关奖励政策外，由园区管委会给予不高于 5 万元一次性奖励；对园区内当年复审成功的科技型企业除享受国家、省、州相关奖励政策外，由园区管委会给予不高于 3 万元一次性奖励
4	《海东河湟新区招商引资优惠政策（试行）》	对在新区内申报并经省科技厅认定的科技型企业奖励 5 万元

资料来源：近年来青海省及各市州政策。

四　国家科技型中小企业

（一）科技型中小企业年度整体发展概况

1. 科技型中小企业规模持续增加

根据 2017 年 5 月科技部、财政部、国家税务总局三部门联合出台的

《科技型中小企业评价办法》（国科发政〔2017〕115号）和科技部火炬中心《科技型中小企业评价工作指引（试行）的通知》（国科火字〔2017〕144号），青海省自2017年起组织开展科技型中小企业评价服务工作。截至2021年底，全省入库科技型中小企业由2018年的166家增长到212家（见图11），增幅为27.71%，其中以直通车①身份评价入库的企业共有71家，占比为33.49%，科技型中小企业队伍的不断壮大，为加快培育高成长性企业、保持科技企业梯级培育高速持续发展提供了重要支撑。

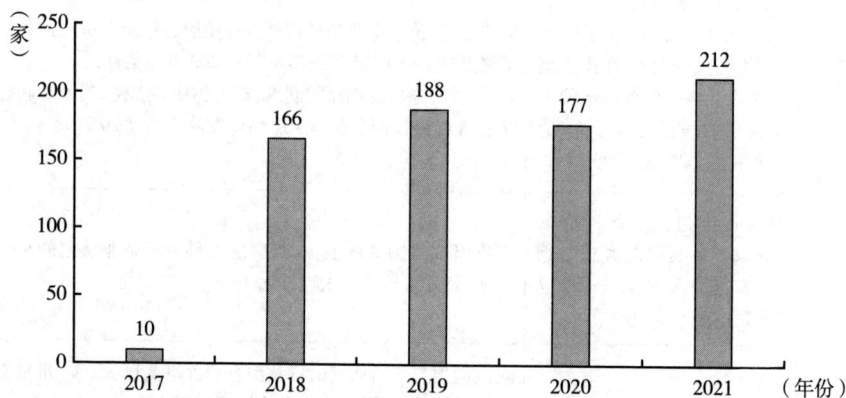

图11　2017～2021年科技型中小企业入库发展情况

资料来源：科技型中小企业评价信息。

2. 科技型中小企业以小微企业为主

2021年，全省入库的科技型中小企业中，资产规模超过5000万元（含）的企业43家，占20.28%，资产规模在2000万元（含）～5000万元以下的企业40家，占18.87%；资产规模在1000万元（含）～2000万元以下的企业28家，占13.21%；在100万元（含）～1000万元以下的73家，占34.43%；低于100万元的企业28家，占13.21%。数据显示，入库企业多以小微企业为主（见表11）。

---

① 直通车：1. 在效高新技术企业；2. 企业近五年内获得过国家级科技奖励；3. 企业拥有经认定的省部级以上研发机构；4. 企业近五年内主导制订过国际/国家/行业标准。

表 11　2020~2021 年科技型中小企业资产规模分布情况（按资产划分）

资产规模	企业数量(家)	占比(%)
≥5000 万元	43	20.28
2000 万元(含)~5000 万元以下	40	18.87
1000 万元(含)~2000 万元以下	28	13.21
100 万元(含)~1000 万元以下	73	34.43
<100 万元	28	13.21

资料来源：科技型中小企业评价信息。

3.科技型中小企业主要集中在西宁及周边地区

从地域分布看，2021 年，全省入库的科技型中小企业中，西宁地区 164 家，占 77.36%；海东地区 32 家，占 15.09%；海西地区 9 家，占 4.25%。其他市州共计 7 家，占比 3.30%（见图 12）。从各市的分布看，西宁市达到

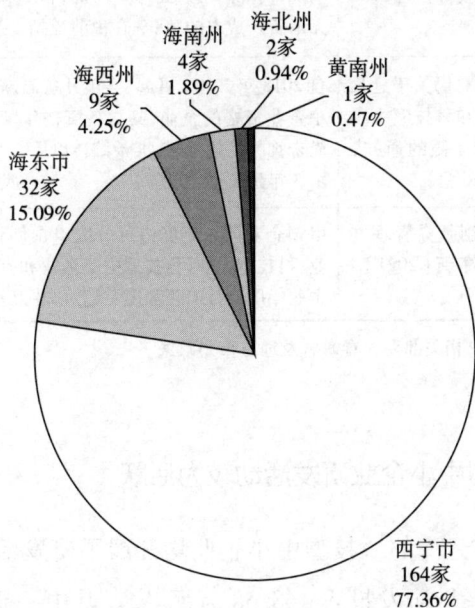

图 12　2021 年青海省科技型中小企业地域数量分布

资料来源：科技型中小企业评价信息。

164 家，占 77.36%，其他 1 市 6 州地区仅占 22.64%。可以看出，已入库科技型中小企业主要集中在西宁及周边地区，发展较为活跃，其他各市州仍需加强政策宣传推广，挖掘符合条件的企业积极参与入库评价。表 12 为国家科技型中小企业可享受政策汇总。

表 12　国家科技型中小企业可享受政策汇总

序号	文件名称	支持方式
1	《科技部办公厅关于营造更好环境支持科技型中小企业研发的通知》（国科办区〔2022〕2 号）	在国家重点研发计划重点专项中，单列一定预算资助科技型中小企业研发活动，精准支持具备条件的科技型中小企业承担国家科技任务，开展关键核心技术攻关
2	《关于进一步提高科技型中小企业研发费用税前加计扣除比例的公告》（财政部税务总局　科技部公告 2022 年第 16 号）	科技型中小企业开展研发活动中实际发生的研发费用，未形成无形资产计入当期损益的，在按规定据实扣除的基础上，自 2022 年 1 月 1 日起，再按照实际发生额的 100% 在税前加计扣除；形成无形资产的，自 2022 年 1 月 1 日起，按照无形资产成本的 200% 在税前摊销
3	《财政部、税务总局关于延长高新技术企业和科技型中小企业亏损结转年限的通知》（财税〔2018〕76 号）	自 2018 年 1 月 1 日起，当年具备高新技术企业或科技型中小企业资格的企业，其具备资格年度之前 5 个年度发生的尚未弥补完的亏损，准予结转以后年度弥补，延长结转年限由 5 年延长至 10 年
4	《青海省科技创新券管理办法》（青科发高新〔2021〕4 号）	申领企业同一年度内可分次申领创新券，其中高新技术企业、科技型企业、科技型中小企业和有研发投入的规模以上企业年度累计申领额度不超过 20 万元

资料来源：近年国家相关部委、青海省及地方市州政策。

（二）科技型中小企业研发活动较为活跃

2021 年，全省入库的科技型中小企业均开展了研发活动，研发总投入达到 3.15 亿元，平均研发投入 148.58 万元/家。其中，研发投入超过 100 万元的企业 71 家，占 33.49%；研发投入在 10 万~100 万元以下的企业 58 家，占 27.36%。从人员看，在职研发人员超过 5 人的企业 156 家，占比 73.58%；拥有 1 名以上博士的企业有 37 家，占比 17.45%。数据显示，入库企业整体规模小，研发投入大，研发人员占比高，说明入库企业对科技创新的重视程度较高。

在知识产权方面，入库的 212 家企业拥有有效知识产权 1944 件，其中 I 类知识产权 217 件，II 类知识产权 1727 件，平均 9 件/家。拥有 I 类知识产权的企业 59 家，占 27.83%（见图 13）。随着企业对技术创新的重视，企业的科技产出知识产权数量也在随之增加，但企业拥有知识产权中以 II 类知识产权居多，这说明科技型中小企业的知识产权体系构成有待进一步优化提升，企业还需加强研发，注重知识产权的积累。

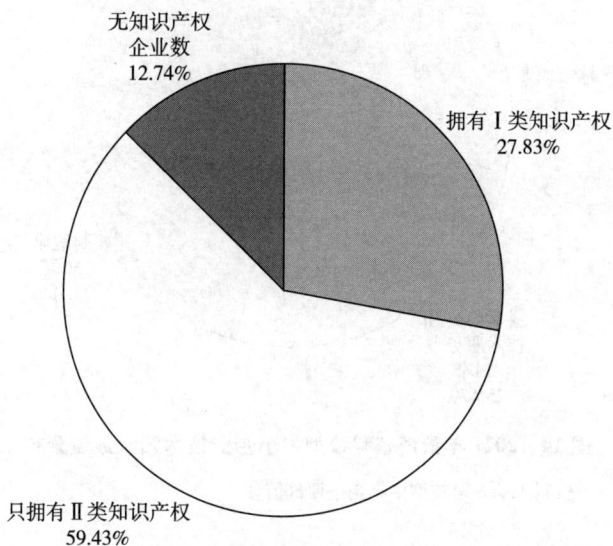

图 13　2021 年青海省科技型中小企业知识产权拥有情况

资料来源：科技型中小企业评价信息。

（三）电子信息、制造业和高技术服务业企业发展优势显著

从行业分类分析，2021 年全省入库的科技型中小企业中，占比排名前三的分别为科学研究和技术服务业 54 家，制造业 50 家，信息传输、软件和信息技术服务业 47 家，占比分别为 25.47%、23.58% 和 22.17%，占已入库

科技型中小企业的 70% 以上（见图 14）。数据说明，电子信息、制造业和高技术服务业企业发展优势显著，在科技创新引领方面已成为不容忽视的重要组成部分，同时也是青海省科技企业阶梯式培育的重要一环。

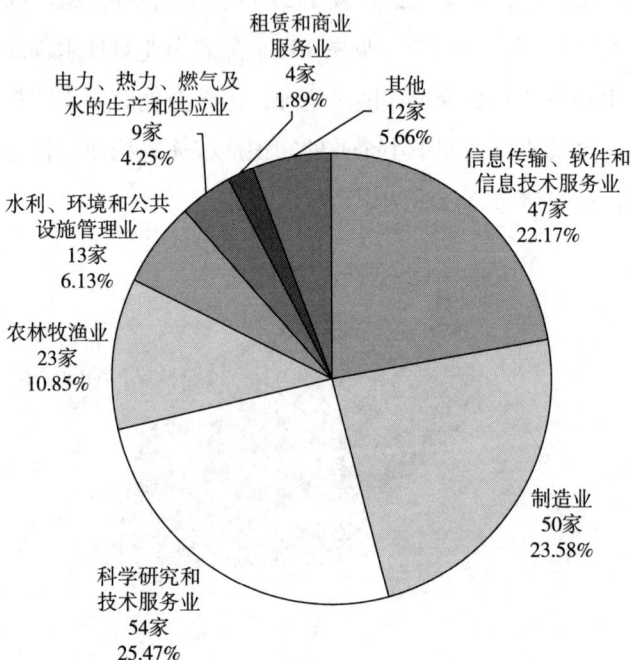

图 14　2021 年青海省科技型中小企业技术领域数量分布

资料来源：科技型中小企业评价信息。

五　科技企业发展存在的问题

（一）创新主体总量较少，培育难度持续加大

全省创新主体数量较少，科技企业培育认定难度不断加大。受地域经济等因素影响，青海省科技企业以中小微企业居多，规模小、科技人才有限，主营产品多以粗加工或产业链上游产品为主，缺乏高技术含量的产品。企业

知识产权少且不精，缺乏核心竞争力，易受外部市场大环境和供给需求等因素影响，导致部分企业在实际经营过程中难以保持长久稳健的发展，从而增加了青海省科技企业持续培育认定的难度。

（二）创新供给能力较弱，区域发展不均衡

分地域来看，分布于西宁、海东和海西地区的科技企业占比达到92.8%，其他市州仅占7.2%。原因是海北、黄南、海南三州主要以农牧业为主，且科技水平发展较弱；玉树、果洛州平均海拔均在4000米以上，受自然条件制约，较难集聚科技创新资源要素。同时，作为西部欠发达省份，青海省市场主体主要以中小型企业为主，产业集中度较低，资产负债率高，资金和技术投入分散，部分企业产品结构不合理问题较为突出，技术含量不高、附加值低的产品占比较高；需要进一步激发科技力量薄弱地区企业创新活力，为下一步科技企业培育做好发展势能储备。

（三）科技人才力量缺乏，创新能力升级受限

科技创新人才力量依旧缺乏。各省在人才引进方面不断制订各类政策吸引人才，但受地域、发展水平等因素影响，青海省在高端人才引进方面仍存在一定困难，普遍存在人才引进、人才培养难度大的问题。与发达省份相比，本省企业综合竞争力较弱、引入人才的待遇及发展有限。同时，部分科技企业管理不规范，对研发人员的激励机制不健全，部分科技企业对科技人员的激励仍以平均分配主义为主，并没有按照"谁创新谁获利"以及"投入多少获利多少"的基本原则进行创新激励，导致科技人才流失。

六　科技企业高质量发展对策建议

（一）扩大政策宣传与落实，加大创新主体培育力度

切实抓好政策宣传培训辅导，通过企业实地调研、开展专题培训、微信

工作群/公众号宣传等方式，调动企业政策知晓度和申报积极性，同时积极落实新认定的高新技术企业、"省级科技小巨人"奖励，落实加计扣除补助、科技创新券兑换；鼓励大学生创新创业，着力打造专业化高水平创新创业载体建设，完善创业服务功能，形成高效便捷、覆盖全领域、服务全链条的梯级培育体系，持续开展科技企业量质双升行动，培育一批创新水平高、成长潜力好、科技支撑作用强的科技创新主体。

（二）健全认定管理工作制度，强化日常监督管理

制订出台《青海省高新技术企业认定评审管理工作规程》《青海省高新技术企业认定专家评审工作规则》《青海省高新技术企业认定管理工作廉政风险防控工作措施》等规章制度，进一步规范科技企业认定管理工作，推进青海省科技企业认定管理高质量发展。在强化日常监督管理方面，根据不定期对在效企业进行抽查或现场调研、定期向各市（州）科技管理部门通报、征集科技企业培育认定、科技型中小企业评价入库等情况，做实日常监督管理。

（三）着力提升科技服务能力，助推企业创新发展

丰富服务企业的方法手段，提升服务精准性和有效性，通过培育认定、企业品牌打造，增强企业在科技人员、研发投入、成果转化等方面的技术水平提升，推动企业依靠科技创新做大做强；持续深入企业开展调研帮扶，掌握各类企业发展现状，摸清企业需求，并针对性对接科技服务。针对中小企业存在的财务制度不健全、研发费用归集能力不足等问题，联合税务、财务专家等开展点对点指导；积极协助解决融资问题，适时组织银企对接，协助解决企业发展面临的实际问题；充分利用科技部和青海省会商制度以及"科技援青"等工作机制，吸引省外科技人才来青服务青海省企业科技创新发展。

G.8

2021年青海农业科技园区发展报告

青海科技发展报告课题组[*]

摘 要: 农业科技园区作为现代农业新技术集成转化的重要载体,在推进农业科技创新创业中具有重要的价值,能有效融合一、二、三产业,是促进农民就业创业的重要渠道,也是农业现代化与城镇化同步发展的重要纽带。截至2021年底,青海省共有38个省级农业科技园区,其中28家参加了省级农业科技园区创新能力评价,通过评价和分析,得出如下结论:一是园区之间创新能力差异较大,海东乐都、海西州、黄南州等农业科技园区创新能力指数在全省处于领先地位;二是各地区的创新能力指数结构没有明显差异,主要由创新支撑带动,创新绩效略显不足,提高创新水平是后续发展的关键。

关键词: 省级农业科技园区 创新能力 青海省

一 青海省农业科技园区建设综述

2021年,青海省参与评价的省级农业科技园区有28个,共建成核心面积29467.65亩。在实施乡村振兴战略的新形势下,农业科技园区建设为推进农业农村科技工作重心下移、推进农业现代化发展提供了新的切入点,也为发展县域经济、增强县域科技创新能力培育了新的增长点。

---

* 课题组成员:许淳、王洁渊、张静、常丽娜、雷萌桐、李冰、陈小焱、赵艳平、杨永春。

（一）园区以新技术赋能新模式，已成为实施乡村振兴战略、推动产业兴旺的重要抓手

2021 年，参与评价的 28 个园区，共取得专利和标准 49 项，新设施 92 台（套）、制造新产品 77 个、引进新品种 217 个、新技术 41 项。28 个园区建成的核心区、示范区、辐射区的面积分别达到 29467.65 亩、5948714.5 亩、3836173.20 亩，注重发挥核心区的技术集成和示范作用，以核心区带动示范区，以示范区拉动辐射区，构建了"三区互通互动"的技术转化和传播体系。

（二）园区优化农业科技资本投入，打造农业农村创新创业重要基地

2021 年，园区利用企业自有资金、政府补贴、金融融资等多渠道、多元化资金支持农业科技园区建设，各方对园区及园区内企业的投融资总额超过 11 亿元，组织实施多项关键技术攻关和成果转化项目。各市州县成立了科技特派员工作站，园区以科技特派员和"三区"人才为重点，健全科技特派员社会化服务组织，集聚了各类专业人才来园区指导服务，使园区成为区域创新创业的重要基地。

（三）园区培育农业科技创新主体，拉动了经济增长

省级农业科技园区建设促进了各地区农业产业化，加强了园区企业聚集度，经济提升效果显著。截至 2021 年底，全省 28 个省级农业科技园区共引进培育企业总数达 302 家。园区建设中通过强化"公司+农户""龙头企业+基地+农户"等发展模式，实现了一、二、三产融合发展，三产比例为1：1.33：0.35。其中 2021 年当年总产值突破 5 亿元的园区有 2 家，有效加快了地区农业产业化发展步伐。

（四）园区主导产业初步显现，示范引领功能日益凸显

青海农业科技园区经过多年发展，部分园区已形成自己的主导产业，园

区示范引领作用显现。青海乐都省级农业科技园区培育产业化企业 27 家，初步形成了设施蔬菜、马铃薯、大果樱桃、蔬菜育苗、小麦制种、食用菌、奶牛、饲料、有机肥、富硒果蔬加工配送等 10 个特色产业。河南县省级农业园区形成牦牛养殖-肉制品加工-奶制品-有机肥加工的产业链。海北省级农业科技园区形成藏羊高效繁育综合配套技术推广和饲料加工产业。

（五）园区集聚优势科技资源，提升创新服务能力

省级农业科技园区引导科技、信息、人才、资金等创新要素向园区高度集聚。吸引汇聚农业科研机构、高等学校等科教资源，加强与援建单位合作，在园区建设农业科技成果转化中心、科技人员创业平台、特色产品研究院。海北州农业科技园区建立国家现代农业产业技术体系海北综合试验站、鲁青高原生态农牧产业专家工作站、海北州农牧业信息大数据管理平台等。河南县与对口援建单位天津科技大学食品科学与工程学院签订《河南县绿色有机畜产品开发合作协议书》，成立绿色有机畜产品研究院。海东农业科技园区强化与 11 家科研院所等单位协作，建成 1 个园区科协、7 个专家工作站（实践基地），聘请省内外农牧专家 6 名，引进"三区"人才 14 名。

二　青海省农业科技园区创新能力评价

评估小组构建了青海省农业科技园区创新能力指数（以下简称"创新能力指数"），包括农业科技园区创新能力评价指标体系的 3 个一级指标和 15 个二级指标。按照计算模型，对 15 个二级指标数据模块化后得到 3 个一级指标分值：创新支撑指数、创新水平指数和创新绩效指数。三个一级指标分值相加得到创新能力指数分值。本报告对参与评价的 28 家青海省农业科技园区进行了分类和排序，并对各园区进行分项定量分析和定性评价。

（一）总体情况

从 28 家青海省农业科技园区的创新能力指数统计，2021 年度青海省农业

科技园区的创新能力指数变异较大，变异系数为 66.7%。其中乐都县、互助县、尖扎县、河南县等农业科技园区的创新能力水平在全省处于领先地位。

1. 园区创新能力差异大

28 家青海省农业科技园区的标准差为 26.47，变异系数为 66.7%，各园区之间的创新能力相差较大。其中创新能力评分在 60 分以上的有 9 家园区。在各项指标中社会资本投入和园区自身投入等指标得分较差。

2. 园区创新工作开展情况

（1）创新支撑

创新支撑包括 7 个二级指标，涉及资金投入情况、组织管理模式、科技特派员等人才培养和政策环境等方面。由表 1 可以看出，28 家省级农业科技园区的创新支撑指数平均值为 15.15，变异系数为 44.13%，是 3 个一级指标中变异系数最低的，指标差距最低。从得分率来看，组织管理模式得分率较高，政府投入、社会资本投入、园区自身投入、农村信息化应用水平、科技特派员和"三区"人才、管理制度和地方政府政策等指标得分率较低（见表 2、图 1、图 2）。

表 1　2021 年青海省农业科技园区创新能力指数及其分项指数统计

项目	创新能力指数	创新支撑指数	创新水平指数	创新绩效指数
均值	39.71	15.15	3.47	8.59
变异系数（%）	66.65	44.13	99.61	101.67

资料来源：《2022 年青海省农业科技园区创新能力评价报告》，下同。

表 2　创新支撑各指标得分情况统计分析

项目	政府投入	社会资本投入	园区自身投入	农村信息化应用水平	科技特派员和"三区"人才	组织管理模式	管理制度和地方政府政策
设计分值（平均分）（分）	5	2	3	5	5	10	10
实际得分（平均分）（分）	0.63	0.14	0.17	1.93	0.71	6.07	5.50
得分率（%）	12.60	7.00	5.67	38.60	14.20	60.70	55.00

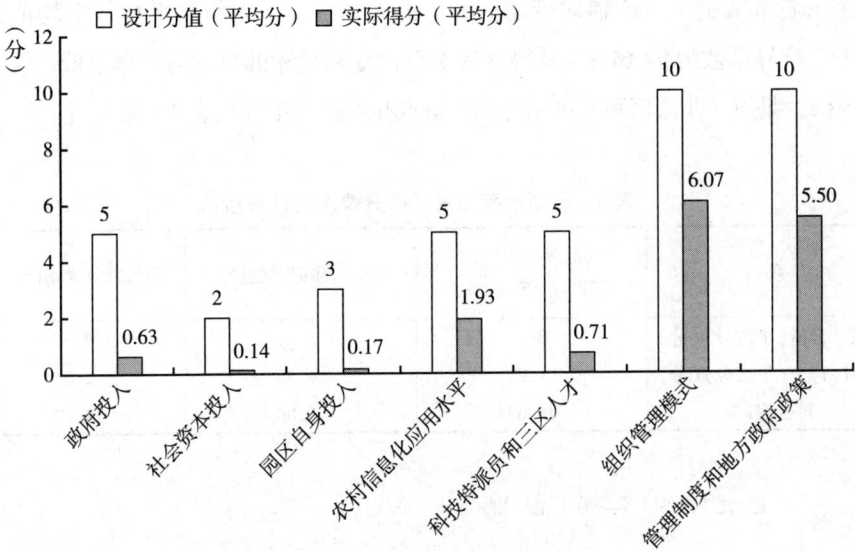

图1 创新支撑各指标体系得分情况对比

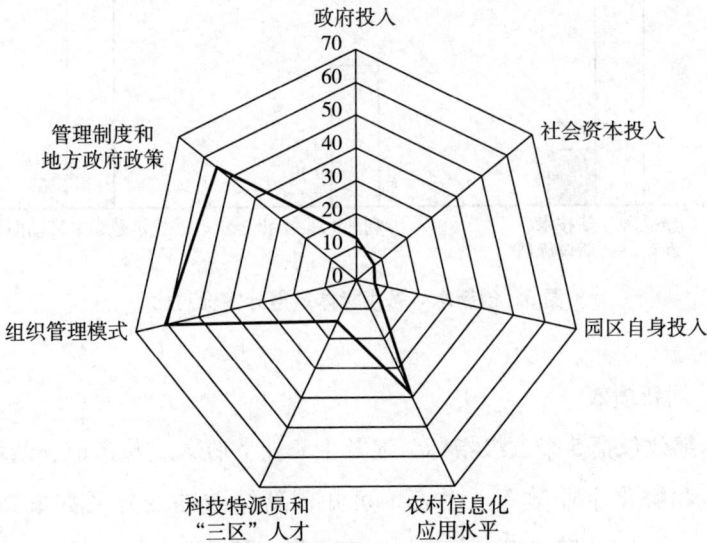

图2 创新支撑各指标体系得分率汇总分析

（2）创新水平

创新水平包括3个二级指标，涉及新品种、新技术、新产品、新设施数，专利和标准数量，示范辐射带动面积。由表1可知，创新水平指数平均值为3.47，变异系数为99.61%。从得分率来看，专利和标准数量得分率较低，仅为9.80%，是下一步园区科技产出方面要重点开展的工作（见表3、图3、图4）。

表3　创新水平各指标得分情况统计分析

项目	新品种、新技术、新产品、新设施数	专利和标准数量	示范辐射带动面积
设计分值（平均分）（分）	8	5	10
实际得分（平均分）（分）	1.97	0.49	1.02
得分率（%）	24.63	9.80	10.20

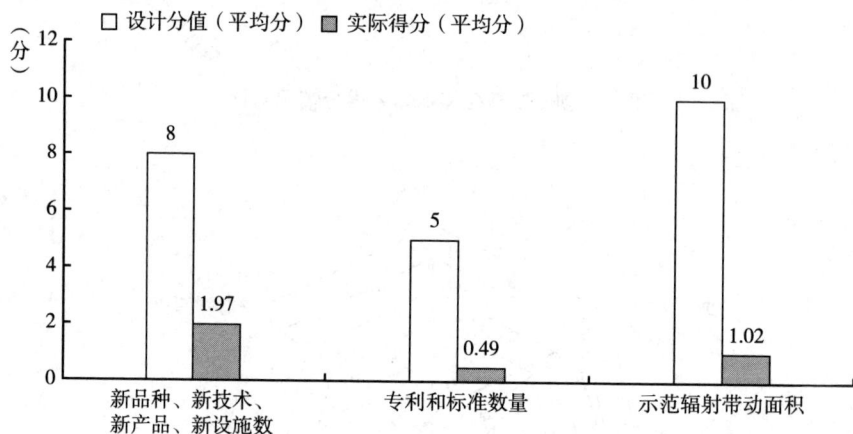

图3　创新水平各指标体系得分情况对比

（3）创新绩效

创新绩效包括5个二级指标，涉及主营业务收入、总产值、新增产值、培训人数和孵化企业数等。由表1可知创新绩效的变异系数最高，达到101.67%，说明28家省级农业科技园区创新绩效差距较大。另外，根据表4统计数据，在创新绩效的二级指标中，总产值的得分率最高，为31.40%。其余指标得分率均低于30%，说明园区的人才培训、孵化企业能力等较差，是下一步重点工作之一（见图5、图6）。

新品种、新技术、新产品、新设施数

示范辐射带动面积

专利和标准数量

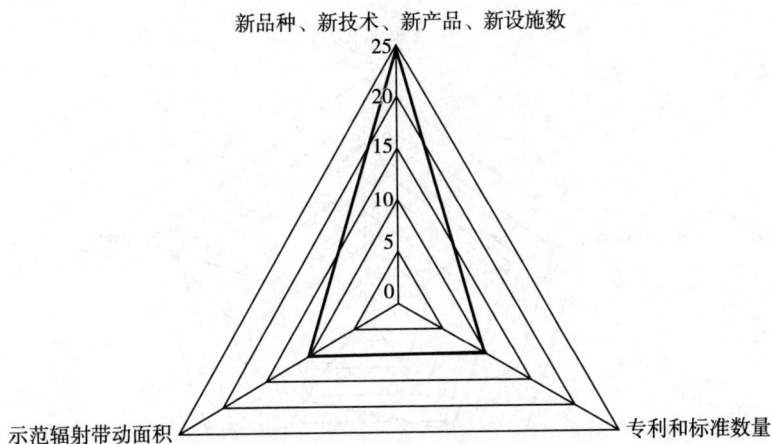

图4　创新水平各指标体系得分率汇总分析

表4　创新绩效各指标得分情况统计分析

项目	主营业务收入	总产值	新增产值	培训人数	孵化企业数
设计分值 （平均分）（分）	10	10	10	2	5
实际得分 （平均分）（分）	2.28	3.14	1.59	0.43	1.15
得分率（%）	22.80	31.40	15.9	21.50	23.00

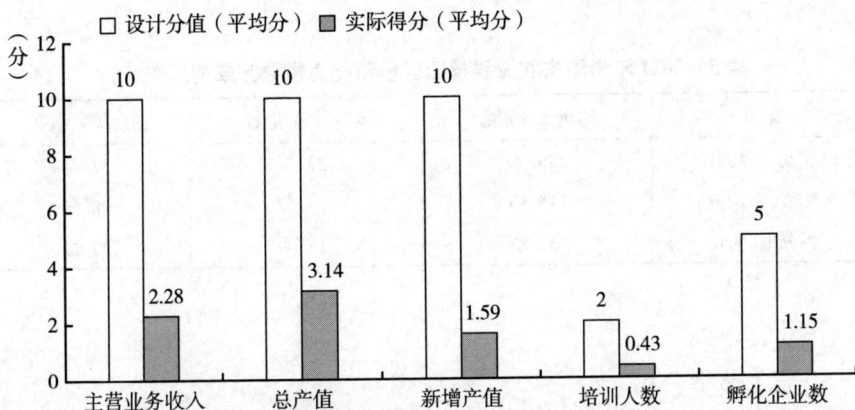

□ 设计分值（平均分）　■ 实际得分（平均分）

（分）

图5　创新绩效各指标体系得分情况对比

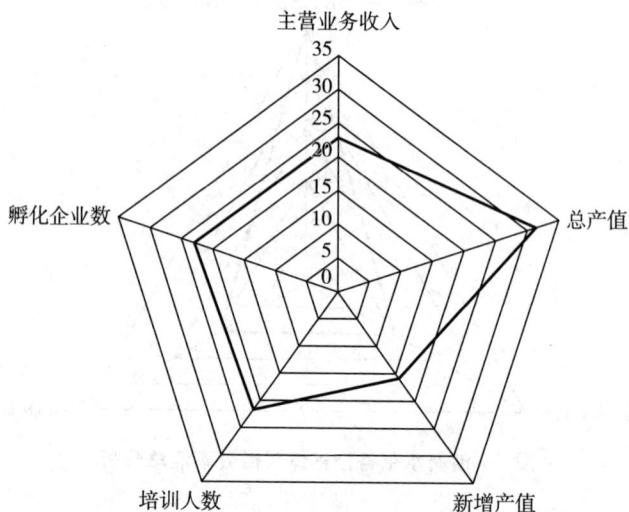

图6 创新绩效各指标体系得分率汇总分析

3. 各园区创新能力指数在结构上差异明显，创新支撑较为突出

由表5可以看出，各园区创新能力的3个一级指标中得分率最高的是创新支撑指数，其次为创新绩效指数，得分率最低的是创新水平指数。下一步，省级农业科技园区的工作重点将放在提升园区的创新水平上，尤其是在提升专利和标准数量上。

表5 2021年青海省农业科技园区创新能力指数完成情况统计

项目	创新支撑指数	创新水平指数	创新绩效指数
设计值（平均分）	40	23	37
实际值（平均分）	15.15	3.47	8.59
得分率（%）	37.88	15.09	23.22

（二）聚类分析

根据2021年青海省农业科技园区创新能力指数测算结果，将28家省级农业科技园区按创新能力划分为以下四类，分别为创新引领区、创新示范区、创新稳健区和创新起步区。具体见表6。

表6 青海农业科技园区创新能力分类

单位：分

分类	园区名称	创新能力（平均分）
创新引领区（5家）	青海乐都省级农业科技园区 河南县省级农业科技园区 青海互助省级农业科技园区 青海海北省级农业科技园区 尖扎县省级农业科技园区	77.41
创新示范区（6家）	青海乌兰省级农业科技园区 青海刚察(沙柳河镇)省级农业科技园区 青海格尔木省级农业科技园区 青海兴海省级农业科技园区 德令哈市省级农业科技园区 青海长岭省级农业科技园区	60.82
创新稳健区（14家）	青海果洛(大武镇)省级农业科技园区 青海农盛省级农业科技园区 泽库县省级农业科技园区 青海化隆(甘都镇)省级农业科技园区 青海平安省级农业科技园区 共和县省级农业科技园区 青海湟源省级农业科技园区 青海循化省级农业科技园区 青海祁连省级农业科技园区 青海贵德黄河清省级农业科技园区 城中区省级农业科技园区 青海都兰省级农业科技园区 青海大通省级农业科技园区 青海湟中省级农业科技园区	24.55
创新起步区（3家）	青海囊谦省级农业科技园区 青海昶林省级农业科技园区 青海春旺省级农业科技园区	5.42

（三）区域差异

由表7可以看出，28家省级农业科技园区覆盖全省各个地区，但主要分布在西宁和海东，分别占 28.6% 和 17.9%；其次分布在海西、海南、黄南和海北州，分别占 14.3%、10.7%、10.7% 和 10.7%；玉树和果洛州较少，分别仅占 3.6%。创新引领区分布在海东、黄南和海北；创新稳健区分布较广，除玉树州外实现了全覆盖。

表7　青海农业科技园区按地区分布统计分析

单位：家，%

地区	园区数	占比	创新引领区	创新示范区	创新稳健区	创新起步区
西宁	8	28.6	0	1	5	2
海东	5	17.9	2	0	3	0
海西	4	14.3	0	3	1	0
海南	3	10.7	0	1	2	0
海北	3	10.7	1	1	1	0
黄南	3	10.7	2	0	1	0
玉树	1	3.6	0	0	0	1
果洛	1	3.6	0	0	1	0
合计	28	100.00	5	6	14	3

由表8可以分析不同地区之间园区创新能力水平。按地区来看，28家省级农业科技园区平均创新能力分值为138.98分，其中高于平均值的园区有西宁、海东、海北、海西和黄南。海南、玉树和果洛均低于平均值（见图7、图8）。

表8　青海农业科技园区创新能力分析（按地区）

单位：家，分

地区	园区数	创新能力	创新支撑	创新水平	创新绩效
西宁市	8	161.16	134.55	37.75	90.86
海东市	5	251.04	91.73	19.67	55.70
海南州	3	102.57	46.92	3.96	22.17
海西州	4	200.87	69.38	19.22	49.52
海北州	3	151.98	40.41	14.92	17.49
黄南州	3	186.27	17.00	0.02	0.14
果洛州	1	49.94	7.00	0.00	0.68
玉树州	1	8.04	17.13	1.64	3.90
合计（平均分）	28	138.98	53.02	12.15	30.06

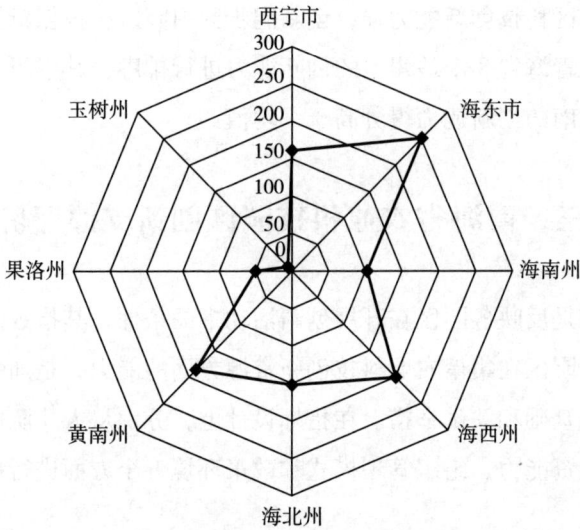

图7　不同地区创新能力水平对比

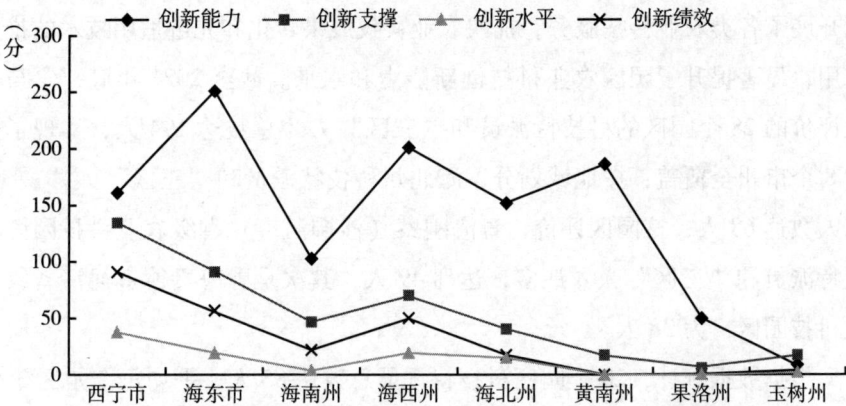

图8　不同地区创新能力、创新水平、创新支撑、创新绩效情况对比

本节参考国家农业科技园区评价参数制订青海省农业科技园区评价参数，对青海省农业科技园区科技创新能力进行评价。通过评价，评估小组总体得出以下三个结论：一是整体科技创新能力变异系数为66.7%，说明不同园区之间的创新能力差异较大；二是按照创新能力得分将28家省级农业科技园区分为创新引领区、创新示范区、创新稳健区和创新起步区，其中创

新引领区内园区科技创新能力强，创新起步区内园区科技创新能力差，需要整改；三是对青海省 8 个地州市的创新能力进行排序，其中西宁、海东、海北、海西和黄南的创新能力得分高于平均值。

三　青海省农业科技园区创新支撑评价

创新支撑是反映各园区在开展创新活动中的条件，其指数的高低显示出省级农业科技园区在集聚农业科技创新资源方面的能力，是加强农业科技创新工作的必要基础和关键举措。在指标设计上，分别从人才队伍建设、信息化建设、投融资能力、组织管理模式和政策环境五个方面进行衡量。

（一）人才队伍建设

园区大力推进科技特派员科技创业行动和"三区"人才专项行动，组织开展了各类农业科技服务，加快农业科技成果转化和先进适用技术的推广应用，显著提升了园区农业科技创新能力和水平。截至 2021 年底，参与本次评价的 28 个园区的科技特派员和"三区"人才总数达 194 人，实现了全省 8 个市州全覆盖；按地域划分，海北州科技特派员和"三区"人才最多，总人数达 68 人；按园区评价，青海刚察（沙柳河镇）省级农业科技园区科技特派员和"三区"人才最多，达到 49 人，其次是青海贵德黄河清省级农业科技园区，为 38 人。

根据数据统计，28 个园区科技特派员总数达 85 人，平均每个园区 3.04 人。其中，32.14% 的园区开展了科技特派员创新创业行动。刚察县、共和县、河南县、海北州、互助县省级农业园区科技特派员人数位列前五，分别为 30 人、21 人、15 人、8 人和 5 人（见图 9）。

按地区划分，海北州和海南州在科技特派员人数上的表现优于其他地区。海北州园区共引进科技特派员 38 人，占 44.71%，平均每个园区约 12.67 人，比园区平均值多 9.63 人；海南州园区共引进科技特派员 23 人，占 27.06%，平均每个园区约 7.37 人，比园区平均值多 4.63 人（见表 9）。

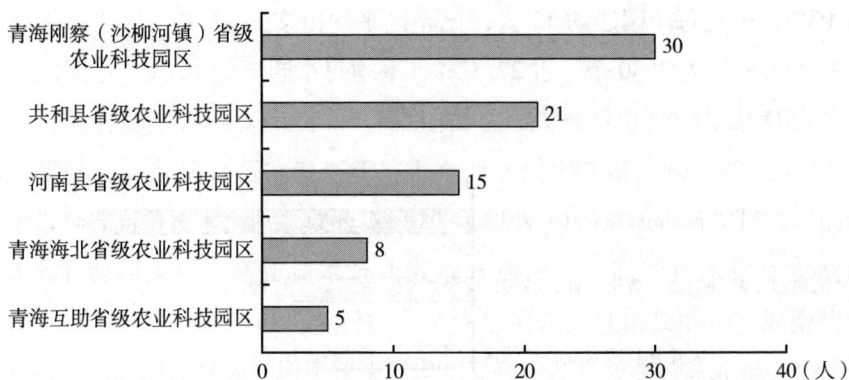

图9 省级农业科技园区科技特派员排名前五的人数情况

表9 不同地区科技特派员和"三区"人才引进情况

单位：人，%

地区	科技特派员			"三区"人才			总数		
	人数	占比	平均数	人数	占比	平均数	人数	占比	平均数
西宁市	1	1.18	0.13	5	4.59	0.63	6	3.09	0.75
海东市	5	5.88	1	4	3.67	0.8	9	4.64	1.8
海西州	3	3.53	0.75	12	11.01	3	15	7.73	3.75
海北州	38	44.71	12.67	30	27.52	10	68	35.05	22.67
海南州	23	27.06	7.67	36	33.03	12	59	30.41	19.67
黄南州	15	17.65	5	16	14.68	5.33	31	15.98	10.33
果洛州	0	0	0	1	0.92	1	1	0.52	1
玉树州	0	0	0	5	4.59	5	5	2.58	5

根据数据统计，28个园区共引进"三区"人才109人，平均每个园区3.89人，其中39.29%的园区引进了"三区"人才。贵德黄河清、刚察、尖扎、祁连和乌兰省级农业园区"三区"人才数位列前五，分别为36人、19人、16人、11人和8人（见图10）。

按地区划分，不论是"三区"人才总数还是平均值，海北州和海南州均比其他地区表现优异。海南州园区共引进"三区"人才36人，占

33.03%，平均每个园区约 12 人，比园区平均值多 9.11 人；海北州园区共引进"三区"人才 30 个，占 27.52%，平均每个园区约 10 人，比园区平均值多 6.11 人。

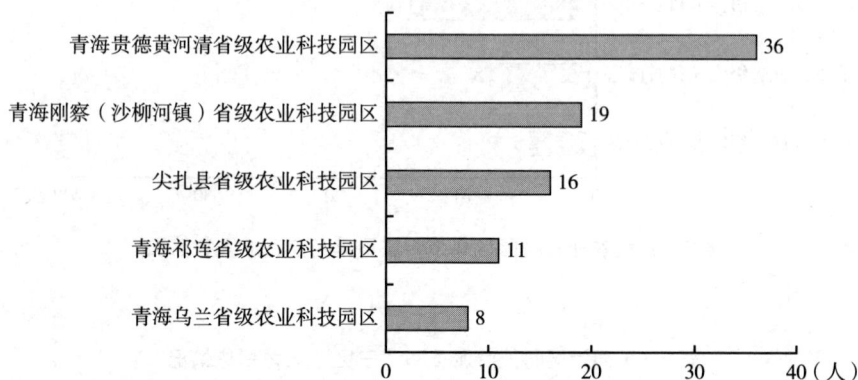

图 10 省级农业科技园区"三区"人才排名前五的人数情况

（二）信息化建设

多数园区已建成智慧农业园区云平台、科技信息服务平台、信息服务大厅、科技研发平台、科普惠农信息服务站、农村科技信息网络等农业服务平台；开通了"12319"科技信息查询和"12316"三农服务热线，部分园区还与国家农业信息化研究中心等单位合作，开发了省级农业信息服务中心，甚至还将服务下延至乡镇，建立了乡镇信息服务站；有些园区搭建的智慧综合农业园区平台，已完成可视化数据平台的综合展示和农业数据统计分析，企业可通过手机 App 来远程控制智慧农业设备。其中，泽库县建立了智慧农牧业大数据平台，配套有牦牛藏羊原产地可追溯平台、牲畜保险系统、泽库县智慧生态畜牧业信息化服务管理平台和奶产品质量安全追溯系统等 20个子应用平台，数字化农业建设正在全面升级。

2021 年，河南县省级农业科技园区、青海格尔木省级农业科技园区、青海互助省级农业科技园区等 7 个农业科技园区农村信息化应用水平等级为

"高"，占园区总数的25%。按地域分，海西州信息化应用水平等级为"高"的园区最多，有3个，占海西州农业园区总数的75%，黄南州信息化应用水平等级为"高"的园区有2个，海东市信息化应用水平等级为"高"的园区有2个。大通、贵德黄河清、囊谦和春旺省级农业科技园区农村信息化应用水平较低，未来需重点加强园区建设和农村信息化、农村城镇化相结合，统筹乡镇建设规划，把园区的现代农业产业板块作为新型城镇化建设的不可或缺的组成部分。

（三）投融资能力评价

据统计，2021年园区投融资总额达110158.83万元，28个省级农业科技园区中78.57%的园区均有投融资。其中，政府投入40548.63万元，占36.81%；社会资本投入38625.56元，占35.06%；园区自身投入30984.64万元，占28.13%。初步形成了政府、企业、社会资本投资参与园区建设和技术引进的多渠道、多元化投融资机制，大大加快了园区建设。图11为园区单位土地面积投融资强度排名前五的情况。

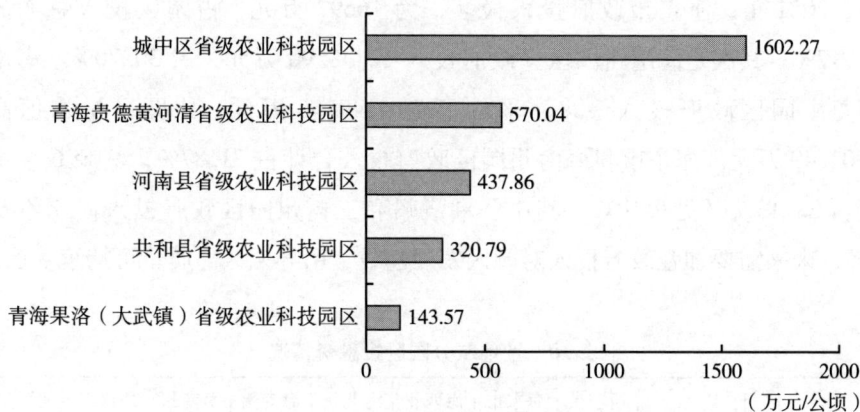

图 11 园区单位土地面积投融资强度排名前五的情况

1.政府投入

2021年，28个省级农业科技园区政府投入总额达40548.63万元，平均每个园区投入1448.17万元。政府投入排名前五的是共和、化隆、泽库、乐都和平安省级科技农业园区，分别为11568.98万元、7551万元、5000万元、3831万元和3660万元，28个省级农业科技园区中64.29%的园区有政府投入（见图12）。

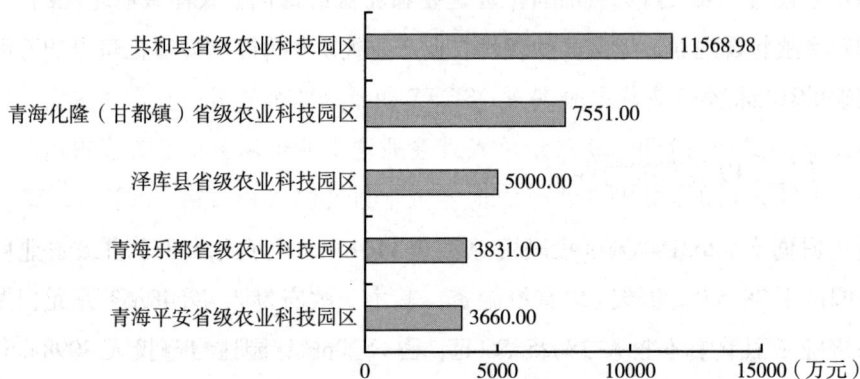

图12 省级农业科技园区政府投入排名前五的情况

按地域分，海东市园区政府投入最高，海南州园区政府投入平均值最高。2021年，海东市政府投入最多，为16692万元，占园区投入总额的41.17%；其次是海南州园区，政府投入12448.98万元，占30.70%。海南州每个园区政府投入最多，平均值为4149.66万元，比园区平均值高2701.49万元。海东市和海南州园区政府投入合计占71.87%，其余6个地区占28.13%（见表10）。其中，果洛州和玉树州园区政府投入占比不足1%，未来需要加强政府投入对园区发展建设，引导园区高质量可持续发展。

表10 按地域分园区投融资情况

	项目	西宁市	海东市	海西州	海北州	海南州	黄南州	果洛州	玉树州
政府投入	金额(万元)	1150.00	16692.00	1500.00	2432.65	12448.98	6300.00	0.00	25.00
	占比(%)	2.84	41.17	3.70	6.00	30.70	15.54	0.00	0.06
	平均值(万元)	143.75	3338.40	375.00	810.88	4149.66	2100.00	0.00	25.00

	项目	西宁市	海东市	海西州	海北州	海南州	黄南州	果洛州	玉树州
社会资本投入	金额（万元）	480.00	33139.00	3000.00	0.00	876.16	1041.00	89.40	0.00
	占比（%）	1.24	85.80	7.77	0.00	2.27	2.70	0.23	0.00
	平均值（万元）	60.00	6627.8	750.00	0.00	292.05	347.00	89.40	0.00
园区自身投入	金额（万元）	398.22	83.68	3278.45	1033.29	21055.00	5078.00	58.00	0.00
	占比（%）	1.29	0.27	10.58	3.33	67.95	16.39	0.19	0.00
	平均值（万元）	49.78	16.74	819.61	344.43	7018.33	1692.67	58.00	0.00

2. 社会资本投入

2021年，园区社会资本投入38625.56万元，平均每个园区1379.48万元。社会资本投入排名前五的是乐都、平安、都兰、兴海和泽库省级农业科技园区，分别为19732万元、13000万元、3000万元、876.16万元和641万元，28个省级农业科技园区中35.71%的园区有社会资本投入（见图13）。

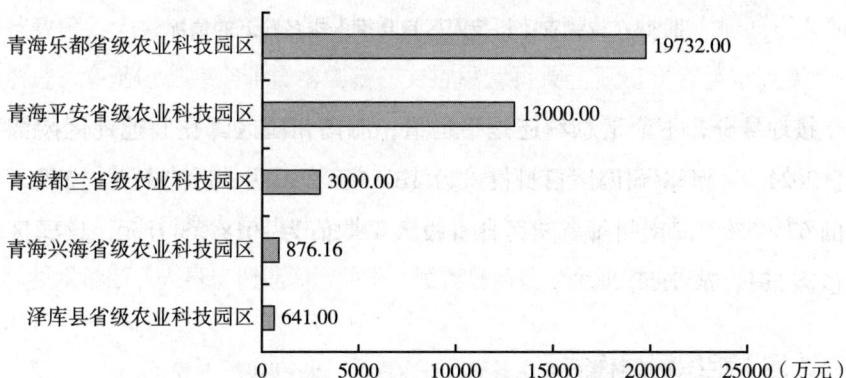

图13　省级农业科技园区社会资本投入排名前五的情况

按地域分，不论是总额还是平均值，海东市园区社会资本投入都比其他地区园区要高。2021年，海东市园区社会资本投入为33139万元，占园区社会资本投入总额的85.80%，海东市每个园区平均值6627.80万元，比园区平均值高5248.32万元。

3. 园区自身投入

2021 年，28 个省级农业科技园区自身投入 30984.64 万元，平均每个园区 1106.59 万元。园区自身投入排名前五的是贵德黄河清、河南县、都兰县、共和县和海北省级农业科技园区，分别为 19001.2 万元、4876 万元、3000 万元、2053.8 万元和 602.06 万元，28 个省级农业科技园区中 60.71% 的园区有园区自身投入（见图 14）。

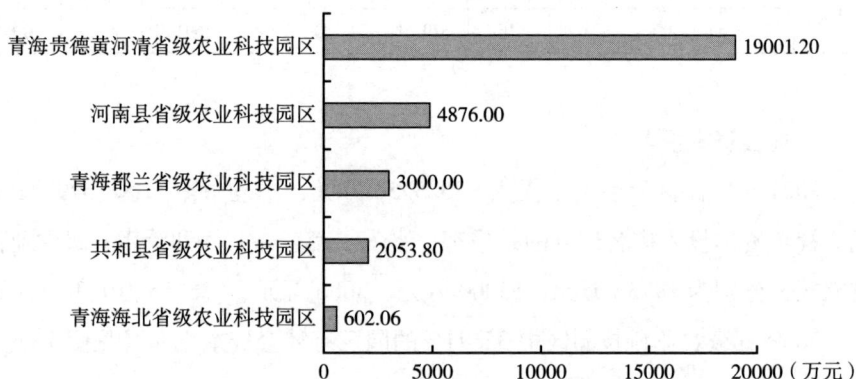

图 14 省级农业科技园区自身投入排名前五的情况

按地域分，不论是总额还是平均值，海南州园区都比其他地区园区要高。2021 年，海南州园区自身投入为 21055 万元，占 28 个园区自身投入总额的 67.95%，海南州每个园区自身投入平均值为 7018.33 万元，比园区平均值高 5911.74 万元。

（四）组织管理模式

随着园区的建设和发展，园区管理体系与保障机制逐步完善，园区建设步入规范化、科学化发展阶段。28 个省级农业科技园区中，有 19 个政府主办型，8 个企业主办型，1 个科研单位与企业合办。管理体制方面，随着近几年组织管理模式的更新，园区所在市州县大部分成立了以主管科技或农业的党政领导为组长，科技、发改、财政、农业、畜牧、林业、水利、交通等相关单位为成员的园区建设工作领导小组。相继成立了农业示范园区管委会等机构，负责科技园区的运行管理，拟订园区经济发展总体规划，进行基础设施和公共设施的建设与管理、土地的合理流转与使用、各类项目申报、入园企业的管理审批、园区内各科研基地和生产基地的监管等工作，并承担园区内的招商引资和有关企业的组织运行管理。在企业培育、农业科技成果转化推广、现代农业生产示范等多个方面取得了显著成效，形成了政府主办、企业主办、科研单位和企业合办等多种园区建设与管理模式。

（五）政策环境

园区建设始终坚持"政府引导、企业运作、社会参与、农民受益"的原则。多数有独立的管理机构及企业化运作，而且制订了《农业科技园区管理办法》等规章制度，使园区建设管理有序规范。各地政府在人才、项目、土地、基础设施、招商引资等方面制订了多项优惠政策，为园区内企业引进、农业产业化发展创造了良好的政策环境。

28个园区当年出台管理制度和地方政府出台对园区的支持政策得分（满分10分）平均分为5.5分，位于平均值以上的园区仅有5个，占17.86%。未来在园区政策支持方面需加大力度，进一步提升园区创新能力。

从地域来看，黄南州和海东市地区当年出台管理制度和地方政府出台对园区的支持政策的平均分分别为6.67分和6.4分；海南州和西宁市地区平均分分别为5.33分和5.13分；其他4个地区园区平均分均为5分（见表11）。这表明园区政策支持力度区域之间差异明显。

表11　园区当年出台管理制度和地方政府出台对园区的支持政策得分

单位：分

项目	西宁市	海东市	海西州	海北州	海南州	黄南州	果洛州	玉树州
制度和政策支持分项总分	41	32	20	15	16	20	5	5
各园区平均分	5.13	6.4	5	5	5.33	6.67	5	5

四 青海省农业科技园区创新水平评价

创新水平反映的是各园区开展的创新活动以及取得的技术成果,主要包括开展的研发项目取得的专利成果、引进示范的活动及成果(引进和推广的新品种、新技术、新产品和新设施等)。

(一)创新成果

本报告采用当年获得的专利和标准总数作为衡量园区创新成果的主要评价指标。

参与本次评价的 28 家省级农业科技园区中,2021 年当年获取了专利和标准数的园区有 11 家,共 49 项。其中,排名第一的河南县省级农业科技园区当年度授权了 15 项商标,取得了 2 项软件著作权证书和 1 项实用新型专利;其次为共和县省级农业科技园区,当年度授权了 14 项实用新型专利,创新成果比较突出。

通过统计分析,参与考核的农业科技园区中,平均每个园区获得专利和标准数为 1.75 项。取得专利和标准数的园区,占所有参评园区总数的 39.29%。具体情况见图 15。

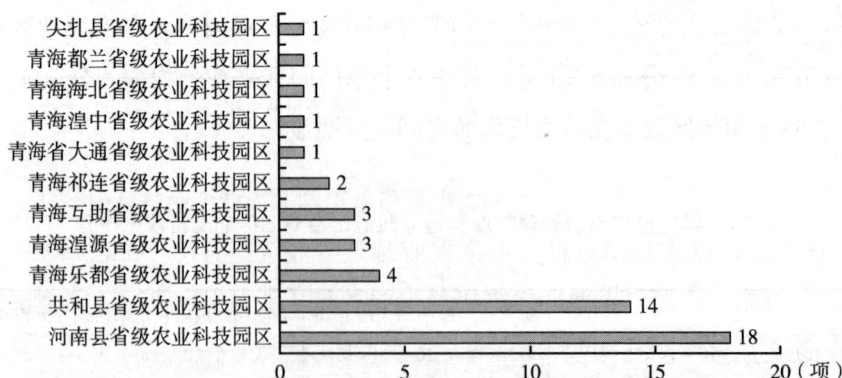

图 15　2021 年度获取专利和标准数的农业科技园区

不同地区的农业科技园区获取专利和标准数如图16所示。其中，西宁、海东、海南、海西、海北、黄南6个地区的农业科技园区在2021年当年获取了专利和标准数。其中，黄南州省级农业科技园区取得专利远高于其他地区农业科技园区。

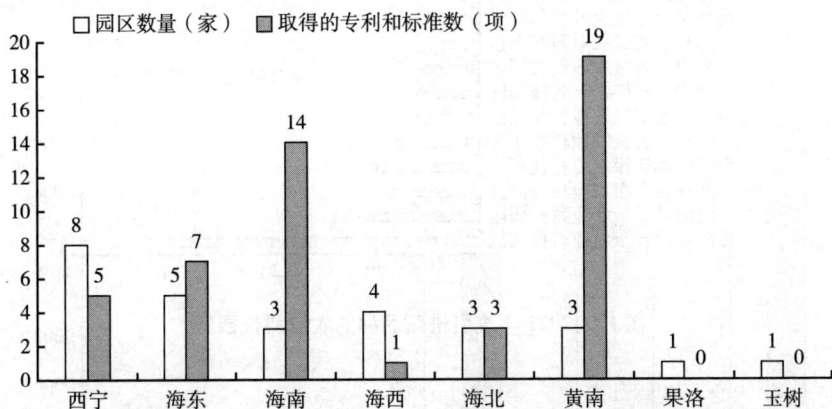

图16 不同地区获取专利和标准数的农业科技园区分布情况

（二）园区集成创新

对园区集成创新示范能力的评价采用科技引进类指标，包含新品种、新技术、新产品、新设施4个分项指标。

1. 新品种

参与本次评价的28家省级农业科技园区中，2021年当年引进新品种217个，平均每个园区引进新品种数为7.75个。其中，高于园区新品种平均值的农业科技园区数量有8家，占参与农业科技园区评价总数的28.57%。2021年引进新品种的农业科技园区有19家，具体情况见图17。按农业科技园区引进的新品种类型来说，主要是蔬菜和水果，其次是枸杞。

从地域划分来看，海东市的省级农业科技园区引进新品种数最多，引进了93个新品种，远高于其他地区的农业科技园区。不同地区的农业科技园区引进新品种数如图18所示。

青海都兰省级农业科技园区 1
青海湟源省级农业科技园区 1
青海果洛（大武镇）省级农业科技园区 2
青海乌兰省级农业科技园区 2
青海化隆（甘都镇）省级农业科技园区 4
青海格尔木省级农业科技园区 5
青海循化省级农业科技园区 5
青海贵德黄河清省级农业科技园区 5
青海祁连省级农业科技园区 7
德令哈市省级农业科技园区 7
青海平安省级农业科技园区 7
青海海北省级农业科技园区 11
城中区省级农业科技园区 12
青海省大通省级农业科技园区 14
尖扎县省级农业科技园区 16
青海乐都省级农业科技园区 16
共和县省级农业科技园区 18
河南县省级农业科技园区 23
青海互助省级农业科技园区 61

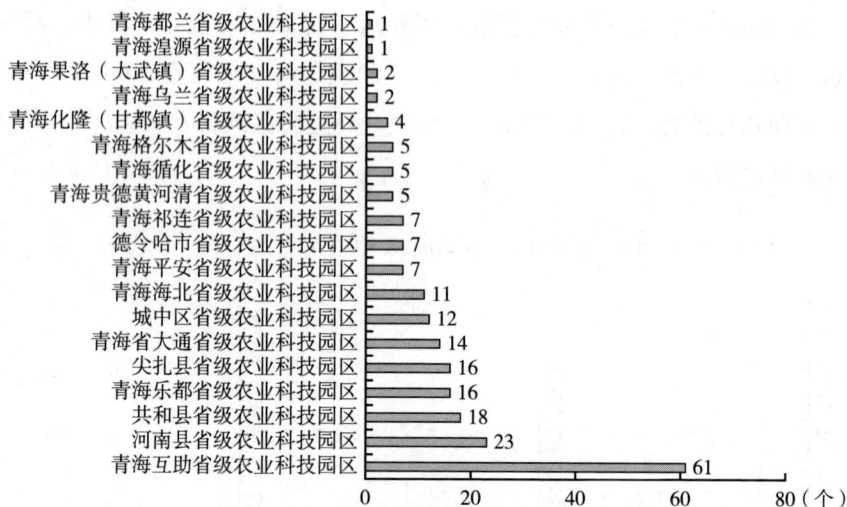

图 17 2021 年度引进新品种的农业科技园区

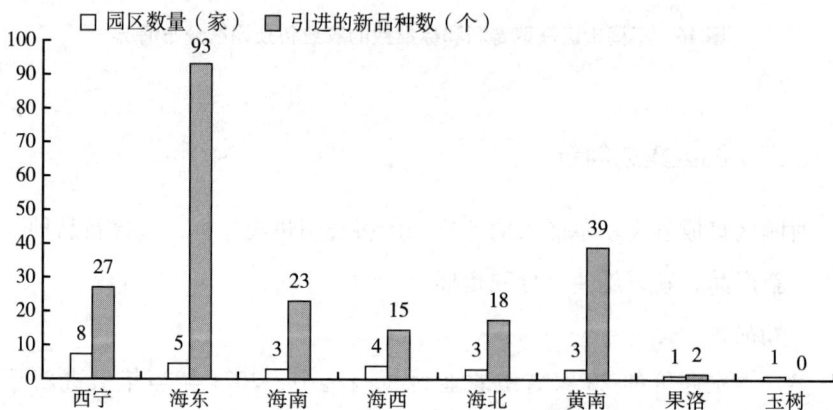

图 18 不同地区引进新品种的农业科技园区分布情况

2. 新技术

参与本次评价的 28 家省级农业科技园区中，2021 年当年引进新技术的农业科技园区有 10 家，占园区总数的 35.71%，共引进新技术 41 项。28 家参与考核的农业科技园区中，平均每个园区引进新技术数为 1.46 项。引进新技术的 10 家农业科技园区如图 19 所示。其中，并列排名第一的青海湟中省级农业科技园区和尖扎县省级农业科技园区引进、示范推广或研发新技术均为 8 项。

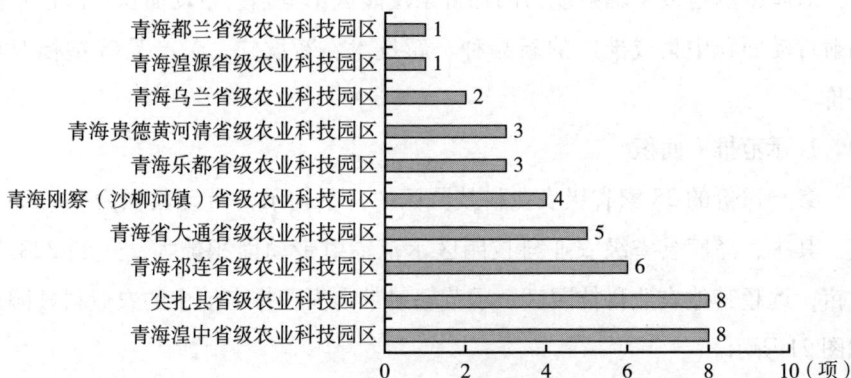

图 19 拥有新技术的农业科技园区统计

参与评价的 28 家省级农业科技园区中，除果洛、玉树外，其余地区的农业科技园区均引进、示范推广或研发了新技术。不同地区的农业科技园区拥有的新技术数如图 20 所示。

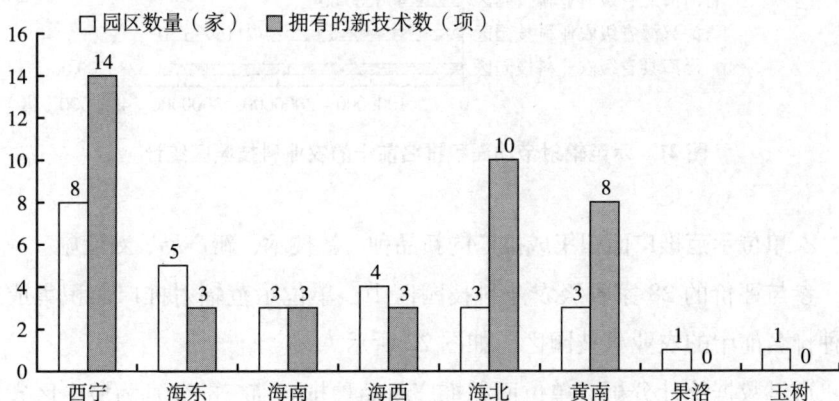

图 20 不同地区拥有新技术的农业科技园区分布情况

（三）园区示范成果辐射

对园区示范成果辐射能力的评价采用园区示范辐射带动面积及园区示范辐射带动面积中集成推广的新品种、新技术、新设施、新产品等指标双重评价。

1. 示范推广面积

参与评价的 28 家省级农业科技园区中，平均示范带动面积为 213506.5 亩。其中，泽库县省级农业科技园区示范辐射带动面积最大，达到 328.39 万亩，远超其他农业科技园区。示范辐射带动面积排名前十的农业科技园区如图 21 所示。

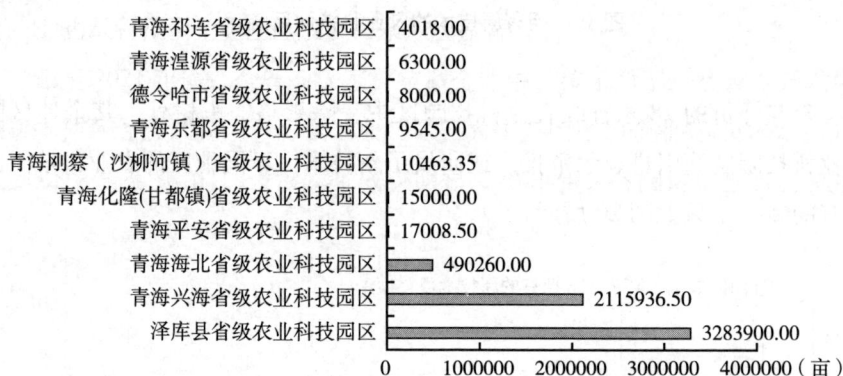

图 21　示范辐射带动面积排名前十的农业科技园区统计

2. 单位示范推广面积集成推广的新品种、新技术、新产品、新设施

参与评价的 28 家省级农业科技园区中，单位示范辐射推广面积集成新品种排名前十的农业科技园区，如图 22 所示。

通过数据统计分析，单位面积推广新品种排名前三的分别为城中区省级农业科技园区、青海互助省级农业科技园区、青海果洛（大武镇）省级农业科技园区。单位示范辐射推广面积集成新品种排名前十的农业科技园区中，西宁市 2 家，海东市 2 家，海南州 2 家，黄南州 2 家，海西州 1 家，果洛州 1 家，说明除海北州和玉树州外，其他区域的示范带动作用较强。

图22 单位示范辐射推广面积集成新品种排名前十的农业科技园区

五 青海省农业科技园区创新绩效评价

创新绩效反映的是国家农业科技园区创新活动取得的经济效益与社会效益，体现了国家农业科技园区的建设以促进社会经济发展为根本。本节从经济效益、人才培训、孵化企业数等方面对园区的创新绩效进行定量分析。

（一）经济效益

园区科技创新在经济效益方面的最直接体现就是近三年园区企业产值平均增幅。园区近三年产值平均增幅为31.07%，显示了园区产业发展的强势劲头，其中产值排名前三的园区分别为青海都兰省级农业科技园区、青海湟源省级农业科技园区、泽库县省级农业科技园区。园区近三年总产值185.07亿元，其中2021年产值70.47亿元，较2020年增长了15.85%，2020年比2019年增长了13.14%。按地域划分，西宁、海东、海北、海南、海西、黄南、果洛、玉树的近三年园区企业产值分布情况见表12。总体来说，海东园区企业产值优于其他地区园区，占总产值的30.65%。

表 12　近三年园区企业产值地域分布情况

项目	西宁市	海东市	海北州	海南州	海西州	黄南州	果洛州	玉树州
总产值（万元）	218386.25	567313.41	74811.01	173795.7	269119.7	546550	179.88	532.68
占比（%）	11.80	30.65	4.04	9.39	14.54	29.53	0.01	0.03
平均产值（万元）	31198.04	94552.24	24937.00	57931.9	67279.93	182183.33	179.88	532.68
园区数（家）	7	6	3	3	4	3	1	1

（二）人才培训

技术培训农牧民 5627 人次，园区平均培训人次 200.96 人次。园区积极举办农业科技培训班，每年衔接市科技局、市农牧和扶贫开发局、市农广校举办农业种植技术培训班，同时，向周边农户提供园区先进的养殖、种植技术资料和派专业技术人员进行现场培训，加强农村科技骨干的培训，人才培训最多的前 10 名园区如图 23 所示。

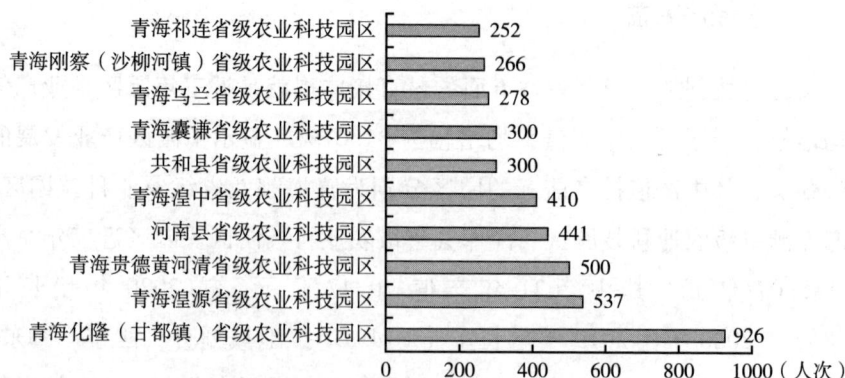

青海祁连省级农业科技园区　252
青海刚察（沙柳河镇）省级农业科技园区　266
青海乌兰省级农业科技园区　278
青海囊谦省级农业科技园区　300
共和县省级农业科技园区　300
青海湟中省级农业科技园区　410
河南县省级农业科技园区　441
青海贵德黄河清省级农业科技园区　500
青海湟源省级农业科技园区　537
青海化隆（甘都镇）省级农业科技园区　926

0　200　400　600　800　1000（人次）

图 23　人才培训排名前十的园区

（三）孵化企业数

在孵化企业数方面，28家园区平均孵化企业数为10.79个，有12个园区孵化企业数在平均数之上。

按地域划分，各州市园区的孵化企业数分布情况见表13。海东园区孵化企业总数和平均数分别为105个、35个，高于其他地区园区。

表13 孵化（含入驻）企业数各地区分布情况

单位：个

项目	西宁市	海东市	海北州	海南州	海西州	黄南州	果洛州	玉树州
总数	38	105	41	63	14	39	2	0
平均数	4.75	35	13.67	21	3.5	13	2	0

六 青海省农业科技园区评价结果排序

（一）总体排序

根据创新能力得分值，28家青海省农业科技园区整体排名情况见表14。

表14 28家青海省农业科技园区整体排名情况

单位：分

序号	园区名称	创新能力分值	排名
1	青海乐都省级农业科技园区	85.01	1
2	河南县省级农业科技园区	84.97	2
3	青海互助省级农业科技园区	83.07	3
4	青海海北省级农业科技园区	67.86	4
5	尖扎县省级农业科技园区	66.14	5
6	青海乌兰省级农业科技园区	64.89	5

续表

序号	园区名称	创新能力分值	排名
7	青海刚察(沙柳河镇)省级农业科技园区	64.26	7
8	青海格尔木省级农业科技园区	63.02	8
9	青海兴海省级农业科技园区	62.23	9
10	德令哈市省级农业科技园区	59.72	10
11	青海长岭省级农业科技园区	50.81	10
12	青海果洛(大武镇)省级农业科技园区	49.94	12
13	青海农盛省级农业科技园区	43.19	12
14	泽库县省级农业科技园区	35.16	14
15	青海化隆(甘都镇)省级农业科技园区	32.10	15
16	青海平安省级农业科技园区	30.32	16
17	共和县省级农业科技园区	23.36	17
18	青海湟源省级农业科技园区	21.59	18
19	青海循化省级农业科技园区	20.54	18
20	青海祁连省级农业科技园区	19.86	20
21	青海贵德黄河清省级农业科技园区	16.98	21
22	城中区省级农业科技园区	14.51	21
23	青海都兰省级农业科技园区	13.24	23
24	青海大通省级农业科技园区	11.50	24
25	青海湟中省级农业科技园区	11.35	24
26	青海囊谦省级农业科技园区	8.04	26
27	青海昶林省级农业科技园区	4.92	27
28	青海春旺省级农业科技园区	3.29	28

(二)分地区排序

根据创新能力得分值,28家青海省农业科技园区按照地区分布排名情况见表15。

表15 青海省农业科技园区按地区排名情况

单位：名

序号	地区	园区名称	创新能力分值	排名
1	西宁市(8家)	青海长岭省级农业科技园区	50.81	1
2		青海农盛省级农业科技园区	43.19	2
3		青海湟源省级农业科技园区	21.59	3
4		城中区省级农业科技园区	14.51	4
5		青海大通省级农业科技园区	11.50	5
6		青海湟中省级农业科技园区	11.35	6
7		青海昶林省级农业科技园区	4.92	7
8		青海春旺省级农业科技园区	3.29	8
9	海东市(5家)	青海乐都省级农业科技园区	85.01	1
10		青海互助省级农业科技园区	83.07	2
11		青海化隆(甘都镇)省级农业科技园区	32.10	3
12		青海平安省级农业科技园区	30.32	4
13		青海循化省级农业科技园区	20.54	5
14	海南州(3家)	青海兴海省级农业科技园区	62.23	1
15		共和县省级农业科技园区	23.36	2
16		青海贵德黄河清省级农业科技园区	16.98	3
17	海西州(4家)	青海乌兰省级农业科技园区	64.89	1
18		青海格尔木省级农业科技园区	63.02	2
19		德令哈市省级农业科技园区	59.72	3
20		青海都兰省级农业科技园区	13.24	4
21	海北州(3家)	青海海北省级农业科技园区	67.86	1
22		青海刚察(沙柳河镇)省级农业科技园区	64.26	2
23		青海祁连省级农业科技园区	19.86	3
24	黄南州(3家)	河南县省级农业科技园区	84.97	1
25		尖扎县省级农业科技园区	66.14	2
26		泽库县省级农业科技园区	35.16	3
27	果洛州1家	青海果洛(大武镇)省级农业科技园区	49.94	1
28	玉树州1家	青海囊谦省级农业科技园区	8.04	1

G.9
2021年青海省科技成果分析报告

青海科技发展报告课题组*

摘　要： 本报告统计归纳了 2021 年度青海省科技成果登记情况，从成果数量、成果类别、评价方式、成果来源、完成单位、成果水平、完成人员、知识产权情况、研发经费投入九个维度进行详细分析，并按照应用技术成果、基础理论成果、软科学成果三个类别做了进一步总结。在此基础上，对 2021 年度青海省科技成果的数量、来源、应用转化等情况进行了分析。指出青海省科技成果登记面临着科技成果质量有待提高、全省各地区各行业之间差距大、科技成果转化率不高等问题，并提出提高科技成果评价及登记水平、积极跟进国家科技成果评价政策、加强与高等院校和科研院所及技术市场的合作等解决办法。

关键词： 科技成果　登记　青海省

2021 年，青海省不断完善科技成果登记工作体系，创新工作方式，提高服务水平，登记数量稳步提高。截至 2021 年 12 月 31 日，全省以"不见面审批"方式登记各类科技成果 898 项。现将成果登记总体情况做如下分析。

---

* 课题组成员：赵文、姜山松、刘伟、张立新、海信荃、陈辰、班玛东周。

一 基本情况

（一）成果数量

2021年度全省共登记科技成果898项，全省科技成果登记数量增长明显，较上年增长54.83%。增长明显的主要原因：一是本年度统计时间节点发生变化，成果统计时间为2020年10月至2021年12月，共计14个月的登记数据；二是登记政策知晓度越来越广，行业准入和机构评价的成果数量增幅明显，如图1所示。

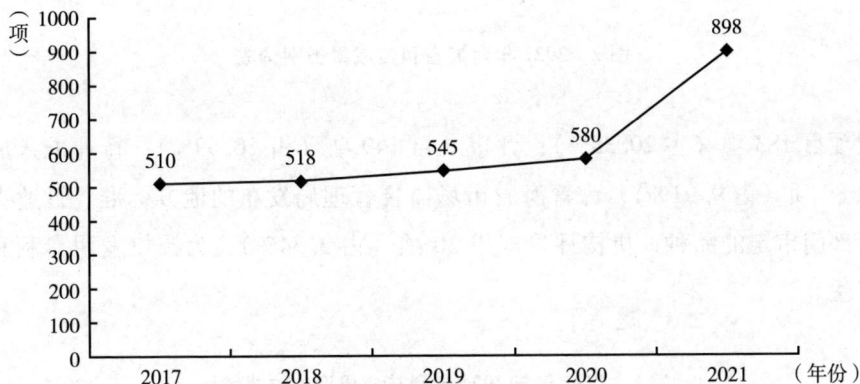

图1 2017~2021年青海省科技成果登记数量

资料来源：国家科技成果登记系统，下同。

（二）成果类别

898项科技成果中，应用技术成果635项，占70.71%；基础理论成果235项，占26.17%；软科学成果28项，占3.12%（见图2）。

（三）评价方式

如表1所示，898项科技成果中，鉴定项目共447项（占49.78%）；验

169

软科学成果
28项
3.12%

基础理论成果
235项
26.17%

应用技术成果
635项
70.71%

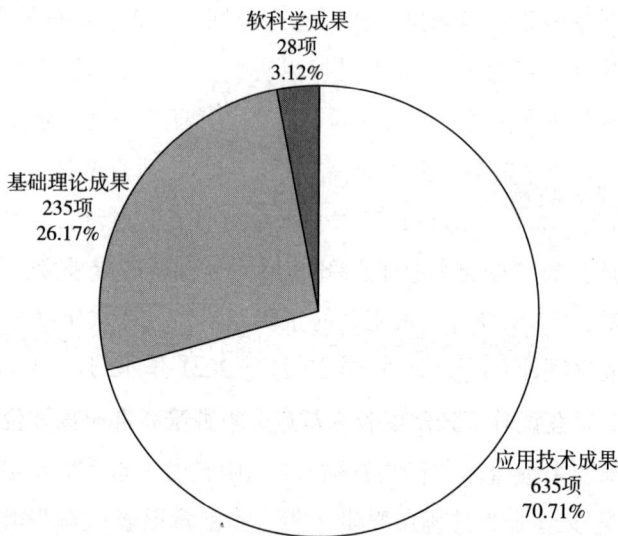

图2　2021年青海省科技成果类别构成

收项目183项（占20.38%）；评审项目149项（占16.59%）；行业准入成果89项（占9.91%），为青海省市场监督管理局发布的地方标准、行业主管部门审定的品种；机构评价成果30项（占3.34%），为授权发明专利和工法。

表1　2020年与2021年科技成果评价方式统计

成果评价方式	2020年		2021年	
	成果数(项)	占比(%)	成果数(项)	占比(%)
鉴定	313	53.97	447	49.78
验收	101	17.41	183	20.38
评审	118	20.34	149	16.59
行业准入	42	7.24	89	9.91
机构评价	6	1.03	30	3.34

（四）成果来源

898项科技成果中，国家科技计划33项（自然科学基金18项、国家重点研发计划 9 项、其他 6 项），占 3.67%；部门计划 15 项，占 1.67%；地方计划 266 项，占 29.62%；横向委托 2 项，占 0.22%；自选项目 339 项，占 37.75%；其他厅局计划成果 243 项，占 27.06%（见图 3）。

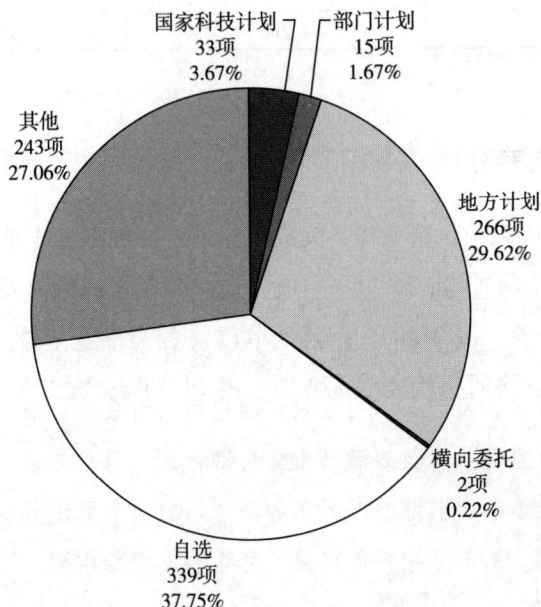

图 3　2021 年青海省科技成果项目来源构成

其中，青海省科学技术厅下达的项目登记成果 266 项，进一步按照厅处室进行划分，按照成果数量由高到低依次排序为：政策法规与基础研究处 158 项，农村科技处 40 项，高新技术处 22 项，社会发展科技处 21 项，省外国专家局 16 项，成果转化与区域创新处 9 项（见表 2）。

表 2　2021 年青海省科学技术厅下达的项目登记成果来源分布

成果来源	登记数量（项）	占比（%）
政策法规与基础研究处	158	59.40
农村科技处	40	15.04
社会发展科技处	21	7.89
高新技术处	22	8.27

成果来源	登记数量(项)	占比(%)
成果转化与区域创新处	9	3.38
省外国专家局	16	6.02
合计	266	100

（五）完成单位

898 项科技成果中，企业作为完成主体的科技成果 233 项（其中科研转制型企业完成 17 项），占 25.95%，成为青海省科技成果研发的主力军；医疗机构完成 189 项，占 21.05%；其他单位（各类事业单位）完成 175 项，占 19.49%；独立科研机构完成 172 项，占 19.15%；大专院校完成 129 项，占 14.37%（见图 4）。

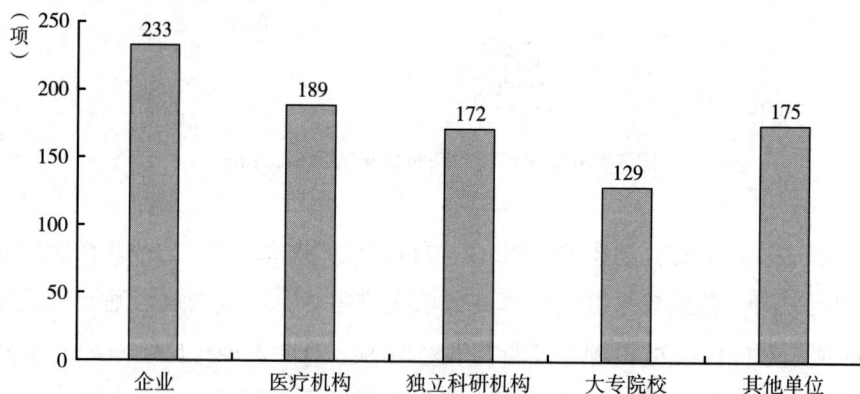

图 4　2021 年青海省科技成果完成单位构成

（六）成果水平

898 项科技成果中，国内领先及以上水平的共 340 项，占 37.86%。从图 5 可以看出，达到国际领先水平的成果 13 项，占 1.45%；达到国际先进水平的成果 60 项，占 6.68%；达到国内领先水平的成果 267 项，占

29.73%，达到国内先进水平的成果 301 项，占 33.52%；达到国内一般水平的成果 67 项，占 7.46%；未评价水平的成果 190 项，占 21.16%。

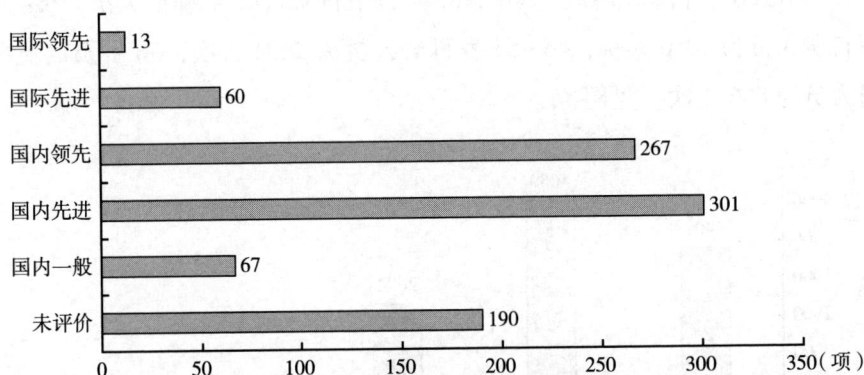

图 5　青海省 2021 年科技成果水平分布

（七）完成人员

898 项科技成果中，参与项目研究的科研人员共 11017 人次，平均每个项目 12 名科研工作者。

从学历构成来看，青海省的科技工作者队伍主要以大学本科及以上学历构成。博士研究生、硕士研究生和本科生共 10218 人次，占 92.75%（见图 6）；大

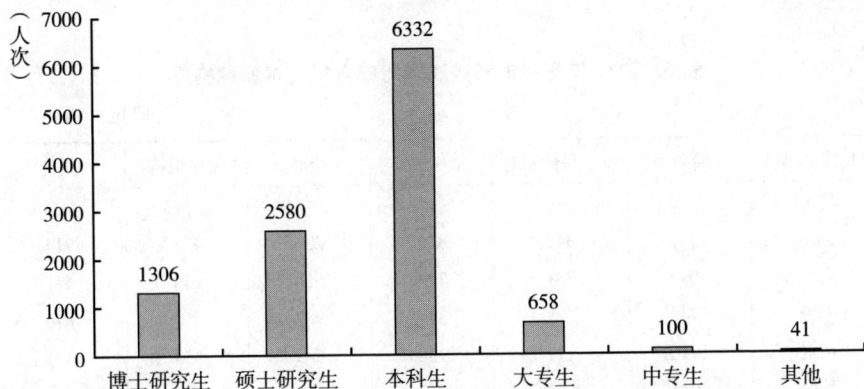

图 6　青海省 2021 年科技成果完成人员学历构成

专生为 658 人次，占 5.97%；大专以下文化程度为 141 人次，占 1.28%。

从年龄结构来看，中青年是科技成果研究人员主体。55 岁以下科研人员 10151 人次，占 92.14%。其中，35 岁以下科研人员为 3407 人次，36~45 岁科研人员为 4050 人次，46~55 岁科研人员为 2694 人次，56 岁及以上科研人员为 866 人次（见图 7）。

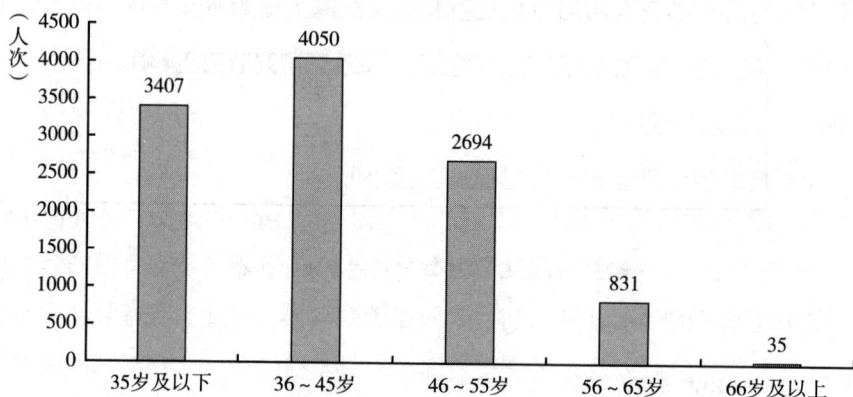

图 7　青海省 2021 年科技成果完成人员年龄构成

从技术职称来看，具备中级及以上技术职称的科研人员为 8387 人次，占比达 76.13%，占据了科研人员的主要比例，初级职称者为 1716 人次，占 15.58%，其他科研人员为 914 人次，仅占 8.30%（见表 3）。

表 3　2021 年青海省科技成果完成人员技术职称构成

单位：人次

技术职称	合计	独立科研机构	大专院校	企业	医疗机构	其他
院士	3	—	1	—	1	1
正高	1540	342	324	233	427	214
副高	3096	731	394	658	636	677
中级	3748	728	343	982	819	876
初级	1716	177	158	589	355	437
其他	914	188	272	217	66	171

（八）知识产权情况

2021年度形成知识产权429项，其中发明专利达167项，占知识产权数的38.93%；实用新型专利193项，占44.99%；外观设计专利15项，软件著作权54项（见表4）。

表4　2021年青海省科技成果知识产权产出构成

单位：人次

项目	合计	独立科研机构	大专院校	企业	医疗机构	其他
知识产权数	429	73	35	298	4	19
其中:发明专利数	167	34	11	116	2	4
实用新型专利数	193	27	10	151	2	3
外观设计专利数	15	6	5	4	0	0
软件著作权数	54	6	9	27	0	12

从主体划分，企业形成知识产权298项（占知识产权数的69.46%），是专利的主要来源；独立科研机构73项（占17.02%）；大专院校35项（占8.16%）；医疗机构和其他单位共有23项（占5.36%）。

（九）研发经费投入

登记的898项成果的经费总投入为239820万元。其中，成果完成单位自筹资金173722万元，占总投入的72.44%；地方投入52105万元，占21.73%；国家投入5711万元，占2.38%；部门投入8052万元，占3.36%；基金投入180万元。

二　应用技术成果

（一）成果属性

635项应用技术成果中，按照成果属性占比从高到低排列依次为：属于原始性创新的成果过半（占应用技术成果数的 64.25%），达到 408 项；属于国内技术二次开发的成果 198 项，占 31.18%；属于国外引进消化吸收创新的成果 29 项，占 4.57%（见图 8）。

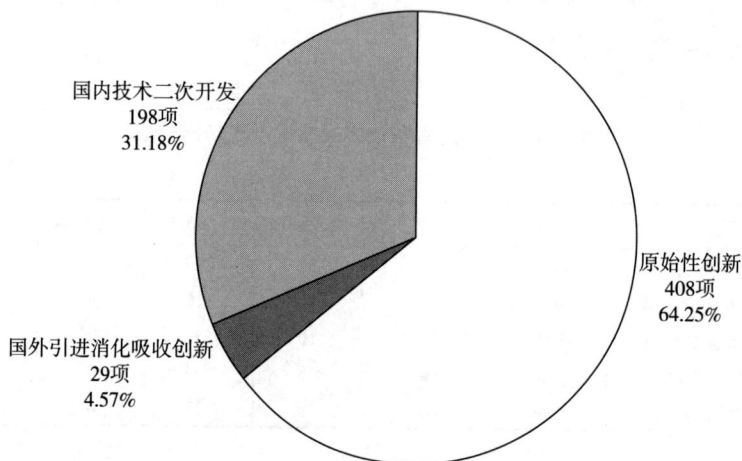

图 8　青海省 2021 年科技成果属性分布

（二）成果水平

635 项应用技术成果中，由图 9 可见，按照成果水平占比从高到低排列

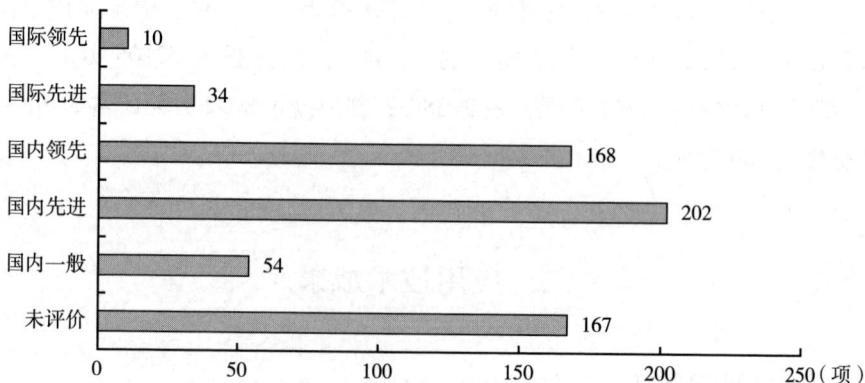

图 9　青海省 2021 年应用技术科技成果水平分布

依次为：国内先进水平 202 项（占 31.81%），国内领先水平 168 项（占 26.46%），未评价水平 167 项（占 26.30%），国内一般水平 54 项（占 8.50%），国际先进水平 34 项（占 5.35%），国际领先水平 10 项（占 1.57%）。

（三）所处阶段

635 项应用技术成果中，如图 10 所示，处于成熟应用阶段的成果 398 项，占 62.68%，初期阶段成果 146 项，中期阶段成果 91 项。

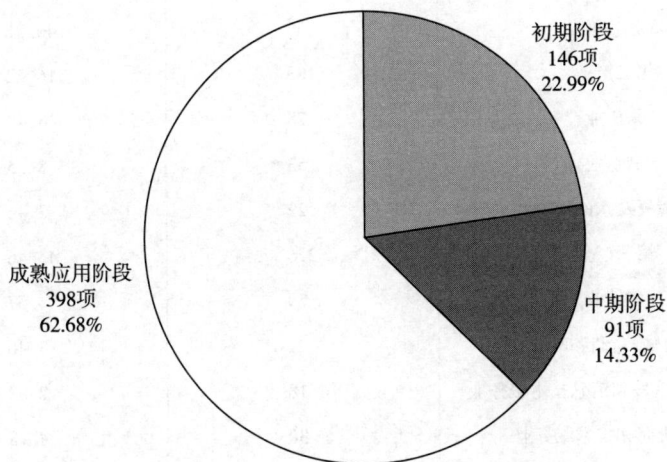

图10　青海省 2021 年应用技术类成果所处阶段

（四）所属高新技术领域

635 项应用技术成果中，有 367 项属于高新技术领域，占应用技术成果总数的 57.80%。367 项成果分布在 9 个高新技术领域内，按照成果数由高到低排列依次是：现代农业 148 项，生物医药与医疗器械 67 项，环境保护 41 项，新能源与节能 30 项，新材料 28 项，电子信息 25 项，现代交通 11 项，地球、空间与海洋 9 项，先进制造 8 项。

（五）行业分布

635 项应用技术成果广泛应用在 10 个行业中，按产业分布进行分类统计：第一产业 256 项，占应用技术成果总数的 40.31%；第二产业共 103 项，占比为 16.22%；第三产业共 276 项，占比为 43.46%（见表 5）。

表 5　2021 年应用技术成果应用行业分布

应用行业	项目数（项）	占应用技术成果比例（%）
第一产业	256	40.31
农林牧渔业	256	40.31
第二产业	103	16.22
采矿业	28	4.42
制造业	53	8.35
电力、热力、燃气及水的生产和供应业	22	3.46
第三产业	276	43.46
建筑业	29	4.57
交通运输、仓储和邮政业	22	3.46
信息传输、软件和信息技术服务业	18	2.83
科学研究和技术服务业	30	4.72
水利、环境和公共设施管理业	33	5.20
卫生和社会工作	144	22.68

（六）应用情况

635 项应用技术成果中，产业化应用成果 331 项，占应用技术成果总数的 52.13%；小批量或小范围应用成果 229 项，占 36.06%；正在试用的成果 55 项，占 8.66%；未应用的成果 20 项，占 3.15%（见图 11）。

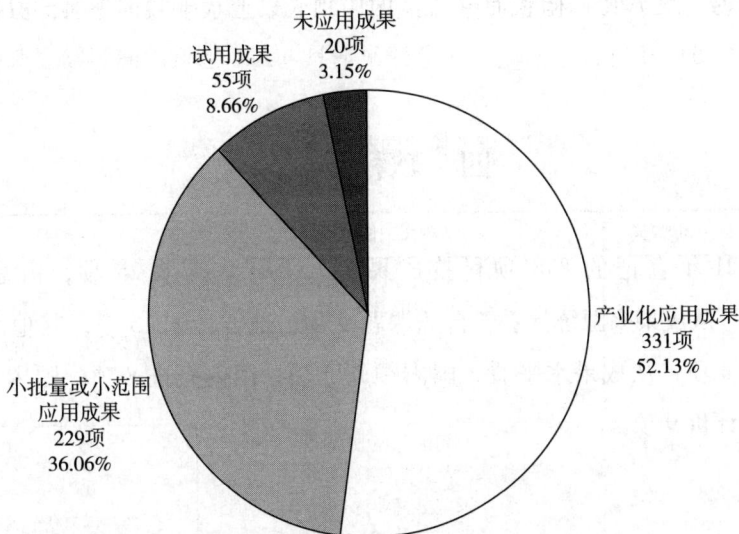

图 11　青海省 2021 年应用技术成果应用情况

（七）经济效益

635 项应用技术成果中，从转化方式角度划分，实际产生经济效益的成果 61 项，自我转化总收入 140099 万元，净利润 38661 万元，实交税金 11709 万元，节约资金 5455 万元，合作转化收入 4357 万元，其中技术入股股权折价 61 万元。

三　基础理论成果

2021 年登记的 898 项科技成果中，基础理论成果 235 项，占总数的 26.17%。从成果来源统计看，课题来源仍以地方计划为主，共 127 项（占 54.04%）；自选项目次之，共 61 项（占 25.96%）；其他厅局计划 29 项（占 12.34%）；国家科技计划 15 项；横向委托 1 项；部门计划 2 项。从成果水平看，国际领先 3 项、国际先进 26 项、国内领先 93 项、国内先进 92

项、国内一般 7 项、未评价 14 项。国内领先以上水平共 122 项，占基础理论成果的 51.91%。

四　软科学成果

2021 年登记的 898 项科技成果中，软科学成果 28 项，占总数的 3.12%。从成果来源统计看，自选课题 9 项，地方计划 15 项，其他厅局计划项目 4 项；从成果水平看，国内领先 5 项，国内先进 8 项，国内一般 6 项，未评价 9 项。

五　科技成果统计分析

（一）科技成果数量分析

自 2017 年《青海省科技成果登记管理办法》修订拓展了登记范围，全省科技成果登记数量稳步提高，从 2016 年的 470 项增长到 2021 年的 898 项，增长 91.06%。

（二）科技成果来源分析

898 项科技成果来源主要是自选项目和地方科技计划项目，分别为 339 项（占 37.75%）、265 项（29.51%）。自选项目完成单位以医疗机构、企业为主，分别为 115 项（占 33.92%）、66 项（占 19.47%）；地方科技计划项目完成单位以独立科研机构、大专院校为主，分别为 62 项（占 23.40%）、88 项（占 33.21%）。

898 项科技成果中，其他厅局计划科研项目 243 项，主要完成单位为医疗机构、企业、其他事业单位，分别为 86 项（占 35.39%）、61 项（25.10%）、56 项（23.05%）。

898 项科技成果的完成单位中，企业、医疗机构、其他事业单位占比位居前三位，分别为 25.95%、21.05%、19.49%。

（三）科技成果应用和转化分析

635 项应用技术成果中，产业化应用的成果 331 项，占 52.13%，其中企业完成 157 项，占 47.43%；未应用的成果 20 项，占 3.15%，未应用的主要原因以技术问题和管理问题为主。

按照产业类别分析，第一产业 256 项科技成果中，产业化应用 150 项，占 58.59%；第二产业 103 项科技成果中，产业化应用 79 项，占 76.70%；第三产业 276 项科技成果中，产业化应用 102 项，占 36.96%。

从产业化应用成果完成单位类型看，企业 157 项，占 331 项产业化应用成果的 47.43%，其次为独立科研机构和其他事业单位，分别为 74 项、49 项。

（四）科技成果完成单位分析

不同属性的单位侧重的行业不同，独立科研机构登记 186 项，主要应用行业为农林牧渔业（131 项）、科学研究和技术服务业（26 项）；大专院校登记 144 项，主要应用行业为农林牧渔业（66 项）、科学研究和技术服务业（36 项）；企业登记 224 项，主要应用行业为农林牧渔业（64 项）、制造业（47 项）；医疗机构登记 186 项，主要应用行业为卫生和社会工作（180 项）；其他事业单位登记 158 项，主要应用行业为农林牧渔业（85 项）。

（五）科技成果完成人员情况分析

青海省单个成果平均完成人为 12 名，全国为 7 名；青海省博士研究生占比 11.85%，全国为 16.50%；青海省硕士研究生占比 23.42%，全国为 31.29%；青海省本科生占比 57.47%，全国为 40.09%。近三年科技成果完成人员中，本科学历人员占比在 57%~59%，是科技成果研发的主力军。

从各学历层次人员的分布看，博士研究生主要分布于独立科研机构和大专院校（占 71.82%）；硕士研究生在独立科研机构、大专院校、企业、医疗机构中的分布基本相同；本科生主要分布于企业、医疗机构和其他事业单位，合计占比 76.47%。

六 形势与展望

（一）面临的形势

近年来，青海省科技成果登记的数量和质量稳步提升，促进了科技资源的积累、交流和共享，推动了科技成果转化应用，但仍然面临一些问题。一是科技成果质量有待提高，仍存在片面追求论文、评价水平的问题，高质量成果所占比例不高。二是全省各地区、各行业之间差距大，各市州登记成果数量差距大，科技成果产出多集中在第一产业，反映了各地区、各行业科技创新发展极不平衡。三是在科技成果转移转化方面，青海省的科技成果转化率不高，缺乏专业的科技成果转化指导机构和技术经纪人，"产学研"一体化不够深度融合，出现科研和生产"两张皮"困局，难以促进资源有效整合。

（二）工作展望

一是进一步提高科技成果评价及登记水平，在保证数量的基础上，以加强科技成果有效转化为目标，优化科技成果结构。二是积极跟进国家科技成果评价政策，在充分调研的基础上，结合青海实际，进一步健全完善科技成果评价体系，同步做好政策宣讲与培训。三是加强与科研院所、高校和技术市场的合作，不断加强优秀科技成果的筛选推介工作，探索构建科技成果转移转化体系，推动产学研合作，推动需求与技术精准对接，畅通科技成果向现实生产力转化的通道，有效促进科技合作和成果转化。

2021年青海科技人才发展报告

青海科技发展报告课题组*

摘　要： 2021 年，青海科技人才工作秉持人才数量和人才质量并重、引进和培育并举原则，从完善科技人才管理体制机制、优化科技人才队伍结构、提升科技人才创新能力、激发科技人才创新创业等方面入手，充分发挥人才在创新驱动发展战略中的引领作用，统筹推进科技人才队伍建设。2022 年青海省科技人才工作从加强创新平台建设、加大科研项目资助、拓展创新合作交流、深化体制机制改革、实施人才培养计划、优化人才发展环境六个方面入手，持续提高人才队伍建设成效。

关键词： 科技人才　引进　培养　青海省

2021 年，青海省科技部门以习近平新时代中国特色社会主义思想为指导，坚持党管人才原则，以全面落实创新驱动发展战略为主线，围绕生态文明高地和产业"四地"建设，通过实施各类人才计划，加大科技人才的引进培养力度，努力营造科技人才创新创业社会环境，科技人才队伍规模不断扩大，为青海经济社会发展和科技事业进步提供了有力的人才支撑。

---

* 课题组成员：姚长青、叶拴劳、吴玲娜、黄晓凤、颜有奎。

一 科技人才工作进展

（一）不断加强科技人才工作谋划

1. 强化组织领导

一是高度重视人才工作，形成"一把手"抓全盘、分管领导抓具体的长效机制，不断提高党管人才的政治站位和政治自觉。充分发挥科技部门人才工作领导小组作用，研究谋划科技人才重点任务，解决科技人才工作中存在的突出问题。二是根据《青海省人才工作领导小组 2021 年工作要点》，结合科技工作实际制订印发《青海省科学技术厅 2021 年科技人才工作要点》，明确责任分工，推动年度科技人才重点工作落实。

2. 推动科技人才发展规划编制工作

做好新一轮科技人才"十四五"发展规划编制准备工作。一是制订了《青海省"十四五"科技人才发展规划编制工作方案》，召开了科技人才工作创新发展情况调研座谈会，深入高校、企业、科研院所等单位调研，完成了《青海省"十四五"科技人才发展情况调研报告》撰写。二是组织成立由青海省科技信息研究所有限公司牵头、省内外专家共同参与的《青海省科技人才"十四五"规划》编制小组，已形成初稿并完成相关意见建议的征求修改工作。

（二）扎实推进科技人才体制机制改革

1. 完善科研管理制度

深入开展减轻科研人员负担、激发创新活力专项行动，印发《关于激发科技创新活力提升创新效能的若干措施》，修订《青海省重大科技专项管理办法》《青海省重点研发与转化计划管理办法》，进一步扩大科研经费"包干制"试点，精简近 1/4 的科研项目管理流程，预算填报表格减少50%，制定《青海省科技创新券管理办法》《青海省科技创新券使用绩效评估实施细则（试行）》，兑付 30 家科技服务机构创新券补贴奖金 528.8 万元，为认领使用企业降低近 50% 的研发成本，有效激发了科技企业创新活力。形成《青海省基础研究十年行动编制工作方案》，修订《青海省基础研究计划管理办法》《青海省重点实验室建设与运行管理办法》《青海省重点实验室评估管理办法》，把基础研究和应用基础研究及重点实验室建设摆在科技工作更加重要的位置。通过一系列政策措施的出台，不断优化科技创新生态环境，提升科技创新治理能力，激发科技人才创新创业活力。

2. 持续推进"放管服"改革

一是进一步推进科技经费"包干制"管理试点工作，在 2021 年省级科技计划"揭榜挂帅制"项目和"帅才科学家负责制"项目中试点经费管理"包干制"，赋予省内科研人员更大的财务支配权，配合省财政厅积极编制"包干制"经费管理办法。二是针对盐湖镁资源开发"卡脖子"技术难题，选取"盐湖老卤脱水制备无水氯化镁关键技术研究及应用"项目开展"揭榜挂帅"试点，安排财政科技资金支持 2000 万元，最终确定山东天力能源股份有限公司为中榜单位，项目已正式立项实施。

3. 改革科技人才评价制度

一是推进分类评价制度建设，发挥评价"指挥棒"作用。在人才计划选拔和评估中，探索建立分类评价指标体系，分从事基础研究人才、应用研究和技术开发人才、社会公益研究及科技管理服务和实验技术人才三类进行评价考核，避免"一把尺子量到底"。二是改革科技奖励制度。制订《青海省科学技术奖励办法》，采取提名制，设置科技奖权限，增设自然科学奖、创新发明奖，修改科学技术奖奖项设置，增加奖励数量，调节奖金标准，明晰政府部门和各委员会的职责，规范评审程序。

（三）创新培养模式引育科技人才

探索建立"项目+人才+平台"三合一的培养模式，创新多样化引才引智方式，坚持"走出去"与"引进来"相结合，推动国内外高层次人才向青海集聚。

1. 依托科技项目锻炼人才

进一步发挥科研项目在培养科技人才方面的作用，通过省级重大专项、重点研发、基础研究等科技计划项目支持，培养具有创新意识、创新能力的各类科技人才和团队。2021年组织实施新开科技计划项目300个，财政科技资金支持2.88亿元。一是实施青海省自然科学基金项目。2021年共资助入选青海学者、高端创新创业人才、学科带头人等高层次人才30人、青年人才48人、创新团队3个，财政科技资金支持1931万元。二是组织实施"西部之光"人才培养计划。组织征集推荐2021年度"西部之光"项目立项15个，财政科技资金支持160万元，重点支持西部优秀青年人才及其团队开展体现西部区域特色的科研工作。三是实施科技援青计划。结合科技援青工作需求，与省内科研团队协同破解青海生态环境保护、特色产业发展、民生福祉提升等方面科技问题。2021年共立项科技援青合作专项计划项目17个，财政科技资金支持1400万元，以项目为载体，柔性引进东部地区各类科研人才100余人。

2. 搭建创新平台凝聚人才

强化科技创新主体和载体建设，着力搭建各类科研平台，形成科技创新和成果产出的育才"土壤"。2021年支持科技创新平台32个，财政科技资金支持2230万元。新增科技型企业86家、省级工程技术研究中心2家、省级众创空间7家、省级科研科普基地6家、省级临床医学研究中心2家。新建联合实验室2家，新认定省重点实验室2家、省级重点实验室2家。通过为科技人才引进培养和施展才华搭建平台，集聚科研项目攻关人才，持续提升科技创新能力。

3. 加强国际合作吸引人才

敞开对外开放交流大门，开展高水平的合作研究，充分发挥国外科技资源优势，吸引外国高端专家学者服务青海经济社会发展。一是组织实施省级国际合作项目。与国外专家合作开展科学研究，推动合作共赢，2021年共立项11个，财政科技资金支持685万元。二是加强引进外国高端专家。邀请国外知名企业、著名高校的专家和学者，紧紧围绕青海省化工、能源等领域，开展技术指导、参与技术攻关和课题研究等活动，2021 年度，做好国家外国专家项目的申报推荐工作，实施高端外国专家项目 8 个，共资助经费 235 万元。实施省级外国专家项目（省级）资助项目 2 个，财政科技资金支持 70 万元。三是搭建合作交流联络"桥梁"。开展中韩合作交流政策宣讲活动，组织来自高校、科研机构、企业的 32 名科技工作者参加线上中日青年科技管理人员研讨会。不断推动青海与"一带一路"沿线国家的科技合作与人文交流。

（四）加大科技人才培养支持强度

1. 做好人才推荐选拔培训工作

一是组织实施国家级人才推荐工作，共完成 2 批 8 名青海省优秀科技人才参加国家级人才计划选拔。二是完成青海省高端创新创业人才青海省科技厅归口推荐单位的 64 名候选人推荐工作。三是为深入实施创新驱动发展战略，加快创新型省份建设，充分发挥国内各领域高层次专家在全省经济社会发展重大问题中的参谋作用，2021 年青海省新聘任 3 名科技顾问。四是实施科技部"三区"人才计划科技人员专项计划，争取中央财政专项经费 2204 万元。选派科技人员 1000 名，完成"三区"人才培训 8 期，培训达 513 人次。五是积极参加举办第二届"智汇三江源·助力新青海"人才项目洽谈会"项目+人才+平台"科技引才专场签约活动，组织科技创新平台 5 个、国内科技合作项目 10 个进行签约，通过联合共建科技创新平台、国内科研项目合作，柔性引进高层次科研人员 20 余人，借助省外人才智力、技术，着力突破一批制约青海省科技产业发展的关键核心技术。在人才项目洽谈会总结会议上，省委人才工作领导小组授予科技厅"突出贡献奖"。六是举办"唐卡在线设计及电商推广技术国际培训班"，完成尼泊尔、印度、斯里兰卡等南亚国家 20 名学员 20 天的在线培训。此次培训，加强了与南亚国家的合作与人文交流，对推动"一带一路"建设具有重要意义。七是联合青海国家高新技术产业开发区管委会，依托中国科学院大学，在北京举办了青海省"新时代促进高新区高质量发展"专题培训班。高新技术产业开发区、生物科技产业园区相关人员和企业负责人等 35 名管理人员参加培训。八是组织完成"青海省科技干部管理能力提升培训班",来自省、市州科技管理部门、企事业单位、科研院所、科技园区等单位 100 多人参加了线上线下的培训。

2. 突出高端科技人才支持保障

为认真贯彻习近平总书记关于"要有一批帅才型科学家,发挥有效整合科研资源作用"的重要指示,开展基于信任的科学家负责制改革试点,委托北京化工大学段雪院士作为项目负责人,联合西部矿业集团科技发展有限公司开展实施"镁基超稳矿化土壤修复材料产业化关键技术开发与示范"项目,签订了"帅才科学家"负责制项目合作协议,以经费"包干制"管理方式安排省级财政资助经费 1000 万元予以支持,依托"帅才科学家"开展新型镁基超稳矿化土壤修复材料研发,着力解决盐湖资源循环利用中的关键技术问题。

3. 加强对学科带头人的支持力度

一是印发《青海省科学技术厅关于开展 2021 年青海省自然科学与工程技术学科带头人考核评估工作的通知》,完成对青海省自然科学与工程技术学科带头人的全面评估。二是完成"昆仑英才·科技领军人才"自然科学与工程技术学科带头人 20 名拟入选人员的评选工作。三是在 2021 年出版资金项目中,对 13 名学科带头人给予支持,资助资金 95.5 万元。

(五)不断提升针对科技人才的服务水平

1. 初步建成科技人才数据库

现入库的青海学者、青海省高端创新创业人才、自然科学与工程技术学科带头人等高层次人才及"十二五"以来参与科研项目科技活动人员共 43354 人,省外专家 16329 人,国外专家 142 人。现阶段正在进行专家入库、专家信息补充和层次甄别等工作。

2. 初步搭建"科技人才管理信息系统服务平台"

以科技人才数据库为依托,平台集科技人才风采展示、人才政策宣传、通知发布、资讯动态、统计分析、申报管理等功能于一体，整合引才引智项目、外国人来华许可、国家及省级各类科技人才计划管理系统，为实现"统一窗口"对外、"一站式"服务、优化科技人才评审评价和管理流程奠定基础。

3. 切实落实外国人来华工作许可制度

简化办理流程，压缩办理时间，提供优质高效服务。成功推动外国人来华工作许可行政审批入驻西宁市民中心，实现外国人来华许可与居留许可"一窗通办，并联办理"。

（六）营造良好的创新社会环境

1. 分层分类做好联系服务专家工作

一是在科技工作者日，组织王舰、赵海兴、蔡金山等科技工作者代表认真学习习近平总书记在两院院士大会和中科协第十次全国代表大会上的重要讲话精神，进一步激发全省广大科技工作者投身新青海建设的积极性。二是组织召开党组成员联系厅系统专家座谈会，明确了5名厅党组成员每人联系服务2名厅系统专家人才，帮助科研人员协调解决实际困难。

2. 加强对专家人才的关心关爱

一是在"两节"期间，科技厅工作人员看望慰问了吴天一院士、"青海学者"代表和在青的5名高层次外籍专家，并向他们致以节日的问候和新春祝福。二是在"项目+人才+平台"科技引才专场签约活动中，邀请潘彤、杨其恩等来自省内外高校、科研院所、企业的5名高层次人才，从"项目+人才+平台"科技人才培养模式实施成效、对人才培养引进的支持力度和对科技人才工作的建议三个方面进行了面对面访谈，为青海省科技厅科技人才工作建言献策。三是以党史学习教育和庆祝建党100周年为契机，邀请科研院所、高校、医院、州地市科技局等专家代表参加青海省科学技术厅系统庆祝建党100周年"与党同庆一百载、共启辉煌新征程"文艺汇演，在展示科技工作者风采风貌的同时，拉近与专家的距离，着力聚集爱国奉献的各方面优秀人才，努力营造"尊重人才、尊重知识，崇尚科技、崇尚创新"的浓厚社会氛围。

3.加强科研诚信建设

印发《2021年青海省科技厅科技监督和评估工作计划》《关于压实省级科技计划任务承担单位科研作风学风和科研诚信主体责任的通知》，进一步营造诚实守信的科研氛围。

二 2022年科技人才重点工作

（一）加强创新平台建设

围绕全省经济社会发展重大需求，瞄准生态环保、特色产业等领域强化创新人才队伍建设，切实发挥国家重点实验室聚才作用，积极支持藏药新药开发、藏语智能信息处理及应用国家重点实验室、黄河上游生态保护和高质量发展重点实验室建设，加快推进先进储能技术国家重点实验室和牦牛国家技术创新中心筹建。

（二）加大科研项目资助

大力培养使用战略科学家，打造一大批一流科技领军人才和创新团队，造就规模宏大的青年科技人才队伍。鼓励支持科研人员积极参与重大专项和创新性基础研究等科技计划项目，扩大青海省自然科学基金青年项目、杰出青年项目支持规模，培养高层次、创新型青年学科带头人。

（三）拓展创新合作交流

推动国内外高层次人才向青海聚集，深入开展科技援青和东西部科技交流，进一步强化省院合作，高质量推进"西部之光"计划、科技援青计划。大力推进国际合作交流，主动融入"一带一路"建设，持续实施国际合作项目引才引智，不断探索离岸研发新模式，优化外国人来华工作许可办理流程。

（四）深化人才体制机制改革

持续开展减轻科研人员负担、激发创新活力专项行动，全面落实科技创新体系和人才政策措施，优化配置科技资源，开展"揭榜挂帅""赛马制""帅才科学家负责制"改革试点，扩大经费"包干制"试点范围。赋予科学家更大技术路线决定权、更大经费支配权、更大资源调度权。深化科研经费管理改革，落实让经费为人的创造性活动服务的理念，改革科研项目管理。加快建立以创新价值、能力、贡献为导向的人才评价体系，制订科技人才评价实施方案。

（五）实施各类人才计划

培养和造就一批高层次科技人才，将优秀科技人才推荐到国家人才队伍中去。做好国家级人才和省级各类人才计划的组织推荐工作。实施科技部"三区"人才计划、科技人员专项计划，打造"科技特派员工作站"和"科技小院"。借助"智汇三江源·助力新青海"人才项目洽谈会平台，持续开展"项目+人才+平台"科技引才专场签约活动，通过联合共建科技创新平台、国内科研项目合作，借助省外人才智力、技术，着力突破一批制约青海科技产业发展的关键核心技术。

（六）优化科技人才发展环境

加大对专家人才的关心关爱，开展厅领导干部联系服务厅系统专家人才工作，加强与专家人才的思想联系，做好服务保障。大力宣传先进典型，弘扬科学家精神，让对青海做出贡献的科技工作者得到社会充分认可和尊重。持续推动科研诚信体系建设，强化内控外防监督，以"零容忍"态度整治学术不端行为。

专 题 报 告

Special Reports

G.11
"十四五"青海科技创新主要
思路和重点任务报告

青海科技发展报告课题组*

摘　要： "十四五"时期，青海科技创新工作坚持以习近平新时代中国特
色社会主义思想为指导，坚持"四个面向"，以推动实现科技自
立自强为根本遵循，着眼青海省未来5年和面向2035年经济社
会及科技发展，立足青海区位优势和资源禀赋，对标创新型省份
建设目标，把握新一轮西部大开发战略、黄河流域生态保护和高
质量发展、兰西城市群建设和第二次青藏科考等重大国家战略，
以提升科技治理能力为核心，培育青海省战略科技力量，强化企
业创新主体地位，优化人才队伍建设，优化区域科技创新布局，
深化科技体制改革，推动科技创新战略布局积极融入国家和青海
省发展大局。

---

*　课题组成员：许淳、柏为民、马冠奎、李冰、张巍山、严进鹏、张发禛、赵润身、陈小焱。

关键词： "十四五"规划　科技创新　总体思路　目标任务　青海省

"十四五"期间，青海科技部门坚决贯彻习近平总书记关于科技创新的重要论述，认真落实习近平总书记对青海工作的重要讲话、重要指示批示精神，紧跟青海省委、省政府对科技工作的战略定位，以坚定创新自信为根本，以紧抓创新机遇为引擎，以勇攀科技高峰为目标，以形成核心竞争力为路径，以加快实现高水平科技自立自强为己任，坚持新发展方向，明确新发展路径，集中优化要素配置。立足高原、资源、能源特有资源禀赋和独特、不可复制的科研场景，充分发挥青海在服务和融入新发展格局中的比较优势，主动对接国家战略，聚焦高原科技目标，打造高原科技战略力量，为推动青海经济社会高质量发展贡献科技力量。

一　"十四五"青海科技创新发展思路和总体目标

（一）总体思路

"十四五"期间，青海省科技创新工作以习近平新时代中国特色社会主义思想为指导，深入贯彻党的十九大、十九届历次全会和二十大精神，统筹推进"五位一体"总体布局，协调推进"四个全面"战略布局，坚持党对科技工作的全面领导，坚持"四个面向"，立足新发展阶段、贯彻新发展理念、构建新发展格局、推动高质量发展，立足"三个最大"省情定位，聚焦"四个扎扎实实""三个坚定不移"和打造全国乃至国际生态文明高地、建设产业"四地"的重大要求，深入实施创新驱动发展战略，把科技创新摆在发展全局的核心位置，将科技自立自强作为发展的战略支撑，着力健全科技创新体系、着力加强创新基础能力、着力增强创新源头供给、着力提升产业技术创新水平、着力加快科技成果转化、着力推动创新人才队伍建设、着力扩大科技对外合作交流、着力激发全社会创造活力，为建设青藏高原科技创新高地、推动青海经济社会高质量发展提供科技支撑。

（二）2025年发展目标

到 2025 年，创新体系更加协同高效，全省创新能力得到大幅提升，创新支撑作用显著增强，创新创业环境更加优化，突破一批制约经济社会发展的重大技术瓶颈，资源综合利用效率与效益显著提高，产业基础能力和产业链现代化水平不断提升。在优势重点领域集聚一批科技创新领军人才，研发一批在国内有重要影响力的创新成果，一批特色产业进入价值链中高端，形成科技创新引领生态保护、推动高质量发展、创造高品质生活的新格局，构建特色优势区域创新体系，推动迈入创新型省份行列。

全省研究与试验发展经费（R&D）投入强度达到 1.0%，企业 R&D 经费支出占全社会 R&D 经费支出比重达到 70%，每万人口发明专利拥有量达到 4.4 件。科技创新支撑经济高质量发展的作用更加突出，规模以上工业企业中有研发活动的企业占比达到 20%。每万家企业法人中高新技术企业数达到 17.55 家，每万名就业人员中研发人员数达到 30 人，技术合同交易额突破 20 亿元。公民具备科学素质的比例力争达到 10%。大幅提升对外科技服务能力，建成国家级创新平台 65 个。

（三）2035年发展目标

到 2035 年，全省科技创新体系健全高效，创新人才结构和规模质量显著改善，创新要素流动更加顺畅，科技创新全方位开放格局基本形成，科技创新综合实力显著增强，引领绿色循环低碳发展水平和高质量发展能力全面提升，建成一批高端引领的科研机构、研究型大学和创新型企业，各具特色的区域创新体系基本形成，支撑区域发展动力实现根本转换，形成以绿色发展为导向的高质量发展模式，全面进入创新型省份行列。

二 持续深化科技创新体制机制改革

（一）加快转变政府科技管理职能

加快转变政府科技管理职能，坚持减负与激励相结合，巩固成果与拓展深化相结合，聚焦突出问题，完善"放管服"责任清单机制，对权责清单实行动态化管理。发挥科技管理信息系统的统筹和支撑服务作用，简化科研活动过程管理。赋予科学家更大技术路线决定权、更大经费支配权、更大资源调度权，推动建立健全责任制和军令状制度，确保各类科研项目取得实效。减少各类评估、检查、抽查、审计等活动，推进项目申报"绿色通道"和科研项目经费"包干制"改革试点，充分激发科技创新活力，提升创新效能。

（二）深化科技计划管理改革

围绕以企业出题、科研单位答卷的科技项目形成及组织实施机制，创新计划项目管理，试行定向委托、揭榜挂帅、赛马争先、帅才科学家负责制、悬赏激励制等新型项目组织模式。进一步引导激励各市州加大科技投入，试点部分科技计划下放评审权限。完善科技计划资金绩效管理，以项目创新质量和贡献为导向，建立覆盖科技计划全流程的绩效管理评价体系。

（三）完善科技评价制度

持续推进"三评"改革，加快建立以创新价值、能力、贡献为导向的科技人才评价体系，完善科技成果评价机制，落实科研单位评价改革主体责任。推动科研活动分类评价，基础研究以同行评议为主，推行代表作制度，探索长周期评价和国内同行评价，发挥科学共同体重要作用；应用研究以行业用户和社会评价为主，把新技术、新材料、新工艺、新产品等作为主要评价指标，关注潜在经济效益和社会效益；技术开发和产业化以用户评价、市场检验和第三方评价为主，突出企业主体作用，把技术交易合同金额、市场估值等作为主要评价指标。对科研事业单位实行长周期综合评价与年度监测抽查相结合的评价机制，建立基于绩效评价结果的支持机制。

（四）防范化解科技领域重大风险

加强对重点领域风险点的持续关注和预警，建立重大科技安全事件定期研判和应急处理机制。围绕产业发展重点领域，建立完善风险评估和应对机制，加快科技安全预警监测体系建设，加强社会公众科技风险意识培养。提高青海省创新体系整体效能，着力解决科技发展中存在的资源配置重复、科研力量分散、创新主体功能定位不清晰等科技运行风险，解决重大公益性科技安全问题，切实增强防范和化解科技领域重大风险的能力。

（五）构建科技大监督格局

完善决策、执行、监督、评估有效衔接的工作体系，构建科技大监督格局和责权清晰、纵横联动、闭环运行的监督体系，强化部门协同机制，完善决策、执行、监督、评估有效衔接，开展科技活动重大违规案件的联合调查、联合惩戒，推进科技活动全领域、全流程监督平台建设，推动不同主体监督结果的互通互认。

1. 转变政府科技管理职能

完善"放管服"责任清单机制，简化科研活动过程管理，赋予科研人员更大的自主权，推进项目申报"绿色通道"和科研项目经费"包干制"改革试点，提升创新整体效能。

2. 优化省级科技计划项目遴选方式

试行定向委托、揭榜挂帅、赛马争先、帅才科学家负责制、悬赏激励制等新型项目组织模式，面向全国组织具有高端创新能力和管理水平的科研队伍承担项目，授予科研人员更大的技术路线决定权、经费支配权和资源调度权。

3.完善科技评价制度

持续推进项目评审、人才评价、机构评估改革，加快建立以创新质量、贡献、绩效为导向的科技评价机制，推动科研活动分类评价，完善科技成果评价机制，落实科研单位评价改革主体责任，建立基于绩效评价结果的支持机制。

4.完善应急预警机制

建立重大科技安全事件定期研判和应急处理机制。建立完善风险评估和应对机制，加快科技安全预警监测体系建设。

三 科技支撑生态文明建设

（一）生态价值转化

大力推进绿色低碳科技创新，进一步摸清青海生态碳汇本底，加快青海生态潜力和生态产品价值转化相关研究，探索生态保护与生态固碳的融合机理，开展绿色低碳技术研发和推广示范应用，建立健全能够体现碳汇价值的生态保护补偿机制，提出基于青海贡献和比较优势的碳交易"青海方案"。加快实现生产生活方式绿色变革，积极参与全国碳汇市场建设，为青海在碳达峰碳中和方面先行先试做出科技贡献。

1.生态价值评价体系建设及关键技术

围绕典型生态系统厘清生态价值转化及生态产品清单，进一步明确可转化生态价值产品。建立生态价值评价体系与研发关键技术，形成生态价值评价技术包。

2.生态产品价值转化路径及关键技术

建立青海省生态价值动态监测模拟系统，创新大生态产业和关键技术，推进排污权、用能权、碳排放权等市场化交易科学本底数据监测，开展核算机制、交易价格形成机制、交易方法路径与碳汇产品绿色金融创新研究，建立生态资产评估和生态补偿长效机制，打造科技示范基地。

3. 青藏高原陆地生态系统碳循环机理研究

厘清陆地生态系统碳循环的源-汇关系、转换机理，研究陆地生态系统固碳潜力，探索生态保护与生态固碳的深度融合机理。

4. 基于物质循环的固碳途径及关键技术

分析全省各地区水、土壤、光热、林草等资源储量，评估各项资源对植被、土壤、冰川、冻土等固碳的约束性，明确基于生态物质循环及适配关系的固碳潜力，研发维系和提升固碳功能的调控技术。

（二）国家公园建设

开展国家公园、重点生态功能区环境保护、修复建设关键技术与集成模式研究，加快构建以国家公园为主体、自然保护区为基础、各类自然公园为补充的自然保护地体系，守护好自然生态，保育好自然资源，维护好生物多样性，支撑国家公园示范省建设，科技创新助力打造青海生态文明新高地。

1. 国家公园原真性和完整性维持的关键技术

基于山水林田湖草沙冰生命共同体理念，研发生态系统演变规律和生物多样性保育及栖息地修复技术，推动建立青海省生物物种资源数据库系统，加强对生物基因库的监管。重点开展三江源、祁连山、青海湖、昆仑山等国家公园承载力及区域适宜的生态调控技术研究和综合治理示范。

2. 国家公园全息展示服务平台建设与示范

应用高分遥感及北斗定位、物联网等技术，构建生态环境监测大数据分析与决策支持一体化平台，建立国家公园全息展示示范平台。

3. 重点生态功能区保护、修复与建设关键技术

针对不同生态系统功能定位，开展重点生态功能区生物资源可持续利用、草畜动态平衡测算、生态系统保护与修复、矿山生态恢复等关键技术研究与集成示范。

4. 气候变化影响评估及应对策略研究

开展青海气候变化规律及其对国家公园生物多样性时空演化影响分析，

构建气候变化对重点领域、重大工程的风险预警体系，提出规避气候变化风险的应对策略。

（三）黄河流域生态保护和高质量发展

对接黄河流域生态保护和高质量发展战略，布局创新平台，开展对黄河源头、青藏高原生态环境等重大问题研究、科学试验和技术攻关，抓好源头保护及流域治理，促进文化保护和传承，推动流域水资源节约集约高效利用。

1. 黄河源区水源涵养功能提升与水土流失综合治理技术

研究主要生态系统水力侵蚀、冻融侵蚀驱动力与水源涵养功能的机制。探索生态过程与水源涵养功能的关系，研发水源涵养提升与水土流失治理关键技术。

2. 国家可持续发展议程创新示范区建设

聚焦海南藏族自治州生态保护与治理、生态畜牧业、清洁能源利用、高原生态文化旅游等领域开展科技攻关，加强技术创新集成，促进技术转移转化和推广应用，探索科技创新与社会事业融合发展新机制，为生态环境保护和可持续发展提供示范样板和典型经验。

3. 文化资源数字化关键技术与应用

挖掘特色黄河文化资源，建设民族文化数字化基因库多端协调平台，打造特色文化资源素材库。构建民族文化数字化在线智能交互服务平台，开发具有青海特色的文创产品。

（四）水资源保护与利用

履行"三江之源""中华水塔"和国家重要水源地的青海责任，加强水环境、水生态治理与修复、流域生态系统良性循环以及水资源高效节约利用技术研究，探索以生态优先、绿色发展为导向的发展新路子。

1. 江河径流变化及演变规律研究

在全球气候变化大背景下，开展江湖源区水源涵养河湖演变机理、植被水源涵养机制、冻土冰川演化机制等对环境影响重大的科学问题研究，建立科学数据模型，探寻演化规律。

2. 流域生态系统良性循环关键技术

围绕水源地、湿地保护、水旱灾害防御、水源涵养能力提升，开展河湖水旱灾害评估与预警、生态功能区水资源耦合机理、冻土与河湖的响应等方面的研究，逐步建立特色鲜明的高寒干旱区生态保护水科学研究平台。

3. 水环境、水生态治理与修复关键技术

开展主要流域水土流失防治、水生态防治技术、特种行业污水处理技术、屠宰污水处理技术、矿山修复的水土保持技术、高寒牧区小型污水处理技术等的研发与示范。

4. 水资源高效节约利用技术研究

开展基于生态用水的社会经济水资源承载力、生态用水的水资源均衡配置技术、水相关生态补偿及水权研究，加快流域生态调水等重大水利工程科技瓶颈与安全控制技术攻关。开展高耗水工业低成本、低能耗水资源替代技术，盐湖等工业行业清洁生产过程节水技术，以及生物节水、精准灌溉、城镇节水、中水回用、城市绿化节水等技术和装备的研发与示范，形成以生态保护为核心"水资源–环境–生态–经济"一体化核算技术体系。

四　推动重点产业领域关键环节技术创新

（一）盐湖资源高值化利用

突破盐湖资源开采、综合利用等关键技术，推动全产业链一体化设计和可持续利用，开展跨界融合关键技术研究示范，建设数字盐湖、智慧盐湖，提高盐湖资源综合利用水平，为打造世界级盐湖产业基地提供科技支撑。

1. 盐湖资源高效利用关键技术

研发盐湖低品位固体矿固液转化效率提升多要素耦合关键技术，杂卤石等资源的综合利用及低品位含钾尾盐资源综合利用关键技术，提高钾肥生产过程回收率、钾盐产品深加工技术，溴、铷、钠、硼、锶等其他元素的提取和综合利用技术。

2. 盐湖镁资源多元化高值利用关键技术

开展盐湖电解金属镁关键技术，氯化镁脱水技术，镁基功能材料、镁基能源材料产业化关键技术，镁系建筑材料关键技术，高附加值镁合金及其复合材料的制备与使用相关研究，实现盐湖镁装置全面稳定生产及镁产品工艺优化中试。

3. 盐湖跨界融合关键技术

围绕盐湖化工产业与能源化工、有色冶金深度融合的工艺技术，依托甲醇、烯烃等大宗产品，研发"氯平衡"的新路径。

4. 盐湖智能化生产关键技术

开发盐田开采、加工、监测智能化系统，研究基于数据采集监测与增值服务一体化、多产业绿色循环发展的模式，创建智能化盐湖产品生产管控平台。

（二）清洁能源高效开发

依托青海绿电资源优势，开展多能互补、智能电网、储能、可再生能源与氢能集成利用的关键技术研究，加快智能光伏产业创新升级和特色应用，加快构建清洁低碳安全高效的能源体系，打造国家清洁能源产业高地。

1. 基于绿色能源生产的碳减排评估

分析评价全省各地区能源结构与清洁能源利用潜力，对利用清洁能源生产的碳足迹进行评估，提出基于多能互补开发利用的减排技术和路径，开展熔盐储能供热和发电示范应用。

2. 智能电网关键技术

突破青海特高压直流外送中新能源大规模接入的关键技术，研究分布式能源综合利用、智能电网多信息融合自愈、电力信息与控制等关键技术，实现可再生能源发电大规模并网和消纳。

3. 光伏、光热、地热、储能等关键技术

开展青海光伏、光热、地热及风力发电关键技术研究，推进光伏发电多元布局，进行风、光、水等多能互补及多种储能技术集成应用研究，进一步完善可再生能源电力消纳保障机制。开展干热岩资源开采、评价及应用技术研究。

4. 可再生能源与氢能集成利用技术

利用太阳能、风能等可再生能源，加快可再生能源储能、碳减排、低成本制氢、储氢等集成技术研发和示范，开展零碳社区和低碳交通的可再生能源与氢能集成供能示范。

（三）新材料研发与应用

开展硅基、铝基、镁基、碳基等先进材料制备关键技术研发，实现新材料产业集群化、高端化发展。

1. 硅基材料关键技术

开展电子级多晶硅、高效晶硅电池材料及半导体用硅基特气制备技术研究。

2. 铝基材料关键技术

开展透明陶瓷用高纯纳米氧化铝粉体、金属抛光液制备等技术研究。

3. 碳基材料关键技术

开展高性能碳纤维制备技术研究。

4. 镁钛铜等合金材料关键技术

开展高铁用下一代镁合金、高性能镁合金压铸件、钛合金及钛合金塑性成形部件、动力锂离子电池用电解铜箔、特殊用途钢产品生产等关键技术研究。

（四）锂资源开发与产品制备

开发与提升高镁锂比卤水锂高效绿色分离提取技术、锂电配套产品智能制造关键技术、高端锂产品制备关键工艺技术、全固态锂电池关键技术与工

艺、废旧锂电池回收再利用关键技术与工艺，支撑锂产业基地建设。

1. 锂资源精深加工利用关键技术

研发高镁锂比盐湖卤水制取电池级锂盐产品，攻克高纯氯化锂、氢氧化锂等的产业化瓶颈技术，提高锂综合回收率；开展锂储能材料、金属锂及锂基合金材料制备技术研发，布局废旧锂电池回收利用技术研究。

2. 锂基材料关键技术

开发全固态锂电池材料、新型锂电池材料等技术以及高能量密度锂电池技术，开发高价值锂资源产品。

（五）数字经济融合应用

促进云计算、大数据、物联网、区块链、人工智能等新一代信息技术与实体经济深度融合应用，推动高端装备制造、智能生产制造、智慧城市建设、数字文化等领域发展。依托青海省能源资源优势，布局发展大数据产业，面向全国提供数据存储、大数据分析计算、数据挖掘等"一站式"服务，加快青海省工业互联网平台建设，助推"数字青海"建设。

1. 高端装备制造关键技术研发

加强新兴产业关键装备、增材制造、再制造、工业机器人、高端数控机床与基础制造装备、绿色能源装备、资源循环利用装备等核心技术攻关，推进装备制造数字化设计技术、智能化绿色制造技术应用。构建重点行业、重点企业设备维护技术服务平台，研究基于大数据分析的设备维护和管理的智能物联网技术。

2. 智能生产制造关键技术与应用

重点开展装备远程智能运行监测系统研发及应用、数字化车间关键技术及应用示范、离散型生产车间智能仓储与智能物流系统研发与应用示范，推广绿色制造工艺，构建工业互联网生态与安全保障技术体系。

3. 面向社会管理的大数据决策关键技术及平台

构建基于大数据的关键基础设施监管系统和基于区块链技术的共享储能平台，开展基于人工智能在智能家居、智能安防中的集成应用示范，推广根镜像服务器和国际互联网专用通道应用，开展青海省重大自然灾害防范技术研发与集成平台建设示范。

4. 科技大数据中心建设应用与示范

整合多源异构科技数据，构建多目标科技主题资源数据库，实现以大数据技术为支撑的可视化展示、辅助决策分析、动态监测及数据价值挖掘的科技大数据中心，利用分布式云存储、高性能计算、恢复控制技术在青海省建立高原灾备数据中心。

（六）生物及中藏药技术研发

重点围绕生物资源、生物农业、生物医药、生物环保等领域，建设共性生物技术创新平台，构建生物资源功能评价及应用转化技术创新体系，开展中藏药产业创新发展和特色生物产业升级关键技术集成与创新研究，促进特色生物产业结构优化及提质增效。

1. 特色生物产业升级关键技术

重点开展枸杞、沙棘、白刺、藜麦等特色生物资源功能活性成分的协同功效及稳定性保持技术研究，特色生物产品加工特性、物性学、加工适应性研究及专用设备研发，新食品原料准入标准、特殊医学用途配方食品及保健食品研发，建立和完善特色生物资源产品质量溯源控制技术体系。

2. 生物技术转化与应用

推进微生物资源开发和工业化利用，筛选和改造选矿微生物，开展废弃物生物处置及资源化利用关键技术与装备研发。加快高原特色生物资源数据库建设，开展人工智能与生物医药信息技术在疾病诊断、药物筛选和医疗中的应用。

3. 特色生物产业技术服务平台建设

围绕特色生物资源产业化瓶颈，开展中藏药公共检测服务平台、保健食品（功能性食品）功效评价平台和功能性成分检验检测平台、特色生物资源食品研发平台等平台体系建设，食品新资源、特殊医学用途配方食品及加工专用设备研发，地方及行业标准制订。

4. 中藏药产业创新发展关键技术

围绕中藏药产业创新升级关键技术问题，开展冬虫夏草、大黄、蒂达等地产汉藏药材原生地抚育、种质资源保护及道地性溯源技术研究与集成示范。研发集成中藏药全产业链整体质量控制技术、绿色智能制造技术，开展中藏药安全性、有效性、可及性评价及新药创制。

（七）现代种业和农业高效生产

以特色农牧业优质高产和提质增效为目标，重点开展农作物种质资源和畜禽水产遗传资源保护与利用、育种技术、新品种选育及改良技术研究，加快商业化育种体系建设，创制重大品种。强化共性关键技术研发和配套技术集成示范，开展高效绿色种植养殖技术、病虫害及疫病防控技术、智能农机和现代畜牧业新型装备等研发，提升青海省特色农牧业科技创新能力和水平，全面服务绿色有机农畜产品输出地建设，科技支撑乡村振兴。

1. 农作物种质资源和畜禽遗传资源保护与利用

依托青海省春油菜、马铃薯、青稞、牧草等农作物和牦牛、藏羊、八眉猪、海东鸡等畜禽水产遗传资源，开展种质资源收集、遗传力评估、全基因组选择、候选基因与经济性状的关联性分析评价、特有遗传性状保护及利用等相关研究，为做大做强具有地方特色的现代种业发展提供科技源头供给。

2. 育种技术研究及创新

围绕青海省农作物、设施农牧业、生态畜牧业等方向，开展具有优质、高效、多抗等农作物及畜禽新品种（品系）创制的育种新技术、新方法研究集成和种质创新。重点开展特色农作物和畜禽遗传资源挖掘、优质高效新品种（品系）培育、育种材料创制、分子生物育种技术研发与应用等。

3. 新品种选育及商业化育种体系建设

开展春油菜、马铃薯、青稞、牧草等具有较好育种及种业市场基础的农业品种选育及改良，支持优质、高效、多抗、多功能的农作物新品种选育开发。开展牦牛、藏羊、八眉猪、海东鸡等特色畜禽品种选育及改良。建设立足青海面向全国的商业化育种体系，支持优势种业企业开展标准化种子

（种苗、畜禽、鱼苗）生产流程、规范化评价和成果转化模式创新方面的研发活动。开展种子生产、收储、加工、检测及种畜禽生产性能测定、后裔测定等相关新技术的研究与成果转化。支持育、繁、推一体化种业创新示范。

4. 绿色有机农产品生产技术创新与示范

围绕青海省主要大田作物、设施农业等提质增效和绿色生产体系创新，开展高质量农产品生产关键技术集成示范、生物有机肥料研制、病虫草害绿色防控技术应用、高效栽培等创新行动，建立产出高效、产品安全、资源节约、环境友好的现代农业发展模式示范。

5. 绿色有机畜产品生产技术创新与示范

针对青海省畜牧业发展中养殖效率、疫病防控、废弃物处理等方面存在的突出问题，从畜禽、水产营养标准与环境友好型饲料开发、牦牛藏羊专用饲料和科学配比饲喂技术、重大传染性疫病和寄生虫病防控、草地生产力提升、养殖废弃物处理等方面，开展天然草地提质增效，无抗养殖关键技术和产品研发，重大传染病、寄生虫病、人畜共患病防控疫苗及新型兽药开发，引领青海省生态畜牧业高质量发展。

6. 智能农机装备研发与应用

针对青海省农牧业生产中面临的劳动力不足、生产标准化程度低等问题，开展适宜青海省特殊环境下的种养殖及加工装备技术攻关，实现从机械化和自动化到以信息技术为核心的高效化、智能化、绿色化发展，为提高劳动生产率、资源利用率提供重要支撑。

7. 生态农牧业智慧服务关键技术

研究开发高原生态农牧业数据的多源汇聚和深度融合关键技术，开发生态农牧业技术服务平台，集成高原生态农牧业生产要素和市场数据，建立全产业链生产智慧决策模型和可追溯系统，实现高原生态农牧业生产、加工和销售全产业链的智能感知、智能预警、智能决策、智能分析，形成绿色有机农畜产品输出技术保障体系。

（八）绿色有机农畜产品精深加工

推进高原农畜产品多元化开发、多层次利用、多环节增值，以标准化促进绿色有机农畜产品生产及加工，开展现代农畜产品加工技术研发和转化，实现农畜产品综合利用，促进一、二、三产业深度融合。

1. 特色农畜产品储运和保鲜技术

主要围绕延长保鲜期和货架期，开展青海特色农畜产品贮运保鲜过程中的品质变化规律和调控技术研究，集成农畜产品贮运保鲜工艺、冷链装备应用、物流及溯源信息技术，制订相应的技术标准。

2. 特色农畜产品二次加工技术

针对青海省农畜产品加工企业共性技术需求，采用化学加工、生物加工等方式方法，开发新产品、建立新标准，引进、研发适于青海省农畜产品加工储运的相关技术装备，提升加工业标准化、自动化水平，解决农畜产品附加值不高、食用便利性不强的现实问题，实现从初级产品向高附加值产品转化。

3. 农畜产品加工副产品和废弃物资源化利用

以农畜产品加工副产物资源化利用为目标，从节约资源、保护环境入手，采用先进提取、分离和制备技术，开展农畜加工副产品和废弃物资源化利用相关技术研发与成果转化，挖掘农产品及果蔬加工副产品、畜禽水产品加工副产品再生价值，实现加工副产品和废弃物梯次、循环、全值利用。

五　布局重大科技创新平台建设

（一）推动创新平台建设

进一步明确省级科技创新平台的功能定位，推进现有省级重点实验室、工程技术研究中心、临床医学研究中心、科技基础条件平台等创新平台建设，按照科学与工程研究、技术创新与成果转化、基础支撑与条件保障进行优化整合，初步形成布局合理、定位清晰、管理科学、开放共享、动态调整的省级科技创新平台建设发展体系。以建设国家级创新平台为目标，重点围绕冷湖天文观测、大气本底基准观测、盐湖资源综合利用、先进储能技术、高原医学、特色生物资源开发、高原种质资源、科技文化融合等重点领域，依托高原自然资源优势开展新型科技创新平台建设，积极融入黄河国家实验室建设，建立覆盖重点领域的科技创新平台体系。力争打造 8～10 个具有示范和带动作用的国家级创新平台，形成服务国家战略的青海科技力量。

（二）加快建设新型研发机构

调动好高校和企业两方面积极性，引导企业联合高等学校、科研院所和创新团队，立足优势产业，按照市场化机制建设一批具有高原特色和行业优势的产业技术研究院、创新联合体等新型研发机构；探索多样化发展模式，鼓励新型研发机构共建单位通过委托研发、技术许可、技术入股等形式开展合作，推动新型研发机构围绕产业发展技术需求，面向经济主战场，开展研究开发、成果应用与推广、标准研究与制订等，破解产业发展中的技术瓶颈，引领产业技术发展方向，实现产学研用深度融合。

（三）推动园区高质量发展

发挥高新区高质量发展引领作用。依托高新区资源，搭建创新平台，发展一批产学研用深度融合的新兴业态，推动产业集群向创新集群跃升；加快培育建设海东、海西、格尔木等省级高新区。提升农业科技园区发展水平。发挥农业科技园区在推进农牧业科技成果转化、农牧业新兴产业培育、现代农牧业管理模式创新等方面的示范引领作用，整合优化农牧业科技创新资源，助力打造绿色有机农畜产品输出地；整合现有资源，进一步做强做优现有农业科技园区，开展国家和省级农业科技园区提质增效行动，创建国家农业高新技术产业示范区。推动大学科技园科教产融通创新。鼓励大学科技园搭建校企联合实验室、产业技术研究院、协同创新中心等新型研发机构。支持国家大学科技园建立专业化技术转移机构，服务高等学校师生到大学科技园创新创业，推动大学科技园成为科技人员创新创业的重要载体和校企资源融合共享的汇聚平台。

（四）布局建设重大科学基础设施

聚焦国家重大基础科学研究需求，发挥青海省自然资源和应用场景优势，推进光学天文台址、射电多波段台址遴选和建设，打造世界级天文观测基地；继续推进青藏高原人类遗传资源样本库建设，为青藏高原人类资源的保护、管控和研究提供核心战略资源支持；推进三江源草地生态系统综合研究站、野外综合科考基地等科学基础设施建设；优化布局种质资源库、科学大数据中心等国家重大科学基础设施。

1. 推动新型研发机构发展模式创新

探索多样化发展模式，鼓励新型研发机构共建单位通过委托研发、技术许可、技术入股等形式开展合作，破解产业发展中的技术瓶颈，引领产业技术发展方向，实现产学研用深度融合。

2. 发挥高新区高质量发展引领作用

聚集高新区创新要素，发展一批产学研用深度融合的新兴业态；加快培育建设海东、海西、格尔木等省级高新区。

3. 提升农业科技园区发展水平

引导省级农业科技园区助力打造绿色有机农畜产品输出地；做强做优现有农业科技园区，推进创建国家农业高新技术产业示范区。

4. 推动大学科技园科教产融通创新

依托大学科技园组建新型研发机构；进一步优化高等学校创新资源共享机制，推动科技成果转化；鼓励国家大学科技园建立专业化技术转移机构。

5. 加快冷湖天文观测基地建设

开展 MASS、声雷达、高精度气象探空等多种大气廓线测量手段研究；不同波段分光光度设备对全光学波段大气消光和气辉测量监测技术研究；开展冷湖天文观测台址的视宁度、沙尘监测、风向风速监测等研究；开展台址的天文观测条件综合分析；建设宽视场巡天望远镜（MUST）等天文大科学装置。

6. 强化青藏高原综合科考服务平台和野外综合科考基地建设

依托第二次青藏高原综合科学考察研究,围绕面向河源冰川-湖泊自然公园、江源冰冻圈-水-草地等生态体系,在三江源地区建设集服务保障、野外观测、科学研究、成果展示、科普教育于一体的野外综合科考基地,全方位、全过程为第二次青藏高原综合科考提供服务和支撑,推动第二次青藏科考成果在青海省转化应用。

7. 推动国家牦牛技术创新中心建设

围绕青藏高原牦牛产业绿色发展,建设具备现代科技水平,产学研紧密联合,开放性、国际化的高水平牦牛大型科研平台。加强研发中心、野外科研实验基地等科研基础设施及其保障设施的建设,打造国家牦牛技术创新的研发高地,技术集成应用与推广示范的核心基地。

8. 推动高原生物技术创新转化中心建设

以建设高原生物种质资源库为基础,围绕冬虫夏草、沙棘、白刺等特色生物资源深度挖掘、精深加工、产业提质增效、产业链条延伸,集聚省内外科研力量和创新资源,强化关键技术攻关、高附加值产品研发的基础设施建设。

六　稳步开展基础研究

主动融入国家基础研究十年行动,聚焦生态环保、新能源、新材料、生命健康核心领域基础研究重点方向,促进基础研究与经济社会发展需求紧密结合,不断提高原始创新能力。鼓励自由探索和目标导向相结合,集中力量突破重点研究方向上的关键科学问题,增强青海省科技储备和原始创新能力。发挥省政府与国家自然科学基金委联合基金作用,为青海省生态文明建设和盐湖资源综合利用提供科技支撑。

加强基础研究,围绕青海省传统优势产业改造提升和战略性新兴产业培育核心技术,超前部署一批具有战略性、前沿性的应用基础研究重大项目。

七 科技保障民生创造高品质生活

（一）卫生与健康科技创新

面向人民生命健康，优化临床医学研究中心的布局，建设高原医学研究中心，提升重大疾病防控能力，建设健康医疗大数据库，搭建公共卫生与健康科研攻关创新体系。开展高原病、地方病、重大慢性疾病和突发传染病等防控与诊疗技术研究，加强中藏医药、人口老龄化、残障康复技术和心理健康研究，为健康青海建设提供技术支撑。

1. 高原医学研究中心建设

重点围绕高原基础医学、急慢性高原病、包虫病、非传染性疾病和常见多发疾病，完善省级临床医学研究中心布局，推进省部共建临床医学研究中心和高原转化医学中心建设。利用青海省人类遗传资源样本库、病例库和健康信息库，依托省级临床研究中心平台，推动相关诊疗方案制订、新药及器械的评价与研发、精准医疗、生物与健康服务、中藏医药、康复医学等领域创新发展，提升全省临床医学诊疗能力和防治水平。

2. 高原病、地方病、重大慢性疾病和突发传染病等防控与诊疗技术

研究高原病发生发展机制与规律，制订防治措施和方案。研发引进重大慢性非传染性疾病先进诊疗技术和设备。开展地方病早期预警、诊断与治疗的科学评价与技术规范研究，建立防治技术转化示范点并逐步推广应用。加强输入及新突发传染病防控技术与措施研究。

3. 民族医药传承与创新

围绕心脑血管、肝病、肾病等重点疾病，加强名医名家名科的学术传承和名术名方名药的挖掘保护，推动藏医药浴、蒙医蒙方等传统疗法技艺发展。加强中藏医药特色康复能力建设，制订和推广一批针对心脑血管疾病、糖尿病等慢性病的中藏医康复方案。开发一批基于中藏医理论的诊疗仪器与设备。

4. 人口老龄化、残障康复技术和心理健康研究

提高医疗康复技术水平，加强老年医学研究。针对全省残疾人现状和康复资源分布情况，推广运用综合现代康复治疗技术，引进先进的智能康复设备，提高智能康复技术水平。开展心理疾病早期干预和诊治技术研发与示范。

（二）民生科技保障

开展绿色建筑、建筑工业化、农牧区民居建设及综合用能体系、人居环境改善关键技术、智慧城市建设、科技文旅深度融合研究，为青海省实现规模化、高效益和可持续发展提供技术支撑。坚持总体国家安全观，围绕智慧司法、社会安全、市域治理、防灾减灾等领域，推动政法全业务智能协同发展，提升防范化解重大系统性风险能力，推动建设更高水平平安青海。

1. 人居环境改善关键技术

围绕高原美丽城镇建设和城乡建设领域"碳达峰碳中和"目标要求及关键技术需求，开展专项科技研究，促进绿色建筑、装配式建筑技术推广应用，进行城镇建筑低成本供能、节能保暖适宜技术示范。推动工业节能减排与污染物治理、生活垃圾处理及资源化利用技术装备研发与示范，开展智慧社区建设关键技术应用，促进高原地区人居环境改善。研究提出重大自然灾害风险评估模型、方法和技术。

2. "科技+文旅"深度融合

聚焦非物质文化遗产保护与传承，推进高原历史文化遗产的数字化保护与活化技术研究，开展智慧博物馆建设、传统村落和重点文物保护关键技术研发和示范，开展公共文化服务装备研发及应用示范。

3. 科技支撑乡村振兴战略

围绕实施乡村振兴战略，开展青绣、唐卡等乡村特色产业发展关键技术示范，推广乡村节能民居和污染物处理先进技术示范，加强基层科技传播信息化技术应用。

4.科技助力平安青海建设

开展政法全业务协同大数据治理、社会安全等关键技术和装备研究示范，开展灾害监测预警、风险防控、救援等技术研究与装备引进示范。

八 "十四五"科技创新工作保障举措

（一）统筹推进"十四五"规划实施

建立省级各行政管理部门之间、省与市州之间工作会商制度和协调机制，形成《青海省"十四五"科技创新规划》实施的强大合力与制度保障。各级政府要落实创新驱动发展的主体责任，强化本地区科技管理服务职能，强化规划意识，提高规划实施水平。相关部门在制订科技计划、部署科技重大项目及政策措施时，要对任务与规划的相符性进行审查。加强相关规划间的有机衔接，计划与规划的有效对接，体现规划对未来五年青海省科技发展的指引作用，统筹规划整体性和协调性，确保规划任务有序推进和目标落实。

（二）强化科技创新政策落实

修订《青海省科学技术进步条例》《青海省科学技术普及条例》等地方性法规，落实好《关于进一步激发创新活力提升创新效能的若干政策措施》等相关激励创新政策，研究制订科研自主权、优化人才评价机制、健全体制机制建设等政策法规。强化各级各类科技创新政策落实，推动科研机构加快制订、修订本单位具体实施细则，切实将科技成果转化、科研项目资金管理等政策落实到位。强化科技法律法规和创新政策的宣传普及。建立科技政策落实督查机制，开展动态跟踪，强化督查问效。加强创新政策措施的衔接配套力度，不断优化社会创新环境。

（三）持续加大科技创新投入

建立多元化、多渠道的科技投入体系，结合规划目标要求和重点任务优化投入结构。通过调整优化支出结构和盘活财政资金存量，建立普惠性支持和竞争性支持的协调投入机制。促进科技资源向优势领域集中，逐步减少财政补贴等直接投入，将财政投入的重点放在战略性科技任务和创新环境培育方面。充分发挥财政资金引导、放大和激励作用，引导社会资本流入科技创新领域。加大科技服务体系方面的投入，重点培育各类专业化科技服务中介组织，通过服务采购、融资优惠等多种手段，着力完善"政产学研金"结合的创新环境。建立面向重大突发事件科技攻关的快速高效应急支持机制，研究设立科技应急专项资金。

（四）开展"十四五"规划实施监测评估

发挥《青海省"十四五"科技创新规划》的引领指导作用，对照规划目标和任务建立符合性审查机制，重点任务、项目、举措要与规划内容对标审查。建立健全规划实施情况的动态监测、绩效评估和监督机制，对规划任务完成情况和实施效果进行阶段性考核，及时进行跟踪督导。加强与公众的交流与沟通，建立必要的公示制度和公众参与制度，定期公布评估报告。建立动态调整机制，根据科学技术的新进展和社会需求的新变化，适时对规划做出相应调整。

2021年青海科技计划与重大
科技项目评价报告

青海科技发展报告课题组 *

摘　要： 2021年，青海省科技部门按照青海省"十四五"科技创新规划的新任务、新目标，不断加大科技创新工作力度，重点围绕打造生态文明高地和建设产业"四地"重大要求，精心组织重大科技专项、重点研发与转化计划、基础研究计划、创新平台建设专项等各类科技计划项目。全年共安排省级财政科技专项资金5.22亿元，组织实施各类新开科技计划项目399个，为建设青藏高原科技创新高地、推动青海经济社会高质量发展提供科技支撑。

关键词： 科技计划　重大科技项目　产业技术体系　青海省

2021年，青海省科技部门围绕重大科技专项、重点研发与转化计划、基础研究计划、创新平台建设专项等部署新开科技计划项目399个，以创新型省份建设为目标，在助力生态文明高地和产业"四地"建设、重大科技创新工程和重大科技行动推进、科技体制机制改革等领域取得了积极进展。

一　2021年青海科技计划项目资助强度

为切实推进具有青海特色优势的区域创新体系建设，加快步入创新型省

---

* 课题组成员：许淳、柏为民、张巍山、李琴、马冠奎、严进鹏、赵润身。

份行列的步伐，结合《青海省"十四五"科技创新规划》重点任务部署，制定了《2021年青海省科技计划项目申报指南》（以下简称《指南》），明确2021年科技计划重点支持方向。按照《指南》确定的重点方向，结合重大科技专项、重点研发与转化计划、基础研究计划、创新平台建设专项和其他计划等进行不同定位。

2021年安排科技总投入共计91345.42万元，集中力量攻克制约青海经济社会发展的重要科技问题。2021年科技项目计划由重大科技专项、重点研发与转化计划、基础研究计划、创新平台建设专项、其他五部分组成。以下将分别从项目经费资助强度、项目分布、重点技术体系及创新载体等不同维度，对2021年省级科技计划项目部署情况进行分析。

（一）项目资助经费概况分析

2021年青海省新开科技计划项目总计399个。其中，重大科技专项项目8个，拟资助经费8300万元，2021年资助经费3240万元，总科技投入16400万元；重点研发与转化计划项目122个，拟资助经费15755万元，2021年资助经费6830万元，总科技投入39409.3万元；基础研究计划项目171个，拟资助经费6981万元，2021年资助经费6621万元，总科技投入9591万元；创新平台建设专项项目44个，拟资助经费5545.2万元，2021年资助经费5545.2万元，总科技投入5932万元；其他计划项目54个，拟资助经费15573.12万元，2021年资助经费13973.12万元，总科技投入20013.12万元（见表1）。

表1 2021年青海省科技计划各计划类别项目经费安排情况

计划类别	项目数（个）	总科技投入（万元）	拟资助（万元）	2021年资助（万元）
重大科技专项	8	16400	8300	3240
重点研发与转化计划	122	39409.3	15755	6830
基础研究计划	171	9591	6981	6621
创新平台建设专项	44	5932	5545.2	5545.2
其他	54	20013.12	15573.12	13973.12
总计	399	91345.42	52154.32	36209.32

资料来源：青海省科学技术厅。下同。

2021年青海省科技计划项目中，基础研究计划项目数高于其他计划类别，占2021年新开项目总数的42.86%，其平均资助强度低于其他计划类别。重大科技专项项目数较少，资助强度高于其他计划类别。重点研发与转化计划项目数和资助强度、带动社会投入方面综合来看，为2021年科技计划的主要立项支持计划类别。

重大科技专项、重点研发与转化计划以及创新平台建设专项重点关注的是青海省经济结构调整、产业转型中亟须解决的关键科技问题，针对性强，资助力度相对大；基础研究计划主要面对经济社会、民生领域中的基础研究问题，涉及面广，开设项目多。

如图1所示，重大科技专项的平均资助经费强度远高于其他计划类别，平均资助经费达到1038万元，充分体现了部署项目精简、资助强度大的特点；重点研发与转化计划次之，平均资助经费129万元左右；创新平台建设专项计划的平均资助经费强度是126万元；基础研究计划的平均资助经费强度最低，为41万元。

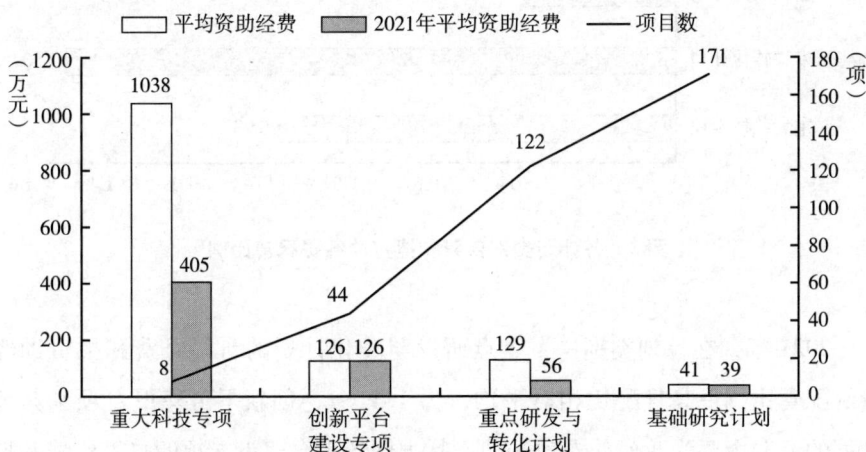

图1　2021年各科技计划平均资助情况

（二）拟资助经费与自筹经费配套比例分析

从经费角度看，2021年青海省各计划类别的经费来源主要包括资助经费及项目申报单位自筹经费两部分。其中，重大科技专项计划项目共 8 个，自筹经费为 8100 万元，拟资助经费 8300 万元，自筹经费和拟资助经费的配套比例为 0.98：1；重点研发与转化计划项目共 122 个，自筹经费 23654.3 万元，拟资助经费 15755 万元，自筹经费与拟资助经费配套比例约为 1.50：1；基础研究计划项目共 171 个，自筹经费 2610 万元，拟资助经费 6981 万元，自筹经费与拟资助经费配套比例约为 0.37：1；创新平台建设专项项目共 44 个，自筹经费 386.8 万元，拟资助经费 5545.2 万元，自筹经费与拟资助经费配套比例约为 0.07：1；其他计划项目共 54 个，自筹经费 4440 万元，拟资助经费 15573.1 万元，自筹经费与拟资助经费配套比例约为 0.29：1（见图 2）。

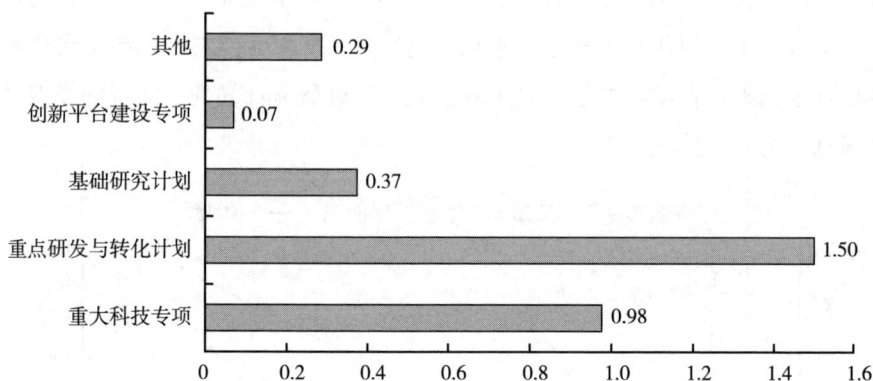

图 2　各计划类别自筹和拟资助经费配套比例

2021 年，在计划类别中，重点研发与转化计划的自筹经费和拟资助经费的配套比例最高且配比相对平均，为 1.5：1；创新平台建设专项和其他计划的经费主要为政府的专项资助，其中创新平台建设专项的自筹经费和拟资助经费的配套比例最低为 0.07：1。基础研究计划的自筹经费和拟资助经费的配套比例有所提高，说明企业对基础研究的投入力度在逐步加大。

从各产业技术体系的自筹和拟资助经费配套比例来看，自筹与拟资助经费配套平均比例约为 0.75：1。其中，新材料和盐湖资源的配套比例较高，分别为 5.96∶1 和 2.74∶1。生态环保、健康医疗卫生和其他领域自筹经费强度相对较低，配套比例在 0.07∶1 以下，其经费的来源主要依靠财政拨款（见图3）。

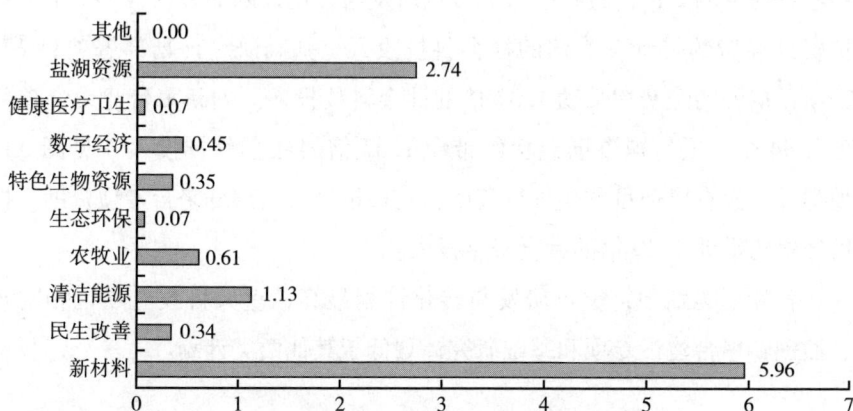

图3 各领域自筹和拟资助经费配套比例

从"四地"建设类别的自筹和拟资助经费配套比例来看，世界级盐湖产业基地的自筹和拟资助经费配套比例最高，为 2.73∶1。国际生态旅游目的地的自筹经费强度相对最低（见图4）。

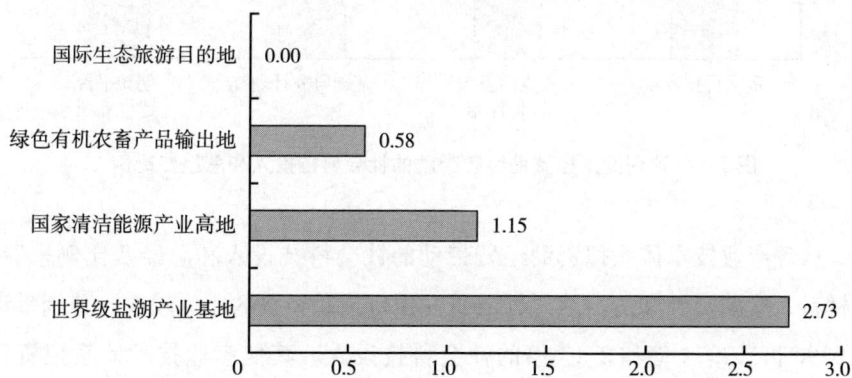

图4 "四地"建设类别自筹与拟资助经费比例

（三）拟资助经费带动社会科技投入与总经费关系分析

从拟资助经费带动的社会科技投入和总经费比例来看，重大科技专项拟资助经费约带动 2 倍的科技投入。重点研发与转化计划部署项目 122 个，项目拟资助经费约带动 2.5 倍的社会科技投入。基础研究计划部署项目 171 个，项目拟资助经费约带动 1.37 倍的社会科技投入。创新平台建设专项部署项目 44 个，项目拟资助经费约带动 1.07 倍的社会科技投入（见图 5）。其他类计划没有以项目方式进行资助，其科技投入大部分来自专项资助，拟资助经费约带动 1.29 倍的社会资金投入。

在各计划类别中，重点研发与转化计划最高，重大科技专项也相对较高，而创新平台建设专项和基础研究计划低于其他两类计划。

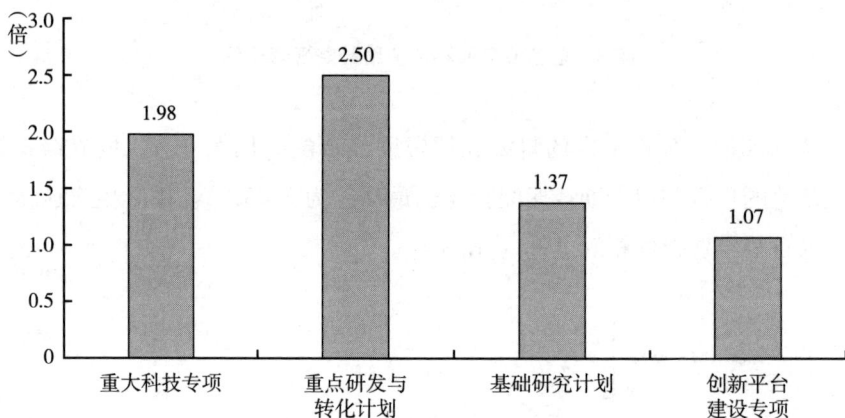

图 5　各计划类别拟资助经费带动的社会科技投入和总经费比例

从各产业技术体系拟资助经费带动的社会科技投入和总经费比例来看，新材料、盐湖资源和清洁能源领域研究项目带动经费的比例较高，分别带动约 6.96 倍、3.74 倍和 2.13 倍的社会科技投入。其他产业技术体系拟资助经费带动的社会科技投入和总经费比例相对较低（见图 6）。

从"四地"建设的战略部署中拟资助经费带动的社会科技投入比例来看，"世界级盐湖产业基地"项目和"国家清洁能源产业高地"项目带

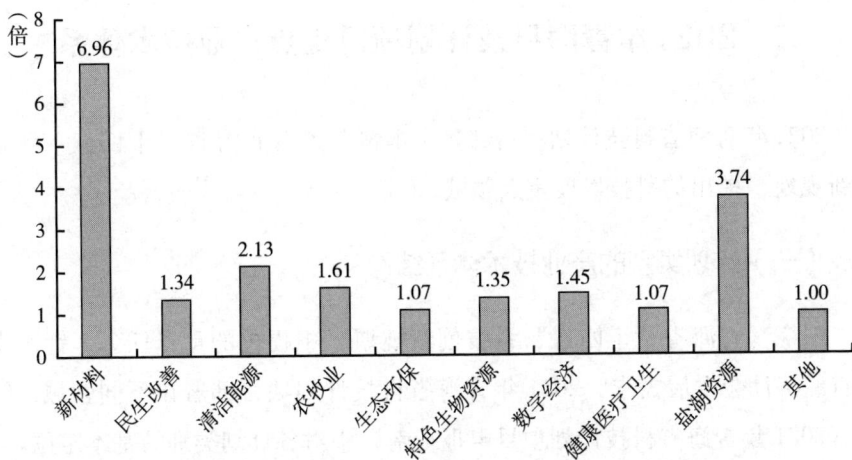

图6 各产业技术体系拟资助经费带动的社会科技投入和总经费比例

动经费的比例较高,拟资助经费分别带动约 3.73 倍、2.15 倍的社会科技投入;"绿色有机农畜产品输出地"项目的拟资助经费带动社会科技投入为 1.58 倍;"国际生态旅游目的地"项目的拟资助经费带动社会科技投入比例最低(见图7)。

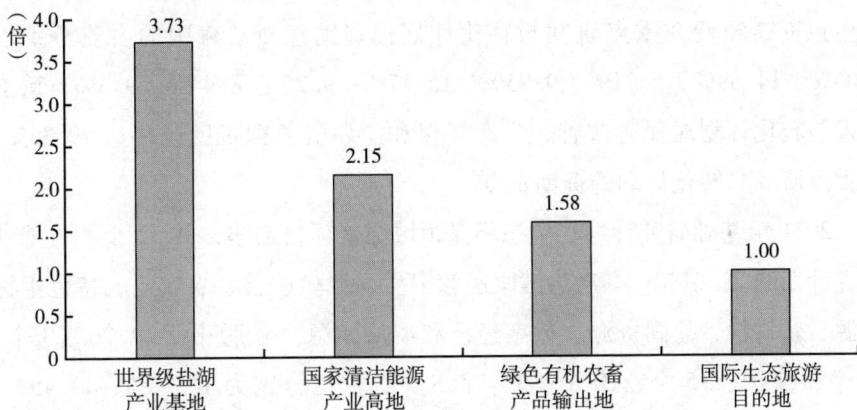

图7 "四地"建设拟资助经费带动的社会科技投入比例

二 2021年青海科技计划项目重点产业技术体系

2021年青海省科技计划项目部署基本覆盖了《青海省"十四五"科技创新规划》提出的科技发展重点领域。

（一）计划类别的产业技术体系结构

围绕《青海省"十四五"科技创新规划》中提出的重点任务，针对青海省经济社会发展需求，2021年青海省科技计划项目部署在不同领域，符合《2021年青海省科技计划项目申报指南》中对各计划类别的基本定位。

2021年青海省重大科技专项计划项目在清洁能源、农牧业、生态环保、特色生物资源和盐湖资源领域进行了项目部署，拟资助经费在重大专项计划拟资助经费总额中的占比分别为12%、24%、22%、18%和24%。

2021年重点研发与转化计划中，民生改善是项目部署最多，共24个，占重点研发与转化计划的19.67%；盐湖资源是资助经费最多的领域，其拟资助经费占重点研发与转化计划拟资助经费总额的19.49%；新材料、民生改善、清洁能源、农牧业、生态环保、特色生物资源、数字经济、健康医疗卫生拟资助经费在重点研发与转化计划拟资助经费总额中的占比分别为8.06%、14.69%、5.71%、9.93%、15.17%、9.2%、8.44%、9.3%，重点研发与转化计划对民生改善、生态环保和盐湖资源拟资助经费达49.35%，是重点研发与转化计划的资助重点。

2021年基础研究计划在生态环保领域部署项目最多，共37个，占基础研究计划的21.64%；其次为健康医疗卫生、民生改善、农牧业、特色生物资源、新材料、盐湖资源、数字经济和清洁能源，分别开设29个、23个、23个、17个、15个、10个、9个和8个，占比分别为16.96%、13.45%、13.45%、9.94%、8.77%、5.85%、5.26%、4.68%。

2021年创新平台建设专项中科技基础条件平台、重点实验室、临床医学研究中心、大型科研仪器购置补贴、科研基础条件和能力建设专项、县域创新试点县建设专项6个子计划在健康医疗卫生、民生改善、农牧业、特色生物资源、新材料、盐湖资源、数字经济和生态环保领域均有项目部署。其中农牧业和数字经济领域部署项目最多，均开设项目9个，其次为民生改善领域项目，开设项目7个。

（二）产业技术体系分布

2021年青海省科技项目部署涵盖了《青海省"十四五"科技创新规划》中的重点任务部署，具体情况如下。

项目数量方面，2021年青海省科技计划项目产业技术体系主要分布在民生改善、农牧业、生态环保、特色生物资源和健康医疗卫生领域，5个领域新开项目数接近当年新开项目数的69%。生态环保领域是2021年项目数最多的技术体系，占比16.29%（见图8），是2021年青海省科技项目的主要部署领域，重点围绕国家公园建设和水资源保护利用等方面开展关键技术研发和技术集成与应用。农牧业和健康医疗卫生领域部署项目较多，项目数

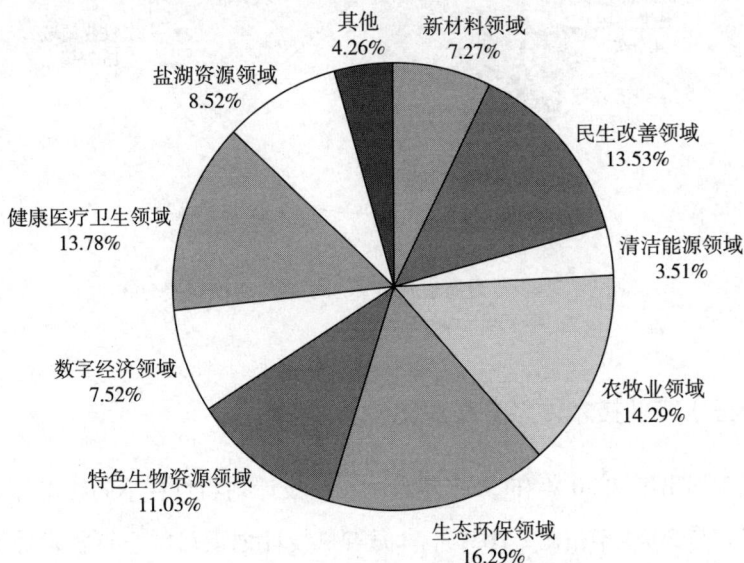

其他 4.26%
新材料领域 7.27%
盐湖资源领域 8.52%
民生改善领域 13.53%
健康医疗卫生领域 13.78%
清洁能源领域 3.51%
数字经济领域 7.52%
农牧业领域 14.29%
特色生物资源领域 11.03%
生态环保领域 16.29%

图8　2021年青海省科技计划领域项目数占比分布

占比分别为 14.29%、13.78%。重点针对人口全生命周期健康开展早期干预研究、防控技术集成和新药创制和现代种业、高效农业生产开展重点技术攻关。

经费资助方面，2021 年生态环保领域是资助经费最多的技术体系，占全年新设项目产业技术体系的 17.04%；农牧业领域次之，占 15.76%（见图 9）。生态环保和农牧业领域是 2021 年青海省科技计划的重要主题，在各类计划类别中均占较大比重。健康医疗卫生主要在基础研究计划中进行部署。不同计划类别对不同领域各有侧重，定位不同，支持力度也不同。

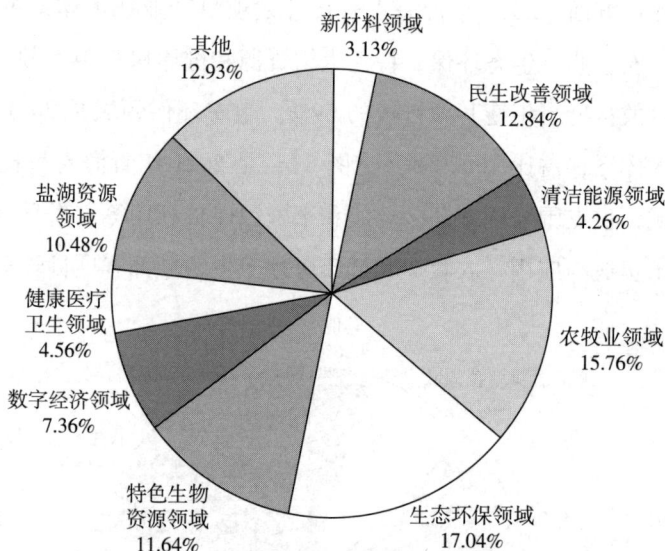

图 9　2021 年青海省科技计划领域拟资助经费分布

（三）产业技术体系分布对比

表 2 列出了 2020 年和 2021 年青海省科技计划项目在不同技术体系的部署情况。与 2020 年相比，2021 年青海省科技计划项目的重点技术体系侧重有所不同。其中，生态环保、农牧业和民生改善领域，从项目数量和拟资助经费来看，都是 2021 年科技计划项目部署的重点领域。

表2　2020年和2021年青海省科技计划项目的重点技术体系侧重

序号	项目数量		拟资助经费		当年资助经费	
	2020年	2021年	2020年	2021年	2020年	2021年
1	现代农牧业	生态环保	现代农牧业	生态环保	现代农牧业	农牧业
2	高原医疗卫生与食品安全	农牧业	高原医疗卫生与食品安全	农牧业	高原医疗卫生与食品安全	民生改善
3	新材料	健康医疗卫生	新材料	民生改善	新一代信息	生态环保
4	生态环保	民生改善	新一代信息	特色生物资源	生态环保	特色生物资源
5	新一代信息	特色生物资源	生态环保	盐湖资源	新材料	盐湖资源
6	新能源	盐湖资源	新能源	数字经济	新能源	数字经济
7	现代生物	数字经济	先进制造	健康医疗卫生	现代生物	健康医疗卫生
8	先进制造	新材料	现代生物	清洁能源	先进制造	清洁能源
9	其他	清洁能源	其他	新材料	其他	新材料

从部署项目数量来看，2021年生态环保和农牧业领域仍是部署项目最多的两个领域；健康医疗卫生领域代替新材料领域项目部署排在第三位；新材料部署项目数量排名有所下降。

从拟资助经费来看，2021年生态环保领域是排名最高的领域。农牧业、民生改善、特色生物资源和盐湖资源领域的资助排名有所上升，数字经济、健康医疗卫生、清洁能源和新材料的资助地位则有所下降。从当年资助经费来看，农牧业领域是2021年度资助的重点领域，和2020年保持一致。民生改善、生态环保和特色生物资源领域的资助排名有所上升，盐湖资源、数字经济和健康医疗卫生领域的资助地位则有所下降。2021年作为"十四五"的开局之年，青海省科技计划项目部署的重点有所不同，各领域协同发展，立足高原特有生态环境、盐湖资源、清洁能源、有机农畜产品、特色生物等资源，充分发挥青海在服务和融入新发展格局中的优势，聚焦高原科技目标，打造高原科技战略力量。

三 2021年青海科技计划项目创新载体

（一）创新载体分布分析

企业、高校科研机构、事业单位等多类机构共同参与承担了2021年青海省科技计划项目。不同科技计划项目类别在科技部署中对不同类型的承担机构各有侧重，又彼此互补。2021年青海省科技计划各计划类别创新载体（第一承担单位与合作单位）分布情况如表3、图10所示。

表3　2021年青海省科技计划各计划类别创新载体分布

单位：个

计划类别	企业	高校科研机构	事业单位	行政单位	总计
重大科技专项	5	3	0	0	8
重点研发与转化计划	53	46	22	1	122
基础研究计划	11	126	34	0	171
创新平台建设专项	6	28	7	3	44
总计	75	203	63	4	345

注：其他载体主要包括非营利性社团组织和合作社。

从整体上看，各计划类别项目承担中均涵盖企业、高校科研机构以及事业单位。具体而言，不同的计划类别因基本定位不同，创新载体的分布也各有特点。

在重大科技专项、重点研发与转化计划实施过程中，企业和高校科研机构均是主要的创新主体，其中重点研发与转化计划是唯一企业创新载体占主导地位的项目类别。重点研发与转化计划和创新平台建设专项的参与主体更加多样化，行政单位在研究过程中也起到一定的辅助作用。

在基础研究计划中，高校科研机构在参与的承担单位中占据主体地位，具有明显的优势，企业参与度相对较低。这主要与基础研究计划的基本定位有关，基础研究计划主要关注一些具有前瞻性、全局性、带动性技术的前期

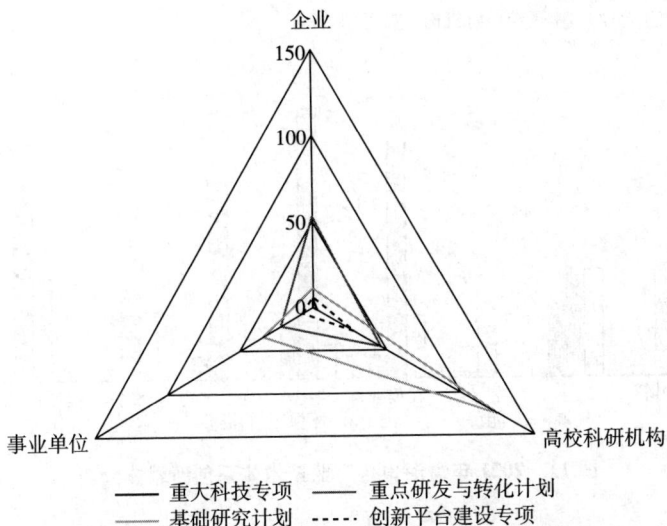

图10 2021年青海省科技计划各计划类别创新载体分布

基础理论研究。

创新平台建设专项各项计划研究内容相对聚焦。从类别上来看，企业和高校科研机构是主要的创新主体，承接了77%以上的研究项目，事业单位的参与度相对较低。

从产业技术体系的视角来看，各类产业技术体系的项目实施都离不开各类创新载体的合作与配合。整体上，大部分产业技术体系都是以科研院所作为主要创新载体，与企业主体协调配合，并在事业单位的辅助下开展各类科学研究（见图11）。

健康医疗卫生技术体系由于其专业的医疗属性，吸引了包括青海省人民医院、青海大学附属医院和青海红十字医院等众多医院的参与，事业单位的占比显著提高。民生改善产业技术体系和数字经济产业技术体系是企业创新主体占主导地位的领域。在盐湖资源产业技术体系中，企业主体的参与度较高，这与盐湖资源领域的专业化特性密不可分。农牧业和生态环保产业技术体系的发展过程中，由于对前沿科学研究的重视，高校科研机构是其最重要的创新载体。

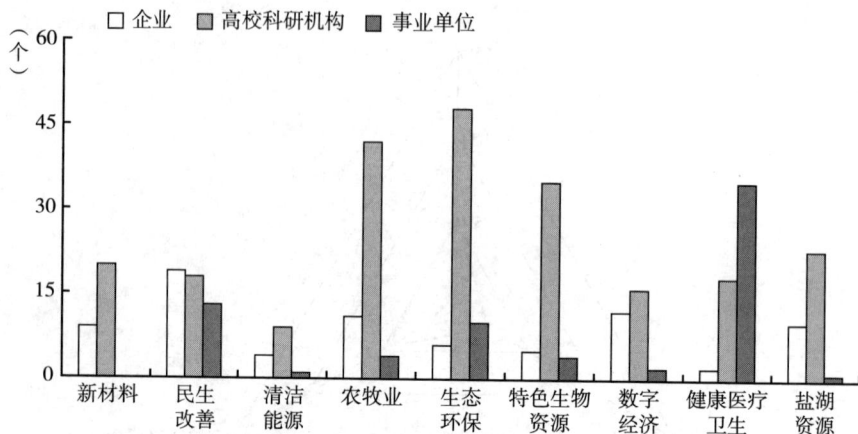

图11　2021年青海省各产业技术体系创新载体分布

（二）创新载体合作网络

创新载体活跃度网络可以对科技计划项目参与单位的参与程度进行统计与展示。在创新载体活跃度网络图中，节点表示参与完成项目的每个创新载体，连边表示两个创新载体之间共同完成了某一项目。节点越大表示某一创新载体参与完成的项目越多，连边越粗表示两单位之间共同参与完成的项目越多。为了分析创新载体参与合作情况的变化，将2020年和2021年创新载体合作网络图进行对比。为凸显参与单位之间的合作关系，图12和图13分别展示了2020年和2021年去除孤立点之后的合作网络，由图12和图13呈现青海省科技项目承担单位合作网络的一些基本特点。

2020年和2021年青海省科技项目创新载体合作网络的共性特点：一是合作网络结构均比较松散，有众多相对独立的小团体；二是虽然参与合作的机构有企业、高校和科研院所，但高校和科研院所相对于企业和其他单位的参与活跃程度更高；三是从合作领域来看，主要集中在盐湖、农牧业科技、医药卫生等方面，主体集聚现象尤为明显，已初步呈现新集群雏形。

青海省科技项目创新载体合作网络的演变态势是：2020年，活跃度最高的创新主体被青海大学、青海师范大学、中国科学院西北高原生物研究

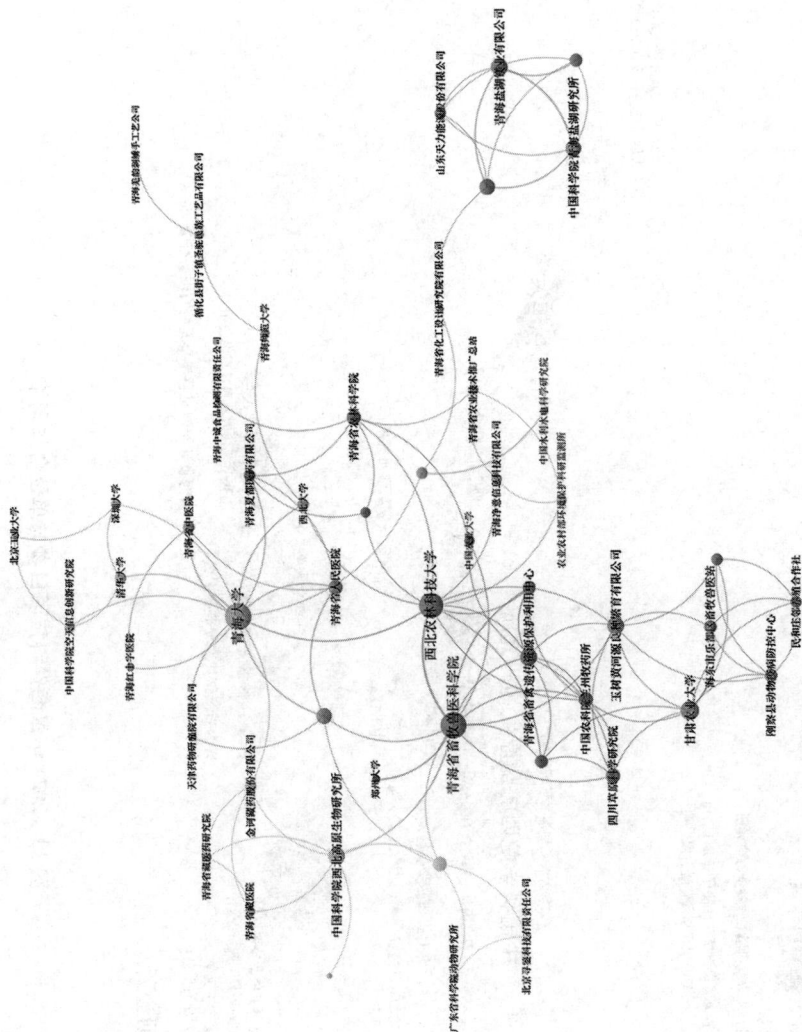

图 12　2020 年青海省科技项目参与单位合作网络

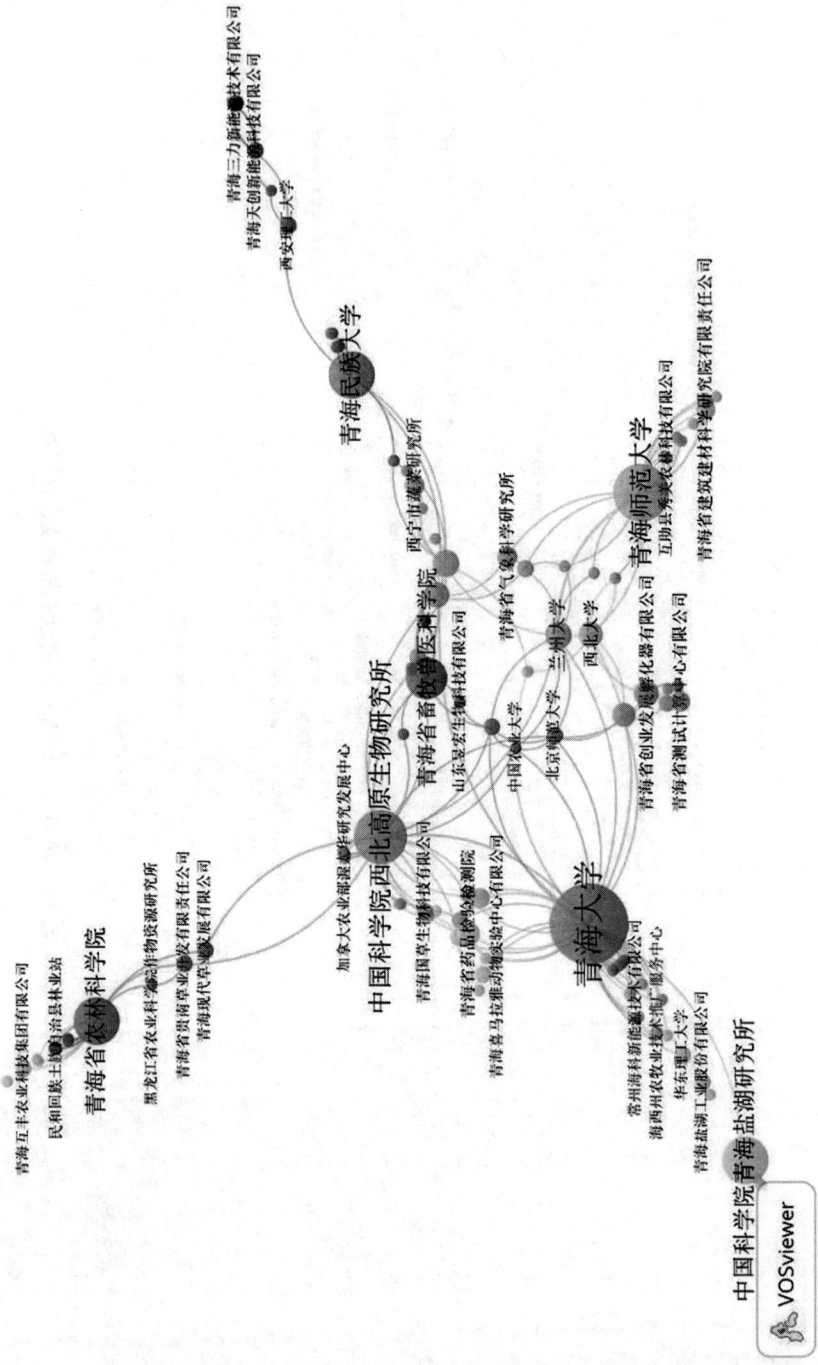

图 13 2021 年青海省科技项目参与单位合作网络

所、青海省畜牧兽医科学院、青海省农林科学院、中国科学院青海盐湖研究所、青海民族大学所占据。2021年，上述几个创新载体仍然维持着较高的活跃度，西北农林科技大学、青海盐湖镁业有限公司、玉树黄河源良种繁育有限公司等机构的参与度也显著提高

企业参与度逐步提升。在完成青海省科技项目中，虽然活跃度较高的仍是高校与科研院所，但企业的参与度呈提升的趋势。从图13中可以看出，青海盐湖镁业有限公司、玉树黄河源良种繁育有限公司、青海夏都医药有限公司等在项目参与中起到重要作用。

四 2021年青海科技创新亮点

2021年度青海省科技创新在绿色产业技术体系构建、重大科技创新工程实施、重大科技行动推进等方面取得诸多亮点。

（一）绿色产业技术体系构建

1. 推动新材料关键技术攻关

柴达木盐湖化工科学研究联合基金重点项目"反应-分离耦合新工艺生产镁基功能材料联产电池级碳酸锂的应用基础研究"取得突破性进展。创造性提出了环境友好、原子经济性高的反应-分离耦合新工艺，实现盐湖镁锂高效分离、高效提取锂制备高纯锂盐；开发了沉锂母液及纳滤镁锂分离后超高镁锂比溶液的反应-分离耦合精控兑卤技术；镁基紫外阻隔材料原创产品突破了轮胎气密层的国外技术垄断；建成首条百吨级镁基功能材料联产电池级碳酸锂的中试示范线，为镁基功能材料和锂盐产品联产技术产业化提供了通用技术平台、设计依据与技术支撑。

建筑节能材料及工程安全技术科技平台创新服务功能顺利通过验收并取得了丰硕成果。依托平台+项目+团队，围绕建筑节能材料开发与应用、岩土工程防灾减灾设计、结构工程安全性及可持续化发展、建筑工程与环境等方面开展了相关科学研究。项目揭示了高寒黄土地区深基坑桩锚支护结构

桩-土-水作用机理，构建了青海省原型建筑使用前环境影响数据库，提出了一种环境与经济集成的评价方法，并形成了青海湿陷性黄土工业废料绿色加固成套技术。平台建成后发挥共建共享作用，面向社会开展了检测、监测、鉴定、加固等公共服务，对青海地区建筑节能和工程安全相关的科普服务、标准制订、政府决策等将发挥重要的智库作用。

青海省透明陶瓷用高纯纳米氧化铝粉体制备技术研究与示范取得新进展。针对透明陶瓷用高纯纳米氧化铝纯度、比表面积、粒度分布等关键技术指标，开展了高纯单质铝浆料的急冷雾化、高纯勃姆石水热法制备、勃姆石焙烧及分散剂的筛选等工艺技术研究，制备出的透明陶瓷用高纯纳米氧化铝粉体纯度达到 99.997%，实现了对前驱体的晶相、形貌、微观结构的精确控制。项目生产工艺绿色环保，产品各项性能优异，已完全实现进口替代，且已建成年产 200 吨透明陶瓷用高纯纳米氧化铝粉体生产线，经济效益良好。

2. 推动新能源技术研发与应用

青海省新型高效电池产业链关键技术研究取得新进展。通过研究 N 型直拉单晶炉热场系统、10 英寸单晶硅棒生长工艺、大面积均匀的 p/i 层和 n/i 层非晶硅沉积工艺、高质量的电池钝化技术、背接触电极图层设计和电池制备技术，为光伏产业链高质量发展提供了研发引擎和技术支撑；建成集 IBC、HIT、HIBC 和 TOPcon 电池及组件研发于一体的光伏产业新型技术研发平台；采用产业化 IBC 工艺技术建成年产 200MW 的 IBC 电池及组件生产线，填补了国内 IBC 电池工业化量产的空白；改造建成年产 3000 吨 N 型单晶硅棒和 2700 吨单晶方锭生产线，累计实现产值 2.59 亿元。

3. 盐湖资源高值化利用取得显著成效

青海省盐湖提锂排放母液镁、锂综合利用工艺研究与示范。以青海东台吉乃尔高镁锂比盐湖卤水碳酸锂生产装置镁锂分离车间尾液与沉锂车间尾液为原料，通过快速盐田摊晒富余尾液与老卤的兑卤对锂离子进行回收，建成一条 3000 吨/年碱式碳酸镁示范线，确定了碱式碳酸镁制备工艺条件、提锂尾液兑卤回收和产业化技术路线，大幅度缩短了锂回收周期，实现盐湖提锂排放母液镁、锂综合回收利用，对科技支撑盐湖资源综合利用高质量发展起到示范作用。

TMS 吸附剂连续吸附解吸提锂新工艺用于青海盐湖原卤水提锂中间试验取得新进展。在青海东台吉乃尔盐湖采用常温常压反应釜连续吸附解吸提锂装置，吸附剂与卤水原料在搅拌充分混合状态下，加速交换反应速度，提高了吸附、解吸反应速度，降低了动力消耗；采用水平真空带式过滤机进行固液分离，操作简单，易于 DCS 数字控制，生产成本低，适合从盐湖原卤水及其他盐卤中直接提取锂，具有规模工业应用前景。

高纯氯化锂制备过程除硼关键技术研究取得新进展。以察尔汗盐湖复杂卤水体系为对象，针对高纯氯化锂制备过程除硼关键技术，开展了膜法除硼的影响因素、纳滤膜过滤、反渗透膜过滤过程研究，确定了最优工艺条件，得到高纯度氯化锂溶液原料，同时分离出优等品硼砂，实现了盐湖资源的综合开发利用。中间除杂处理技术可广泛应用于碳酸锂、氢氧化锂生产工艺，对盐湖提锂及资源综合开发和高值化利用具有示范意义。

青海省单晶氧化镁制备工艺技术研究与开发。开展了电熔炉结构设计优化、炉内断面与空间温度分布规律、氧化镁熔体冷却结晶规律、熔炼过程中电气参数控制及杂质迁移规律等多方面的研究，确定了单晶氧化镁生产的关键技术参数和技术指标；首次利用盐湖水氯镁石制备的高纯氢氧化镁为原料，采用轻烧、压球、超高温电弧炉熔炼等工艺技术生产高纯氧化镁晶体材料，填补了国内利用盐湖卤水镁资源制备单晶氧化镁材料的空白。

青海省卤水制备电池级碳酸锂膜法工艺研究与示范项目通过验收。采用纳滤膜、有机膜与"三级逆流洗涤"工艺，实现了钠、钾、钙、镁、氯、硫酸根、硼酸根等离子分离；回收利用沉锂母液制备出工业级磷酸锂，使锂收率从75%提高至80%，碳酸锂含量达到99.5%以上，相关产品技术指标达到规定标准要求；并参与制订了盐湖碳酸锂（T/QHLM01-2019）团体标准，制订了1项工业级磷酸锂（Q/632802 HXRL 001-2020）企业标准；建成了年产万吨级电池级碳酸锂的工业生产线。项目以青海西台吉乃尔盐湖提钾后的富锂卤水为原料，通过锂镁分离膜及热法锂浓缩工艺研究，解决了膜浓缩时锂镁含量不稳定的技术问题，将对全省盐湖资源高效综合开发利用发展起到良好的示范作用，对青海省"千亿元锂电产业基地"打造起到一定的推动作用。

4. 促进特色农牧业优质高产和提质增效

羊肚菌高原设施高产栽培技术集成示范取得新进展。率先在高原地区实现了两季栽培，提高了设施使用效率和亩均收益；结合 ARTP 现代育种技术，选育羊肚菌新品种 5 个；探索出适合青藏高原的羊肚菌设施栽培技术，制订《羊肚菌栽培技术规范》青海省地方标准；每亩鲜菇产量增加 61.6 公斤，病虫害防控率达 90%以上；开展羊肚菌推广种植 280 亩，实现新增产值 732 万元；建立羊肚菌高产栽培基础数据与信息数据库，信息量达 243 条。

青稞籽粒胁迫萌发关键技术研究及功能性产品开发和中试示范取得新成效。确定了先发芽后真空低氧胁迫萌发工艺，筛选出的昆仑 14 号青稞籽粒 γ-氨基丁酸的含量富集提高至原来的 5 倍；应用冠突散囊菌发酵技术进行了发芽青稞金花米发酵工艺研究，开发出青稞红曲袋泡茶、青稞营养代餐粉、青稞低度保健酒、青稞金花米等 6 款发芽青稞系列产品；累计生产发芽青稞系列产品 217 吨，实现产值 1400 万元，新增利税 420 万元。有效推动了高校科研成果与企业需求接轨，助力全省特色生物产业提质增效。

青海农区化肥农药减量增效综合配套技术研究与集成应用取得阶段性进展。通过两年多联合攻关，项目组的化肥农药对农田生态环境影响评价、有机肥替代和化肥减量增效基本原理、品种筛选、生物菌剂筛选、减量增效模式、新型有机肥产品研发与生产、生态环境和农产品质量安全评估追溯等任务取得阶段性进展，筛选菌种 15 个、菌剂 1 个和高效农药 6 种；构建了油菜、大蒜、枸杞农药减量增效技术体系技术模式 3 种，制订技术规范（标准）2 项；构建了农产品质量安全追溯系统平台 1 个和应用环境效应评价数据库 1 套，研发有机肥产品 2 个，筛选农作物品种 10 个；建立有机肥生产线 2 条，分别实现年产 5 万吨和 2 万吨有机肥，改建年产 10 万吨有机肥生产线 1 条；实现有机肥替代化肥 40%、农药减少 40%以上；初步构建"政产学研用"五位一体推广模式，为保障绿色有机农产品输出地做出科技支撑。

青海蚕豆有害生物绿色防控技术研究与集成取得重要成果。以蚕豆栽培管理期为主线，针对蚕豆主要病虫草害种类及关键防治节点，开展了生物农药防治药剂筛选及田间使用技术、生物农药混用增效作用防治病虫害田间应用技术、田间覆膜防控杂草等技术的研究示范；制订了蚕豆生育期各阶段的绿色防控技术规范，形成了生物、生态、物理等多种绿色防控技术集成绿色防控关键技术体系，筛选出适宜蚕豆杂草绿色药剂 4 个，蚕豆病虫害生物药剂 11 个，生物农药混剂 2 个，蚕豆有害生物绿色防控技术模式 1 项；在大通、互助、湟中、湟源、西宁等地建立蚕豆绿色防控技术集成示范基地 5 个，累计示范 1500 亩，辐射 5 万亩。项目对提高蚕豆品质、促进全省蚕豆产业绿色高质量发展和保障绿色有机农产品输出提供了强有力的科技支撑。

青海省玉树生态畜牧业现代牧场建设关键技术集成示范通过现场验收。项目以试验示范牧户、畜产品专业合作为生产单元，形成牧草种植技术示范区 3 处，建成"治种养加"生态畜牧业核心示范基地 1 处；建立起"科研机构+公司+合作社+牧户"联动的现代高原生态牧场"果青"模式；燕麦+箭筈豌豆混播草地亩产干草达 1.08 吨，应用 D 型肉毒素灭鼠 5.6 万亩，恢复黑土滩 395 亩，生态示范效益显著。项目选育玉树牦牛核心群 320 头，应用抗应激管理、冷季补饲、早期断奶、犊牛早期培育及畜群结构优化等技术示范和推广牦牛养殖，60%的经产牦牛实现一年一胎，出栏率提高 17%，试验户牦牛鲜奶产量每天平均提高 0.5 公斤/头，开发牦牛乳肉新产品 8 件，建立乳产品加工生产线 1 套，安装移动羊圈 16 处。项目的实施为实现高原生态畜牧业差异化发展、为青海省乃至青藏高原现代生态畜牧业发展提供了示范样板及模式。

三江源藏系绵羊饲草转化效率提升关键技术集成与示范取得显著成效。依托青海现代草业发展有限公司和贵南县生态畜牧业专业合作社牛羊繁育基地，集成了"人工草地建植-饲草精深加工-健康化养殖"为一体的"种+养"标准化技术体系；根据不同牧草种类，针对性筛选出商用适宜青贮菌剂 5 种，完成优良牧草青贮 1600 吨；加工营养型草颗粒 730 吨、草块 1050 吨，加工配合精料补充料和全混合饲料（TMR）1320 吨；通过禾豆混播种植、草产品精深加工技术，结合藏系绵羊冷季补饲、羔羊短期舍饲出栏等标准化生态养殖技术，完成藏系绵羊冷季补饲 1530 只，两段式饲养 3500 只，羔羊短期舍饲出栏 1320 只；制订地方标准 1 项，编制藏汉双语视频和技术培训手册 4 套，共计 3000 余册。通过高寒牧区牧草青贮、饲草料组合优化和冷季适度补饲等关键技术的集成示范，切实提升了三江源区藏羊饲草转化效率，有效缩短了放牧家畜饲养周期，为三江源区生态畜牧业发展提供技术集成和适宜模式，大力发展生态畜牧业目标提供科技支撑。

青海省牦牛寄生虫病流行病学与可持续控制技术研究取得新进展。通过对牦牛寄生虫病流行病学与防治方法进行研究，查明了青海牦牛寄生虫病病原种类、地理分布及流行现状，从牦牛体检出寄生虫 116 种，建立了牦牛寄生虫种质资源信息库；建立了牦牛皮蝇蛆病微量给药防治技术，筛选了高效低残留防治药物，选择埃谱利诺菌素注射剂，创新了牦牛寄生虫病高效低残留技术；制订了《牦牛健康养殖寄生虫病防治技术规范》《藏区犬寄生虫病防治技术规范》，并示范应用于 25 万余头牦牛。

5. 形成具有青海特色的生态文明新模式

青海生态环境价值评估及大生态产业发展综合研究取得重要性成果。建立了青海省生态系统服务质量及价值评估指标体系与方法，在多空间尺度上揭示了 2000~2018 年青海省生态系统服务时空演变特征及驱动力，阐明了生态系统服务得失权衡机制与关键生态系统服务的域外溢出效应；评估了三江源、祁连山、青海湖、柴达木和河湟谷地五大生态功能区生态保护、修复、建设效益；提出了构建"多采光、少用水、高产出"的现代化设施生物产业技术-经济体系的政策建议。

青海湖流域高寒草原保护修复及合理利用技术集成与示范。通过开展青海湖流域高寒草原绵羊放牧控制试验确定了不同利用方式对草地资源和生态功能的影响，形成了不同退化程度高寒草原的围栏封育、围栏封育+施肥、围栏封育+补播+施肥、人工草地建植和管护等技术措施，建立了次生裸地草本群落优化配置及沟垄灌木栽植和灌草结合的修复模式。建立青海湖流域高寒草原保护与合理利用技术示范区 4670 亩,退化草地封育补播示范区 4000 亩,退耕地人工草地建设示范区 5700 亩,草原次生裸地植被恢复试验示范区 380 亩,示范区内植被盖度和生物量均提高 10% 以上,最高达 80%,产生了显著的经济和社会效益。

青藏高原多年冻土退化下活动层土壤的微生物稳定性研究取得新进展。发现多年冻土退化下的活动层土壤微生物稳定性下降和碳损失紧密关联。研究表明,重度退化多年冻土区活动层土壤微生物对环境变化的敏感性更高、微生物共现网络更不稳定且稳健性更低,即微生物群落的相异性每增加 10%,重度退化的多年冻土区土壤碳损失增加 0.1% ~ 1.5%。揭示了青藏高原多年冻土退化下碳损失的微生物机制,为多年冻土区土壤碳稳定性的微生物调节提供了新视角,也为未来气候情景的模型预测奠定了生物学基础。

祁连山黑河源草地生态生产共赢模式创建与示范成效显著。项目建立了 16 个牧草品种(系)适宜栽培牧草技术示范区,三年累计保护黑土滩人工草地 2.15 万亩、技术示范推广 12.7 万亩;建立鼠害控制及春季休牧等天然草地保护技术核心示范区 3.2 万亩、示范推广 65 万亩。开展半野血牦牛选育、畜群结构优化、集中饲养模式研究与示范。建成生态畜牧业核心示范基地,项目示范牦牛 4177 头。采用新型复合保温墙体钢结构体系、被动式阳光房+主动式光伏发电(20kx)太阳能综合用能技术和一体化污水处理系统,建成牧区生态宜居住房 2 套、集中型饮水过滤净化技术示范 1 处、358 平方米生态厕所 1 座。建立了"科研机构+公司+生态畜牧业合作社+牧民"联动的运作模式。近年来,通过持续加大对生态保护技术的支持力度,在黑土滩治理、高寒草地修护、高寒草种繁育等领域取得了显著成效。今后将持续支持打造高原牧区生态生产生活共赢良性循环,帮助当地农牧民增产增收,使科技成果的红利切实惠及民生。

柴达木盆地水循环过程高效利用与生态保护技术研究与示范取得新进展。建立了察汗乌苏、大格勒绿洲农林牧精量灌溉技术示范区 5000 亩,配备了恒压智能供水控制系统、灌溉首部过滤施肥系统、自动上位综合控制系统、管路电动阀门及控制系统和田间管网及土壤墒情监测系统；通过对作物田间土壤水分监测，综合判断作物生长状况及需水程度，自动控制灌溉用水，实现了"适时"和"适量"指导灌溉，做到精量灌溉，示范区控制用水精度达到90%以上，水综合效率提升了10%以上。建立了西台吉乃尔盐湖雨洪资源增补成套技术示范区120平方米，建设了卤水动态监测孔57个、加高加固防洪堤坝20千米、新建防洪堤坝17.5千米、泄洪渠2千米；示范区建成后卤水矿可采储量增加了10%以上。下一步，将继续坚持"节水优先、空间均衡、系统治理、两手发力"的治水方针和"生态立省"战略，做好柴达木地区水资源利用和生态保护工作，以水资源可持续利用促进区域经济可持续发展。

天然草地放牧系统功能优化与管理取得突破性进展。开发了天然草地信息化放牧监测系统和草畜平衡评价应用系统，建立了三江源高寒草地放牧系统及牧场的优化技术体系，建成了三江源草畜数字化专家系统信息平台；在青海省三江源区14个县建立了68个天然草地监测的基准监测样地和均衡高效饲草混播种植加工基地，形成高寒牧区放牧系统全年供草的模式；完成贵南县嘉仓畜牧业合作社以及河南县兰龙生态畜牧业合作社2个家庭联营牧场优化示范；通过牧场优化管理以及营养调控等技术实施，有效提高了天然草地和极度退化草地的水土保持、植被覆盖度等生态功能及家庭联营牧场效益，为推动三江源区草地畜牧业现代化发展奠定了基础。

6. 提升高原医疗卫生保障能力

佐太纳米颗粒协同药物起效的作用效果研究。与美国西北大学开展国际科技合作，借助外方在神经药理学等方面的技术优势，研究佐太的起效形式及起效机制，建立纳米颗粒分离纯化方法，试验证实佐太纳米颗粒可由细胞、动物和人体内自体合成，具有促进药物进入细胞、减少外排和增效的作用，尤其是对药物通过血脑屏障具有显著功效。基于纳米尺度初步阐明了佐太的协同增效机制，为佐太的创新应用提供了借鉴，也为藏医药以及中医药中重金属制剂的研究开辟了新思路。

青海省杂环有机砜类药物的合成与应用基础研究取得新进展。采用

"水相"反应、可见光催化及非金属催化等绿色合成技术手段，实现了吡啶、喹啉、喹啉酮等多类杂环有机砜化合物的绿色构建，建立了具有潜在生物活性的吡啶、喹啉、喹啉酮等杂环有机砜化合物分子库。设计合成的吡啶硫脲类化合物对肿瘤细胞和血管内皮细胞的增殖抑制作用活性明显，可进一步支撑开发高活性的新型抗癌活性药物研究，成果可用于抗癌、抗肿瘤等重大疾病治疗领域。

青海省鼠疫防控及研究重点实验室建设成效显著。针对鼠疫防控实际工作中存在的难点问题开展了相关研究，通过"平台+项目+人才"方式，聚焦鼠疫基础性研究工作，探索实验室诊断的新技术、流行规律，为制订有效的防控措施提供了科学依据，也为提高公共卫生防控能力、保障人民群众生命健康提供了科技支撑。

青海省人畜包虫病防控策略与创新技术应用成效显著。利用高通量二代测序及生物信息学技术，发现了棘球蚴病患者外周血中游离核酸片段，建立了多模态影像学联用技术用于肝多房棘球蚴病的临床诊断，精准识别患病类型，完成了413例肝多房棘球蚴病的临床诊断和评估，首次从"源头防控-早期筛查-临床治疗"全链条联合攻关，为棘球蚴病早期诊断及病情监测奠定了基础。开展以阿苯达唑（ABZ）和泊洛沙姆（P188）共喷雾制备得到的晶体分散体系（CSD）显著改善了阿苯达唑的生物利用度，并提高对棘球蚴病的治疗效果。完成肝泡型包虫精准肝切除手术650例，自体肝移植手术11例，早期肝多房棘球蚴病微波射频治疗190余例，在玉树州、果洛州建立了棘球蚴病诊疗示范区。同时，通过野外投放驱虫药剂研究、犬棘球绦虫抗原快速检测试剂研制、棘球蚴病基因工程亚单位疫苗免疫牦牛效果的研究、青海牦牛藏羊棘球蚴包囊可育囊调查分析、犬驱虫与羊免疫相结合的双源头防治技术推广，累计登记家犬201万条次，调查流浪犬19.7万条次，犬驱虫2211.98万条。犬感染率由48.12%下降到0.60%，羊感染率由19.59%下降到4.1%，牛感染率由15.24%下降到4.47%，人包虫病患病率从2012年的0.63%下降到0.18%，防治工作成效显著，社会生态效益明显，五年减少畜牧业经济损失5.48亿元。建立并推广基于"犬驱虫、羊免疫、健康教育和无害化处理"四位一体的综合防控模式,为有效切断包虫病传染源奠定了基础,为全国包虫病及其他人畜共患病防治提供了青海经验。

青海省医学基因检测技术平台项目成效显著。打造了技术服务和骨干人才培养相结合的青海省医学基因检测技术载体,构建包括生物芯片、恒温扩增微流控芯片、荧光定量 PCR、二代测序高通量技术在内的基因检测综合技术体系,平台具备质量控制、信息数据分析能力,可对肿瘤疾病、遗传性耳聋、感染性疾病、包虫病等疾病的基因分子进行检测诊断,打破了全省医学基因检测的壁垒,助力医学基因检测技术真正落地青海,实现科技惠民。

7. 开展现代生物技术持续攻关

青海喜马拉雅旱獭高原低氧适应性研究取得新进展。通过检测血液指标和 EPO 基因部分序列,分析出喜马拉雅旱獭高海拔低氧适应血液生理表征、遗传特征和病理变化;应用多基因标记技术研究了喜马拉雅旱獭的遗传多样性和谱系地理结构,分析其种群进化及旱獭在青藏高原的可能扩散过程;首次用遗传学证据证实了喜马拉雅旱獭两个亚种的存在,并确定其在青藏高原东北部的分布范围,发现不同栖息生境和海拔段的喜马拉雅旱獭存在血液生理特征差异,对鼠疫分子流行病学、鼠疫防治和疫情应急处置均提供了科技支撑。

三江源区代表性动物基因资源保护与应用取得阶段性成效。完成 10 个动物基因组测序和组装,在三江源有蹄类基因组、雪豹基因组和大型猛禽基因组解析和协同进化研究方面获得了重要突破;揭示了青藏高原存在未知犬科物种、藏野驴高原适应的分子机制,阐述了牦牛和高原鼠兔肠道菌群多样性影响机制,在动物趋同进化研究领域获得重要进展。

青海藏波罗花中生物碱类成分的抗肿瘤活性及其作用机理研究取得新进展。利用现代分子生物技术确定了藏波罗花中生物碱类成分抗肿瘤的主要作用靶标,得到主要活性成分与靶标蛋白的复合物晶体结构,同时完成了小鼠体内的抗肿瘤活性测试。通过体内外活性筛选发现,藏波罗花中生物碱类成分具有较好体内外抗肿瘤活性。不仅为藏波罗花的进一步开发提供了试验参考,而且为抗肿瘤药物的研发提供了新的分子模板,为后期藏波罗花药用价值的发掘和推广奠定了理论基础。

青藏扁蓿豆环境适应机制研究获得新进展。利用转录组数据，设计了青藏扁蓿豆的 EST-SSR 标记引物；对其野生群体遗传结构和遗传多样性进行了更为全面的分析；通过 EST-SSR 变异和群体栖息地环境气候因子的关联分析，在基因组水平上获得了更为丰富的青藏扁蓿豆与环境适应相关的遗传变异信息。对青藏高原复杂极端环境下特有物种的适应机制和苜蓿属栽培种的抗逆改良具有重要的参考价值。

青海黑果枸杞白色浆果颜色变异的机理研究取得新进展。以黑果枸杞的黑果为对照，重点比较了 261 个和花青素合成相关的基因中直接参与花青素合成的 55 个结构基因和 10 个调节基因的表达水平。白果中 5 个结构基因的低表达为花青素消失的主要影响因素，花青素合成途径被阻断导致了白果中颜色的消失，调节基因不是导致黑白果颜色差异的因素。揭示了黑果枸杞白果颜色变异的分子机制，为珍稀资源特异种质遗传育种、改良其他种质抗性和丰富花色提供了理论依据

青海沙棘硒化多糖治疗 PM2.5 铅诱导亚急性肺损伤机制研究取得新进展。通过构建非暴露性气管滴注硫酸铅诱导的亚急性肺损伤大鼠模型，模拟短时间暴露于高浓度 PM2.5 环境所诱发的亚急性肺损伤，对沙棘硒化多糖治疗 PM2.5 铅诱导亚急性肺损伤的给药方式、量效关系和治疗作用途径进行研究。研究成果表明了给药方式和药物剂量对肺呼吸功能、肺组织渗透性、细胞毒、炎症和氧化应激水平的影响，揭示了沙棘硒化多糖"抗氧化-抗炎症反应-保护功能结构-抑制细胞凋亡-降低癌变风险"等 5 方面治疗作用机制，与沙棘天然多糖相比，沙棘硒化多糖治疗 PM2.5 铅诱导亚急性肺损伤效果更加显著，为青海省沙棘特色浆果经济林资源高值开发利用提供新思路，为全省特色多糖类药物研发和高原糖生物化学学科建设奠定了基础。

青海省青稞健康功效机制及活性保持关键加工技术研究及产业化示范取得显著成效。研究了基于不同青稞的加工适应性，筛选出了适宜加工的青稞品种。阐明了 10% 碾减率青稞具有改善空腹血糖、胰岛素抵抗、脂肪组织堆积作用，改善肠道微生物结构，保护回肠绒毛完整性，减轻结肠炎症反应

的作用，改善血糖及脂质堆积的作用。10%碾减率青稞与全谷物青稞具有同等的健康功效，提出了青稞改善脂质堆积及血糖作用的成年人摄入推荐值为54g/d，开发了保持青稞β-葡聚糖活性的新型青稞脱壳机，形成了高β-葡聚糖含量的预混合粉复配技术，研制出青稞米糊、青稞麦粒茶、青稞挂面等系列健康新产品，并开展了慢性病预防的系列功效评价与膳食干预研究。多项成果实现了产业化，具有显著的经济效益和社会效益。

8. 推进信息技术体系构建

青海汉藏智能语音交互关键技术及应用取得新进展。基于言语行为理论，建立了互联网信息化表示的层次化模型，同时研发了一种多层最低有效位的易碎水印语音自动恢复技术，构建了一种基于HMM-DNN（隐马尔可夫模型-深度神经网络）的藏语语音识别系统，应用于藏汉教学智能机器人，改进少数民族地区师资薄弱课程的授课方式，为民族语言的教育机器人应用提供示范性验证。

青海重大气象灾害智能格点化防控技术提升与示范取得新进展。针对全省境内的山洪泥石流、干旱、雪灾等重大突发性气象灾害，利用精细化气象要素格点客观预报技术、多源卫星遥感监测技术和互联网技术，建立适合青海省情、多部门参与协作的防灾减灾技术体系，利用云计算和存储资源，建立一套集灾前防范、灾中监测、灾后自救于一体的自动化程度较高的防灾减灾综合决策系统，形成灾害预警与防灾救灾的快速应急响应与部门联动机制，建立了青海省重大气象灾害本底数据库，研发了青海省干旱、雪灾、山洪等重大气象灾害的监测、评估、预警技术，干旱监测精准度达80%以上，山洪灾害预警发布时间提前1小时，有效提高了雪灾预警预报精度；建成云端架构的重大气象灾害信息平台和基于互联网技术的重大气象灾害信息智能决策发布平台，进一步提升了青海省山洪、雪灾、干旱等灾害的监测预警能力，节约了灾害防御社会成本，提高了政府部门的决策水平和工作效率。

青海省唐卡质量信息追溯体系建设取得新进展。通过研究热贡唐卡中矿物质颜料检测方法、底稿图绘制工艺鉴定与识别方法，开发了热贡唐卡质量信息追溯系统，制订了热贡唐卡产品质量信息追溯体系地方标准；利用光谱法对热贡唐卡进行无损检验，生成热贡唐卡质量信息专属二维码，为每幅唐卡设定一个"身份证"，实现来源可查、去向可追、责任可究，全省热贡唐卡能更好地普及推广，标准化、规范化发展也迈出了重要一步。

公共文化服务装备研发及应用示范取得阶段性进展。深入挖掘青海民族文化资源，推动青海省公共文化服务事业的发展，聚焦科技文化融合发展，利用数字技术等高新技术对青海特色文化进行改造升级，促进青绣、唐卡、堆绣等黄河上游地区传统特色文化数字化提质增效，推动实现科技与文化深度融合。

（二）重大科技创新工程实施

1. 以创新载体为依托带动特色产业科技创新工程

青海省柴达木循环经济试验区企业创新需求挖掘及诊断项目成效显著。主要针对海西州柴达木循环经济试验区"一区四园"内企业，围绕新能源、新材料、盐湖化工、先进制造与自动化、生物医药等领域，实地调研企业60家，了解企业在技术创新、成果转化、产学研合作、科技服务、政策应用等方面的实际需求，建立企业创新需求数据库，入库企业共60家，入库各类需求496项，编写企业技术需求汇编1册；在深度挖掘企业创新需求的基础上，对企业的科技创新能力进行诊断评估，找到影响企业技术进步的瓶颈问题，"一企一策"为企业开展科技创新活动提供建设性意见和建议，形成企业创新需求诊断报告60份，编制《青海省柴达木循环经济试验区企业创新能力研究报告》1份；培训从事技术创新服务人员74人次，提供技术咨询和技术服务等60人次，认定登记技术合同成交额5365.77万元，实现技术服务收入78万元，有效提升了柴达木循环经济试验区科技创新能力和水平。

国家藏医药产业技术创新服务平台公共服务体系建设成效显著。形成我国藏医药领域首个跨区域、跨行业、跨部门，向全国藏医药产业提供服务的公益性、基础性、战略性科技基础条件平台。组建了服务中心和青海、西藏、甘肃、北京4个服务站及人才培训基地；搭建了平台管理和服务制度体系；建立了藏医药文献、藏医药标准规范等 18 个藏医药科技资源数据库，建成藏汉双语平台门户网站、信息管理系统和藏医药知识产权信息管理系统；编写了 13 部藏医药专业技术人员系列培训教材。实现了国内现有藏医药科技资源的有效整合与高度共享，对促进藏医药科技资源的高效配置和综合利用、保障藏医药科技持续创新能力不断提高起到至关重要的作用。

青海省春油菜工程技术研究中心取得阶段性进展。青海省春油菜工程技术研究中心开展适合呼伦贝尔地区种植的春油菜种质资源创新、亲本系培育、杂交组合配置与新品种培育，相关企业针对青杂系列相关技术成果建立品鉴试验、各类栽培试验、新品种新技术示范展示基地，开展与新品种配套的丰产栽培技术宣传、培训、示范推广。培育适宜在呼伦贝尔种植的高产、优质、抗倒伏、抗病虫的新品种，提高呼伦贝尔地区油菜产量、品质和种植效益。引导全省春油菜科研团队"走出去"，加速推进春油菜种业国产化进程。

2. 科技支撑三江源区生态保护

"三江源国家公园星空地一体化生态监测及数据平台建设和开发应用"成效显著。建成了集生态监测数据汇集、管理、分析及演示示范于一体的三江源国家公园大数据可视化数据监测与信息展示平台；构建了生态监测 3 级指标体系，编制三江源国家公园生态监测技术规范 6 项；建成 4 种植被类型长期监测地面验证样地；在平台发布 5 类产品；率先应用直升机和系留气球空中监测平台，开展可可西里、勒池草原等重点区域综合监测；研发了 5 项多源异构数据解析集成关键技术，显著提升了三江源国家公园生态监测数据的获取与管理、数据产品开发及共享效率与决策服务水平。

省部共建三江源生态与高原农牧业国家重点实验室取得阶段性成果。实验室围绕建设目标和研究方向共获批省部级以上科技项目 72 个，资助经费达 7203 万元；建立"河源区"降水转化率挖潜示范基地 1 个，开展基于超高功率定向集束声波的降雨转化率挖潜试验 8 次；挖掘高原特色动植物基因 7 个，并阐明了其作用机理；建立优良牧草新品系原种繁育田 2400 亩，生产原种 40000 公斤；治理"黑土滩"退化草地 100 亩，治理高寒矿区退化草地 1500 亩；开展高原冷水鱼生态养殖配套技术的攻关，建立冷水健康养殖技术体系 1 套，建立 2 种土著鱼人工繁殖技术体系；筛选、创建春油菜作物优质资源 2 份，定位作物优质高产基因 4 个；开展马铃薯青薯 9 号品种推广及配套高产高效栽培技术示范，推广面积 15.8 万亩。建成了服务于三江源生态一流学科的分析测试中心和专业研究平台，搭建了以社会服务为主的高原农产品检测中心，并获批三江源生态系统教育部野外科学观测研究站、三江源草地生态系统国家野外科学观测研究站（联合）和三江源省部共建协同创新中心，培养和造就了一批能扎根高原、乐于奉献、服务地方的人才队伍，为开展科学研究、技术创新、人才培养、服务青海经济社会发展奠定了坚实的基础。

3. 以基础研究为抓手推进科技创新能力工程建设

海北藏族自治州畜牧兽医科学研究所科研基础条件与能力建设取得显著成效。通过完善实验示范区科研设施、开展相关研发服务，进一步提升海北州科研基础条件和服务能力，对促进基层科技创新能力提升具有积极的意义。通过仪器设备的升级改造，动物疫病荧光 PCR 年检测能力达到 10000份；藏羊多胎基因年检测能力达到 5300 份；农产品质检范围从原来的 300项扩展到 700 余项，年检测能力达到 20000 份，动物疫病检测水平达到国家疫病防控工作的要求。

青海冷湖天文观测基地建设进展顺利。通过实施"天文大科学装置冷湖台址监测与先导科学研究"重大科技专项，在选址区域开展天文台址科学监测工作，获取了大量气象、天光背景、全天云量、晴夜数统计和视宁度分析等关键监测数据，证明冷湖天文观测基地具备世界一流的视宁度和重大科学研究潜力。已经落户的 5 个科研单位 7 个光学望远镜装置建设进展顺利，冷湖观测基地首台科学级光学望远镜（50Bin）在赛什腾山海拔 4200 米观测点成功安装并实现科学观测，通过开展宽视场、高频次、多波段的光学影像巡天，探索发现引力波事件、伽玛暴、快速射电暴的光学对应体等研究，吸引了多所高校和科研院所提出在冷湖合作建设光学望远镜项目的意向，其中清华大学 6.5 米"宽视场光谱巡天望远镜"（MUST）项目是目前已明确落地项目中口径最大的天文望远镜，该项目的落地实施为在冷湖打造世界级天文观测基地奠定了坚实基础。

4. 以打造高品质生活为目标落实科技惠民

国家重点研发计划"绿色宜居村镇技术创新"重点专项"西北村镇综合节水降耗技术示范"启动。围绕绿色宜居村镇综合节水降耗的共性及重大科学问题，为村镇居民创造良好生产生活环境提供技术解决方案。处理好生产、生活、生态的关系，充分发挥科技创新支撑作用，为全省打造生态平衡、安全宜居、智慧治理的高原美丽城镇提供科技支撑，推动"三生"融合。

却藏寺村"脑山区绿色节能建筑技术集成与示范"项目建设。紧扣却藏寺村丰富的文旅资源优势，以脑山区绿色节能建筑示范为核心，打造乡土旅游集散中心，形成"农家乐"形式的民宿、餐饮等第三产业发展示范点，为村集体经济发展和民生改善开新路、增动能。

（三）重大科技行动推进

1. 加快培育青海省科技型企业

青海省国家科技型中小企业数量稳步提升。青海省 2021 年度第四批入库的国家科技型中小企业名单完成公告。截至目前，全省国家科技型中小企业数量已达到 212 家，较上年增长 20%，呈现良好增长态势。近年来，青海省科技厅始终贯彻国家创新驱动发展战略，持续优化创新政策，营造良好创新环境，围绕《青海省关于优化科技创新体系提升科技创新供给能力的若干政策措施》，修订完善《青海省科技型企业认定管理办法》，制订出台《青海省科技创新券管理办法》《青海省科技小巨人企业认定管理办法（试行）》等一系列配套措施，持续兑现科技企业奖励、创新券、研发费用加计扣除补助等奖补政策，支持企业科技创新，强化全省创新驱动发展的浓厚氛围，有效激发了全省科技企业的创新活力。

2. 进一步推动科技成果转移转化行动

西宁科技大市场科技成果转化服务能力建设项目成效显著。开展企业调研并搜集企业数据 157 家，举办大型科技成果对接会 1 场、科技成果专场对接会 4 场，征集筛选并发布科技成果 500 余项，完成签约科技成果 67 项，区域创新能力得到提升；实现科技投融资金额 1250 万元，技术合同成交额 1133.09 万元；举办创新创业培训 2 期、科技大讲堂 11 期、院士专家论坛 2 期，培训技术创新服务人员 110 人次、农业科技服务人员 93 人次；开发完成"企业科技信息采集系统"，并应用 5G、VR/AR、云服务等信息化手段，提升了科技服务和科技成果转化对接能力。

青海首次举办第六届中国创新挑战赛。结合青海省资源优势，探索符合青海省情实际创新挑战赛模式，面向省内企业开展需求调研，在西宁、海西开展"企业技术体检"，探索以需求为导向的科技成果转化和产业化新机制，帮助解决企业技术需求，探索出一条加速科技成果转移转化、有效促进产业转型升级之路。

3. 创新助力科技与金融结合行动

2021 年，青海省科技厅加大科技政策支持力度，激发企业创新创造活力，推动政银企沟通合作，鼓励金融机构加大对青海科技创新的支持力度，会同省财政厅、省税务局，先后分两批次拨付科技企业研发费用加计扣除补助资金 4576 万元，支持全省高新技术企业和科技型企业享受研发费用补助，持续为企业科研投入减负。统筹协调资金优先保障研发费用加计扣除补助资金，2021 年补助资金额度较 2020 年增长近 1 倍；深入各市州和园区，以高新技术企业和科技型企业为重点辅导对象，累计培育企业 400 余家次，培训人员 800 余人次。

4. 大众创业万众创新不断激发新动能

青海大学科技园科技创新服务中心依托青海大学科技园投资开发股份有限公司，于 2017 年被认定为省级科技企业孵化器，经过三年的建设培育可自主支配的孵化场地使用面积达到 1 万平方米以上，在孵企业 44 家，毕业企业 22 家，专业孵化服务人员 22 人，综合孵化服务绩效突出。目前全省已认定科技企业孵化器 15 家，其中 7 家晋升为国家级科技企业孵化器，孵化面积达 100 多万平方米，在孵企业 370 余家，培育高新技术企业 30 余家，带动了全省创新创业孵化能力的提升。

2021 年青海省第七届"民生银行杯"大学生创新创业大赛暨中国创新创业大赛青海分赛启动。以"高水平创新创造 高质量创业就业"为主题,共吸引 368 个项目团队参赛。涌现出"致力牦牛胶原蛋白肽"的全益药业团队和"泡沫铝制备工艺"的融科新材料团队,"专注于掐丝工艺与唐卡艺术相结合"的亚琼团队和"肝病变早筛技术"的肝御者团队,"潜心研发富能态太空能热利用技术"的白果科技团队和"输电母线筒波纹管伸缩位移检测装置"的尘电电力等优秀创新创业团队。截至目前,已累计吸引参赛项目 2849 个,约 15000 位创业者参与,遴选出优秀创新创业项目 285 个,深度服务企业 550 家次,积极开展"双创"工作交流会、"双创"产品展、"双创"人才专场招聘会等主题活动 10 场次;着力突出科技服务优势,打造"微成长、小升高、高变强"的科技企业梯次培育模式,为生态文明高地和"四地"建设积蓄新动能。

5. 积极促成科技交流合作行动

开展中韩科技合作交流政策宣讲活动。韩中科学技术合作中心作为中韩科技合作的重要桥梁和窗口,一直积极发挥协助与支撑作用,推动中韩两国科技合作与发展。韩方代表围绕韩国科技通信部在华科技活动、韩中联合研究资助方向、优秀海外人才资助计划、韩国中药研发等内容进行了政策讲解,重点对韩国科技部资助海外优秀人才到韩国进行科研活动的资助对象、金额、领域等方面进行了详细介绍。加深双方沟通联系,拓宽青海国际合作渠道,促进国际合作交流,对推进与"一带一路"沿线国家科技创新合作、搭建国际合作交流平台、加强联合攻关实现互利共赢具有推动作用。

北京、青海深入开展科技对口支援对接工作。北京市科委强化政治意识,勇于担当作为,深入实施科技援青、对口支援玉树市、"京青专家服务活动"等机制,联合开展科技攻关,双方科技合作和交流不断深入,玉树藏族自治州在经济社会发展、生态保护、民生改善方面取得了积极进展。

五 总结与建议

（一）总结

1. 2021年青海省科技计划项目资助重点领域更为突出

作为"十四五"的开局之年，2021年青海省科技计划项目部署在兼顾全面的同时，资助重点更为突出。生态环保、农牧业、民生改善和特色生物资源领域，从拟资助经费来看，是2021年青海省科技计划项目部署的重点领域；生态环保、农牧业、民生改善和健康医疗卫生领域，从项目数来看，是2021年部署的重点领域。

与2020年相比，2021年青海省科技计划项目部署的重点有所不同。从部署项目数量来看，生态环保和农牧业领域是部署项目最多的两个领域；健康医疗卫生领域排名有所下降，代替新材料领域项目部署排在第三位；民生改善领域部署项目数排名第四。从拟资助经费来看，生态环保领域代替农牧业领域排名最高，受到高度重视。而相比之下，农牧业、新材料和健康医疗卫生领域的资助排名有所下降，民生改善和特色生物资源领域的资助地位则有所上升；从当年资助经费来看，农牧业领域是2021年度资助的重点领域，和2020年保持一致。相比之下，民生改善、特色生物资源和生态环保领域的资助排名有所上升，健康医疗卫生、数字经济和清洁能源的资助地位则有所下降。

2. 对青海省科技创新发展的支撑力度保持稳定

青海省科技项目部署重点围绕"四地"建设，深入实施创新驱动发展战略，推进青海省"十四五"科技创新规划全面实施。具体来看，从项目数和拟资助经费来看，"四地"建设战略方向部署项目127个，占总项目数的31.83%，拟资助经费19963.5万元，占拟资助总额的38.28%。从拟资助经费带动的社会科技投入和总经费比例来看，"世界级盐湖产业基地"项目和"国家清洁能源产业高地"项目带动经费的比例较高，拟资助经费分别带动约 3.73 倍、2.15 倍的社会科技投入；"绿色有机农畜产品输出地"和"国际生态旅游目的地"项目的拟资助经费带动社会科技投入分别为 1.58 倍和 1 倍。

3. 创新载体参与度各有侧重

2021 年青海省科技计划项目吸引了众多企业、高校科研机构及其他单位的参与，积极推进科技项目实施。从整个创新载体活跃度网络来看，合作网络中存在若干核心机构，通过各种复杂的关系将众多机构凝结成一个密集的科研网络。在 2021 年的创新载体中，活跃度较高的仍以高校科研机构为主，包括青海大学、青海师范大学、中国科学院西北高原生物研究所、青海畜牧兽医科学院、青海省农林科学院、中国科学院青海盐湖研究所、青海民族大学等。此外，与 2020 年创新载体相比，在完成青海省科技项目中，虽然主力军仍是高校与科研院所，但企业的活跃度逐步提升，一些企业已作为不同单位合作的关键节点，担负起重要桥梁联结作用。如青海盐湖镁业有限公司、玉树黄河源良种繁育有限公司、青海夏都医药有限公司等。

（二）存在的问题

1. 科技创新效能还需有效激发

展望"十四五"发展新任务、新目标，全省科技创新发展仍面临诸多不足和挑战。科技创新资源配置方式有待完善，区域科技创新发展不平衡不充分；创新引领发展的源动力不足，自主创新技术缺乏，关键核心技术"卡脖子"问题比较严重；科技成果转化与市场化程度较低，承接国家创新战略和重大成果的转移转化能力弱，专业性技术转移机构数量少、服务水平和层次比较低。

2. 企业创新主体地位需进一步提升

在 2021 年新开科技计划项目创新载体活跃度网络中，企业作为参与主体的作用有所减弱，但是高校和科研院所仍是活跃度最高的创新载体。从计划类别来看，基础研究计划和创新平台建设专项中，企业参与度仍相对较低。从技术领域来看，以企业为申报主体对新材料、民生改善、清洁能源、农牧业、生态环保、特色生物资源、数字经济、健康医疗卫生和盐湖资源均有覆盖，但仅有盐湖资源、民生改善和农牧业领域形成了以企业为主体的创新体系。需要拟订切实可行的应对策略，进一步发挥企业在科技计划项目中的创新推动作用。

3. 科研合作网络需进一步拓宽

虽然围绕不同的产业类型，已形成了相对稳定的科研合作网络和创新集群雏形，但是当前科研合作网络结构仍比较松散，彼此孤立的小团体之间连接节点比较匮乏；此外，合作网络中的创新载体集中于青海省内的科研机构，同时省外的高校和科研院所相比上年有所增加，国际企业与机构参与度不高，需要开展更为广泛的国际科研合作。

（三）对策建议

按照《青海省"十三五"科技创新规划》要求，2020年度科技计划项目部署得到进一步落实。2021年是"十四五"规划的开局之年，双碳背景下，青海省科技创新发展也面临着诸多"三新一高"机遇与挑战。因此，针对今后科技项目部署与管理提出以下建议。

1. 持续强化科研攻关，助力实现"十四五"科技创新发展要求

按照《青海省"十四五"科技创新规划》任务进度安排，统筹推进"五位一体"总体布局，协调推进"四个全面"战略布局，坚持党对科技工作的全面领导，坚持"四个面向"，立足新发展阶段、贯彻新发展理念、构建新发展格局、推动高质量发展，立足"三个最大"省情定位，聚焦"四个扎扎实实""三个坚定不移"和打造全国乃至国际生态文明高地、建设"四地"的重大要求，围绕推进"一优两高"、培育"四种经济形态"、建设"五个示范省"，深入实施创新驱动发展战略，把科技创新摆在发展全局的核心位置。组织实施一批重大科技专项，着力解决制约青海省创新驱动发展的重大瓶颈问题，突破对产业竞争力整体提升具有全局性影响、带动性强的关键共性技术，实现重点领域的战略性突破，提升全省的科技治理能力；着力补齐民生短板，以科技创新和成果转化破解民生难题，为建设青藏高原

科技创新高地、推动青海经济社会高质量发展提供科技支撑。

2.大力培育各类科技创新主体，打造多元融合的技术创新体系

深入实施科技型企业、高新技术企业和科技"小巨人"企业培育计划，打造高质量发展的创新主体；增强企业创新动力，正向激励企业创新，反向倒逼企业创新，引导企业不断加大研发投入，支持企业引进国内外先进适用技术增强核心竞争力；优先支持具备条件的行业骨干企业、高新技术企业和科技型企业建设一批国家级、省级工程（技术）研究中心、重点实验室等研发平台，聚焦产业升级和链条延伸，有针对性地攻克一批亟待解决的关键核心技术；突出创新导向、结果导向和实绩导向，改进科技计划评价体系，引导科研院所和高等学校破除"四唯"倾向；推动科研院所和高等学校科研人员坚持围绕"四个面向"重大要求，开展科学技术攻关，调整学科布局，提高人才与产业创新需求匹配度，优化科研院所和高等学校的原始创新供给；调动好高校和企业两个积极性，引导企业联合高等学校、科研院所和创新团队，立足优势产业，按照市场化机制建设一批具有高原特色和行业优势的产业技术研究院、创新联合体等新型研发机构。

3.继续深化体制机制改革，进一步保障科技计划部署与落实

实施科技体制改革攻坚行动，落实"抓战略、抓改革、抓规划、抓服务"要求，加快转变政府科技管理职能，坚持减负与激励相结合，巩固成果与拓展深化相结合，聚焦突出问题，完善"放管服"责任清单机制，对权责清单实行动态化管理，推进项目申报"绿色通道"和科研项目经费"包干制"改革试点，充分激发科技创新活力，提升创新效能；创新计划项目管理，试行定向委托、揭榜挂帅、赛马争先、帅才科学家负责制、悬赏激励制等新型项目组织模式，面向全省乃至全国组织具有高端优秀创新能力和管理水平的科研队伍承担项目；继续深化科研领域"放管服"改革，实施"绿色通道"和科研项目经费包干制改革试点，持续精简流程、减表减负，赋予科研人员更大的科研自主权，激发科技创新活力；持续推进项目评审、人才评价、机构评估改革，将"破四唯"和"立新标"并举，全面激发科技创新活力，加快建立以创新价值、能力、贡献为导向的科技人才评价体系，完善科技成果评价机制；加强对重点领域风险点的持续关注和预警，建立重大科技安全事件定期研判和应急处理机制。围绕人工智能、基因编辑、医疗诊断、数据信息等领域，建立完善风险评估和应对机制，加快科技安全预警监测体系建设，加强社会公众科技风险意识培养，对新技术、新产业发展及时形成广泛参与的动态风险防范治理结构；构建科技"大监督"格局，完善决策、执行、监督、评估有效衔接的工作体系，构建科技大监督格局和责权清晰、纵横联动、闭环运行的监督体系，推进科技活动全领域、全流程监督平台建设，推动不同主体监督结果的互通互认。

4. 广泛开展国内外科技项目合作，积极融入全球创新网络

深入开展东西部合作与交流，主动对接长江经济带发展、黄河流域生态保护和高质量发展、西部大开发形成新格局等国家重大战略，依托部省会商、对口支援、科技援青等合作机制，与东部省市联合开展重点领域技术攻关和成果转化，建立人才培养和科技园区共建新模式，推动青海特色产业、特色资源优势形成竞争新优势；切实强化省院省校合作，积极落实省院省校全面创新合作协议，依托中国科学院、中国工程院和国内知名高校的人才技术等优势，健全沟通协商工作机制，在关键核心技术、集聚创新资源、科技成果产业化上寻求突破，探索"平台+项目+人才"为一体的省院合作新模式，汇聚全国一流创新资源，推动青海省建设高标准研究基地、形成高水平科技成果、培育高层次科技人才；广泛开展国际合作与交流，利用青海地缘优势，围绕生态保护、水资源管理和高原特色产业等领域，开展与"一带一路"沿线国家的科技合作，通过联合设立研发机构、开展研发协作等方式，不断提高创新竞争力。

G.13
青海省科技投入及活动情况分析报告

青海科技发展报告课题组 *

摘　要: 2020年青海省深入实施创新驱动发展战略,不断深化科技创新体制机制改革,推动科技创新与经济社会发展深度融合,带动 R&D 经费投入强度稳步提升,政府投入 R&D 活动的经费持续保持增长态势,政府在引导 R&D 活动中的作用进一步增强,规模以上工业企业研发经费投入大幅提升,自主创新活动力度不断加强。同时,科技创新工作依旧存在短板和不足,主要表现在:全省地方财政科技支出占比下降,用于基础研究的支出占比保持平稳;科技人力投入略显疲软,人才断层问题显现。

关键词: 科技活动　科技投入　研发强度　青海省

一　2020年度青海省科技投入情况分析

（一）青海省 R&D 经费支出整体情况分析

1. 青海省 R&D 经费投入强度同比小幅增长

2020年,青海省 R&D 经费支出为21.32亿元,同比增长3.65%。2020年青海省 R&D 经费支出占 GDP 的比重（R&D 经费投入强度）为0.71%,

---

* 课题组成员:许淳、柏为民、张巍山、胡永强、马冠奎、赵润身、严进鹏、李廷鹃、宋飞。

同比提高 0.01 个百分点。青海省 R&D 经费支出从 2016 年的 14.00 亿元增加到 2020 年的 21.32 亿元（见图 1），年均增速 11.09%；R&D 经费投入强度呈现波动趋势，从 2016 年的 0.62% 上升至 2017 年的 0.73%，2020 年回落到 0.71%（见图 2）。

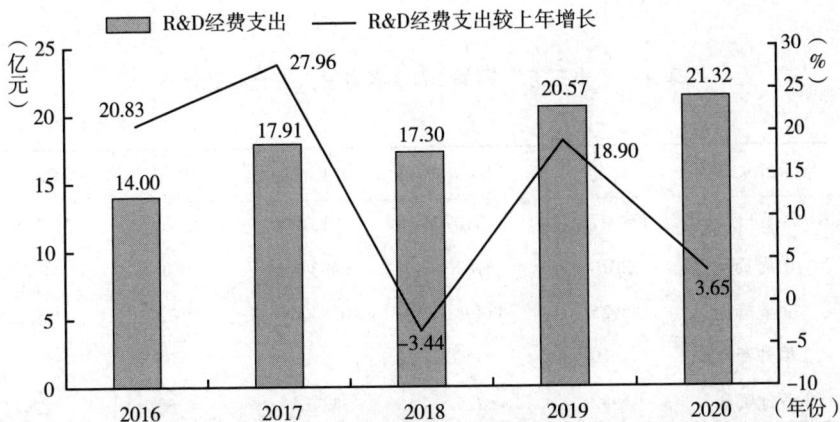

图 1　2016~2020 年青海省 R&D 经费支出及增长情况

资料来源：2017~2021 年《青海科技统计年鉴》。

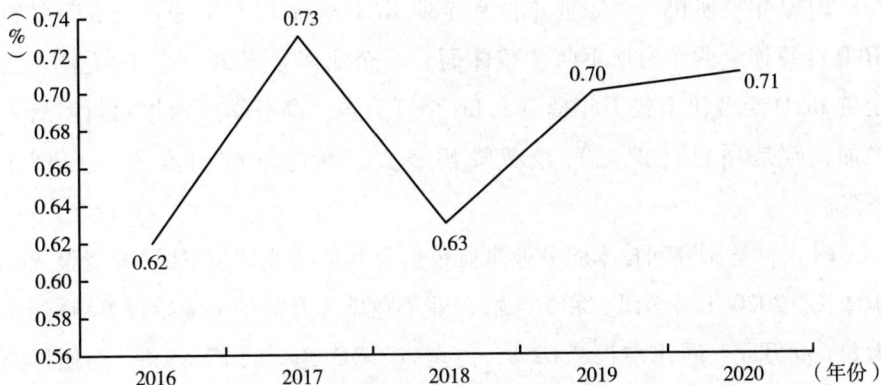

图 2　2016~2020 年青海省 R&D 经费投入强度

资料来源：2017~2021 年《青海科技统计年鉴》。

2. 政府投入 R&D 经费力度持续加大

"十三五"以来，政府在 R&D 创新活动中的引导作用进一步加大，R&D 活动的经费持续保持增长态势，年均增速为 9.53%。2020 年，政府投入 R&D 资金为 74934 万元（见表 1），同比增长 1.34%，占 R&D 经费的比重为 35.15%，同比下降 0.8 个百分点。

表 1   "十三五"期间 R&D 经费投入资金来源情况

单位：万元

指标名称	2016 年	2017 年	2018 年	2019 年	2020 年
R&D 经费投入	139977	179109	172951	205680	213155
其中:政府资金	52070	61876	66838	73940	74934
企业资金	85925	114981	102840	126975	136832
境外资金	0	0	0	0	0
其他资金	1982	2252	3273	4765	1389

资料来源：2017~2021 年《青海科技统计年鉴》。

3. R&D 投入执行情况及特点

2020 年科研机构、事业单位和企业 R&D 经费均有所增长，高等学校 R&D 经费连续两年有所下降。整体而言，企业仍是 R&D 投入的主体，占全省 R&D 经费比重较上年提升 3.06 个百分点。高等学校承担项目虽有所增加，但是项目（课题）经费降幅较大，高等学校研发投入出现了下降。

（1）科学研究和技术服务业事业单位及其他事业单位 R&D 经费投入稳步增长。2020 年科学研究和技术服务业事业单位及其他事业单位 R&D 经费为 59659 万元，同比增长 7.62%，占全省 R&D 经费的 27.99%，同比提高 1.04 个百分点，随着科学研究和技术服务业事业单位及其他事业单位研究能力不断加强，承担项目（课题）数量和经费逐年增加。

（2）规模以上工业企业研发经费投入大幅提升，自主创新活动力度不断加强。企业是科技创新投入的主体，是推动科技创新的生力军。

R&D 活动作为企业技术创新的核心部分，决定着企业的创新能力。2020
年青海省企业投入创新活动的 R&D 经费 136902 万元，同比增长 8.81%，
占全省 R&D 经费的比重为 64.23%，同比提高 3.06 个百分点（见图 3）。
其中规模以上工业企业 R&D 经费 103699 万元，同比增长 10.66%，占全
省企业 R&D 经费的 75.75%，较上年提高了 1.27 个百分点。2020 年，规
模以上工业企业 R&D 经费占营业收入的比重为 0.42%，同比提高 0.03
个百分点，新产品销售收入 2094604 万元，同比增长 69.76%。在抗击疫
情的过程中，一些新模式、新业态、新经济不断涌现，借助青海省出台
惠企助企相关政策支持，为很多企业在产业能力和生态协同的"大考"
中找到新的增长机会。企业创新能力不断增加，在一定程度上缓解了疫
情冲击。

图 3　2016~2020 年企业 R&D 经费及占青海省 R&D 经费比重

资料来源：2017~2021 年《青海科技统计年鉴》。

（3）高等学校研究能力需进一步加强。2020 年，高等学校 R&D 经费
为 16593 万元，同比下降 32.07%，占全省 R&D 经费的 7.78%。其中，基
础研究经费为 5541 万元，同比下降 16.15%；应用研究经费为 10445 万
元，同比下降 39.71%；试验发展经费为 607 万元，同比增长 22.87%。高
等学校 R&D 经费来源于政府的经费为 1.36 亿元，占高校 R&D 经费的

81.96%，同比减少 30.37%，2020 年政府拨款减少，对高校科研造成了较大影响，这也表明青海省高校的 R&D 经费主要来源于政府，来源过于单一，政府对高校的拨款会造成高校过多依赖，最终阻碍高校研发的动力和水平。

（二）青海省地方财政科技支出情况分析

1. 2020 年地方财政科技支出小幅增长

2020 年，青海省地方财政科技支出 10.56 亿元，同比增长 1.90%；青海省地方财政支出合计为 1932.84 亿元，同比增长 3.71%。2020 年全省地方财政科技支出占地方财政支出的比重为 0.55%，较上年下降 0.01 个百分点（见图 4）。

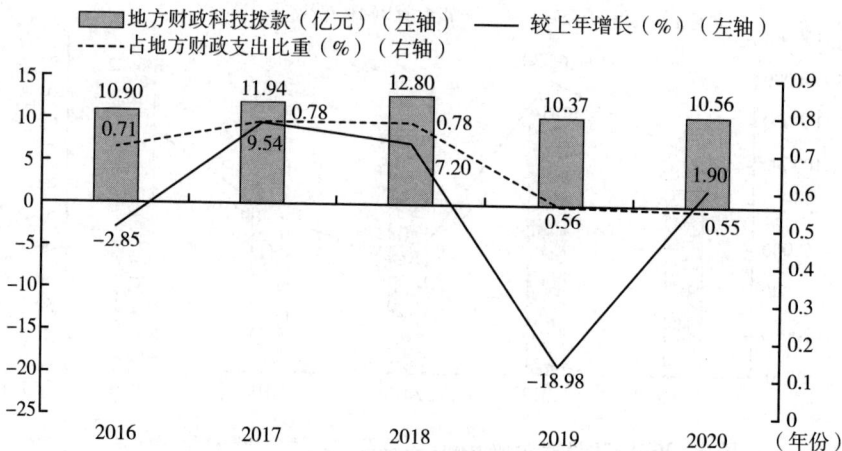

图 4　2016~2020 年青海省地方财政科技支出情况

资料来源：2017~2021 年《青海科技统计年鉴》。

2. 支出类别占比结构变化显著

2020 年，全省地方财政科技支出中，科学技术管理事务支出 8726 万元、同比下降 1.69%，基础研究支出 9396 万元、同比下降 2.13%，应用研究支出 7665 万元、同比下降 0.60%，占全省地方财政科技支出总额比重分别为 8.26%、8.89% 和 7.26%；技术研究与开发支出 21021 万元、同比下降 26.62%，科技实践与服务支出 19395 万元、同比增加 20.49%，占全省地方财政科技支出总额比重分别为 19.90% 和 18.36%（见图5）。

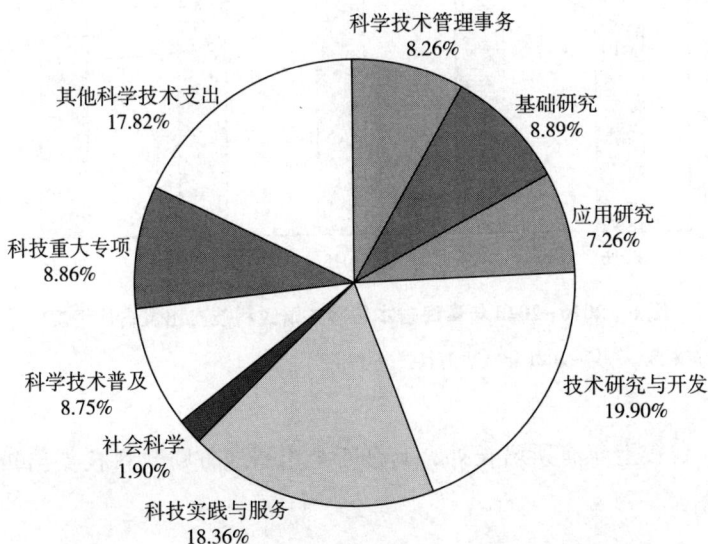

图5 2020 年青海省地方财政科技支出按管理类别分类

资料来源：2017~2021 年《青海科技统计年鉴》。

3. 省本级地方财政科技支出占比连续两年下降

2020 年，青海省本级地方财政科技支出为 59327 万元，同比增长 4.08%，占青海省地方财政科技支出总额的 56.18%，较上年提高 1.18 个百分点，占本级地方财政支出的比重为 0.93%，同比降低 0.06 个百分点（见图6）。

4. 市州地方财政科技支出总额占比保持稳定

2020 年，青海省 8 个市州地方财政科技支出总额为 46317 万元，占全省地方财政科技支出总额的 43.86%，同比下降 1.18 百分点，占同级地方财政支出总额的 0.36%，同上年持平。8 个市州中除西宁市（增长 13.76%）、黄南州（增长 36.52%）、海南州（增长 19.62%）地方财政科

图 6　2016~2020 年青海省本级地方财政科技支出及占比情况

资料来源：2017~2021 年《青海科技统计年鉴》。

技支出经费较上年有所增长外，其余 5 个市州地方财政科技支出较上年均有所下降。

二　2020年度青海省 R&D 人员情况分析

（一）R&D 人员数量下降，人员队伍质量有待提高

R&D 人员是衡量机构科学研究和创新活动规模的重要指标。2020 年，青海省 R&D 人员共 7773 人，同比下降 19.54%。其中，博士研究生学历和硕士研究生学历合计 2254 人，同比下降 1.96%。2020 年 R&D 人员折合全时当量为 4423 人年，同比下降 19.23%。

R&D 人员中研究人员所占比重，主要反映 R&D 人员队伍的质量。2020 年 R&D 人员折合全时当量中研究人员为 2399 人年，同比下降 16.47%，占 R&D 折合全时人员总量的比重为 54.24%，同比提高 1.79 个百分点。近些年，青海省企业普遍存在企业创新投入水平较低、对技术创新的支撑不够等问题，对青海省

吸引和集聚人才带来较大阻力，加上新冠疫情、国际形势等因素影响，招人难、留人难等多种问题并存，导致全省 R&D 研究人员数量有所下降。

（二）科技人力投入力度下降

2020 年，青海省 R&D 折合全时人员队伍中，基础研究人员 721 人年，同比下降 8.50%，占总量的 16.30%；应用研究人员 1069 人年，同比下降 18.02%，占总量的 24.17%；试验发展活动人员 2634 人年，同比下降 22.21%，占总量的 59.55%，（见图 7）。2020 年，青海省 R&D 折合全时人员呈现下降趋势，青海省科技人力投入需进一步加强。

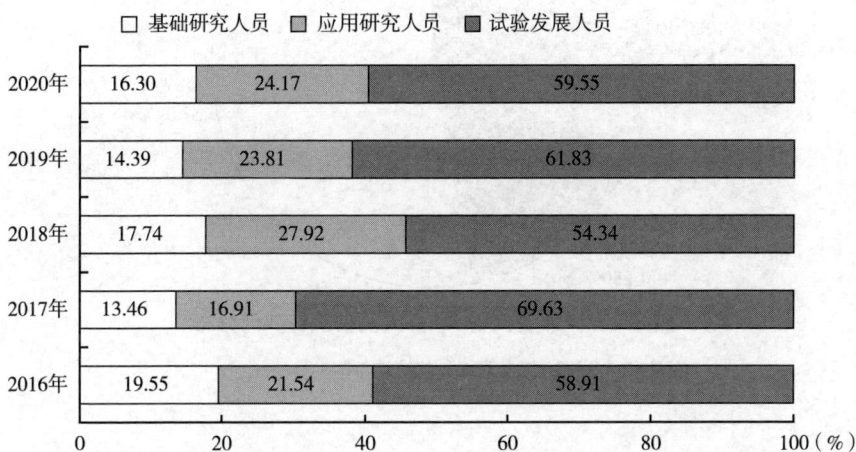

图 7　2016~2020 年青海省 R&D 人按活动类型分占比情况

资料来源：2017~2021 年《青海科技统计年鉴》。

（三）企业和事业单位研发人员下降明显

研发人员按执行部门分为企业、研究机构、高等学校和事业单位。2020年，青海省企业 R&D 人员 4127 人，同比下降 26.39%，占总量的 53.09%，较上年降低 5.98 个百分点；科研机构 R&D 人员 1150 人，同比下降 2.71%，占总量的 14.80%；高等学校 R&D 人员 1676 人，同比增长 2.82%，占总量的 21.56%；事业单位 R&D 人员 820 人，同比下降 34.40%，占总量的 10.55%（见图 8）。R&D 人员下降主要集中在企业和事业单位，其中企业研发人员下降达到 1472 人，事业单位研发人员下降达到 438 人。2020 年为"十三五"末期，研究项目大多处于结题阶段，参与研发人员调整较大，导致企业和事业单位研发人员有所下降。

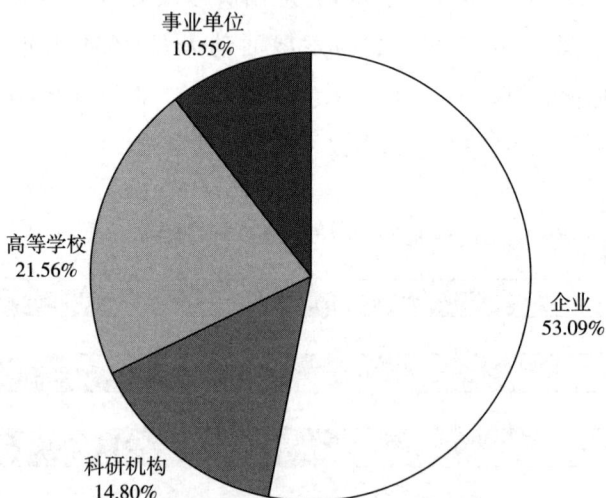

图 8　2020 年青海省 R&D 人员按执行部门分布

资料来源：2021 年《青海科技统计年鉴》。

三　青海省科技创新水平态势分析

《中国区域科技创新评价报告（2021）》显示，青海省综合科技创新水平指数为 44.17%，同比下降 1.11 个百分点［全国平均水平为 0.25 个百分点（见图 9）］，排在全国第 29 位，与上年位次持平（见图 10）。①

---

① 《中国区域科技创新评价报告（2021）》与国家创新调查制度系列保持一致，报告标题中的"2021"指的是报告发布年份。报告所用数据标注为"当年"的均为 2019 年数据；标注为"上年"的均为 2018 年数据。

在西部 12 个省区中排第 10 位（见表 2），西北 5 省区中排第 4 位（见表 3）。

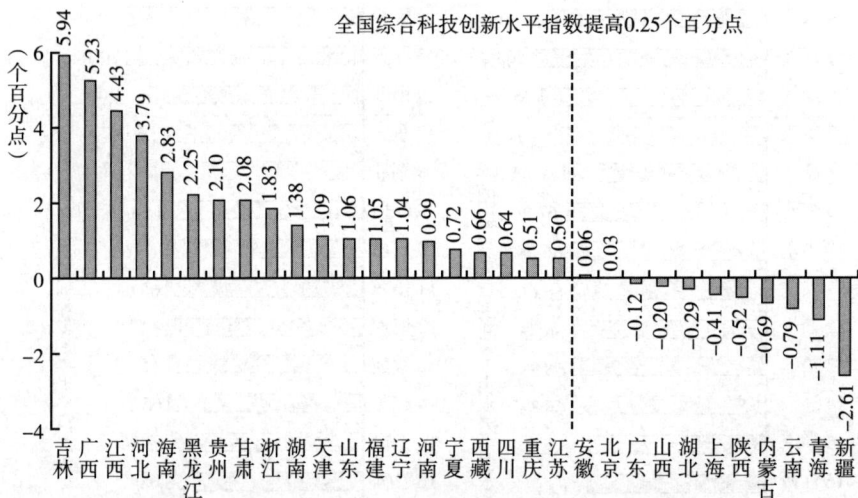

图 9　全国区域综合科技创新水平指数提高百分点排序

资料来源:《中国区域科技创新评价报告（2021）》。

青海省综合科技创新水平指数仍保持在三类地区，位于青海省之后的省份有新疆、西藏。从综合科技创新水平指数的排序来看，全国多数地区位次变化不大，青海省在西部 12 省区和西北 5 省区的排名基本稳定。

综合科技创新水平由 5 个一级指标组成。在一级指标中，青海省科技创新环境指数为 45.33%，在全国排第 26 位，同比下降 2 位；科技活动投入指数为 32.03%，在全国排第 29 位，同比上升 1 位；科技活动产出指数为 35.51%，在全国排第 29 位，同比下降 7 位；高新技术产业化指数为 50.11%，全国排名为 28 位，同比下降 1 位；科技促进经济社会发展指数为 58.98%，在全国排第 27 位，同比下降 2 位。

2020年综合科技创新水平指数		2019年综合科技创新水平指数	
1 上海	86.36	1 上海	86.77
2 北京	84.58	2 北京	84.55
3 广东	81.55	3 广东	81.67
4 天津	80.88	4 天津	79.79
5 江苏	79.69	5 江苏	79.19
6 浙江	76.76	6 浙江	74.93
7 重庆	70.48	7 重庆	69.97
8 湖北	69.33	8 湖北	69.62
9 陕西	67.86	9 陕西	68.39
10 山东	66.98	10 安徽	66.60
11 安徽	66.66	11 山东	65.91
12 四川	66.43	12 四川	65.79
13 福建	66.38	13 福建	65.32
14 辽宁	66.32	14 辽宁	65.28
15 湖南	65.35	15 湖南	63.96
16 江西	61.11	16 江西	56.68
17 吉林	60.90	17 河南	56.59
18 河北	58.26	18 宁夏	56.11
19 河南	57.58	19 吉林	54.96
20 宁夏	56.83	20 河北	54.46
21 黑龙江	56.32	21 黑龙江	54.07
22 山西	53.75	22 山西	53.95
23 甘肃	53.71	23 甘肃	51.63
24 广西	53.51	24 内蒙古	48.32
25 贵州	49.05	25 广西	48.29
26 海南	48.98	26 云南	48.26
27 内蒙古	47.63	27 贵州	46.95
28 云南	47.47	28 海南	46.15
29 青海	44.17	29 青海	45.28
30 新疆	37.61	30 新疆	40.22
31 西藏	32.89	31 西藏	32.23

全国综合科技创新水平指数72.44%

全国综合科技创新水平指数72.19%

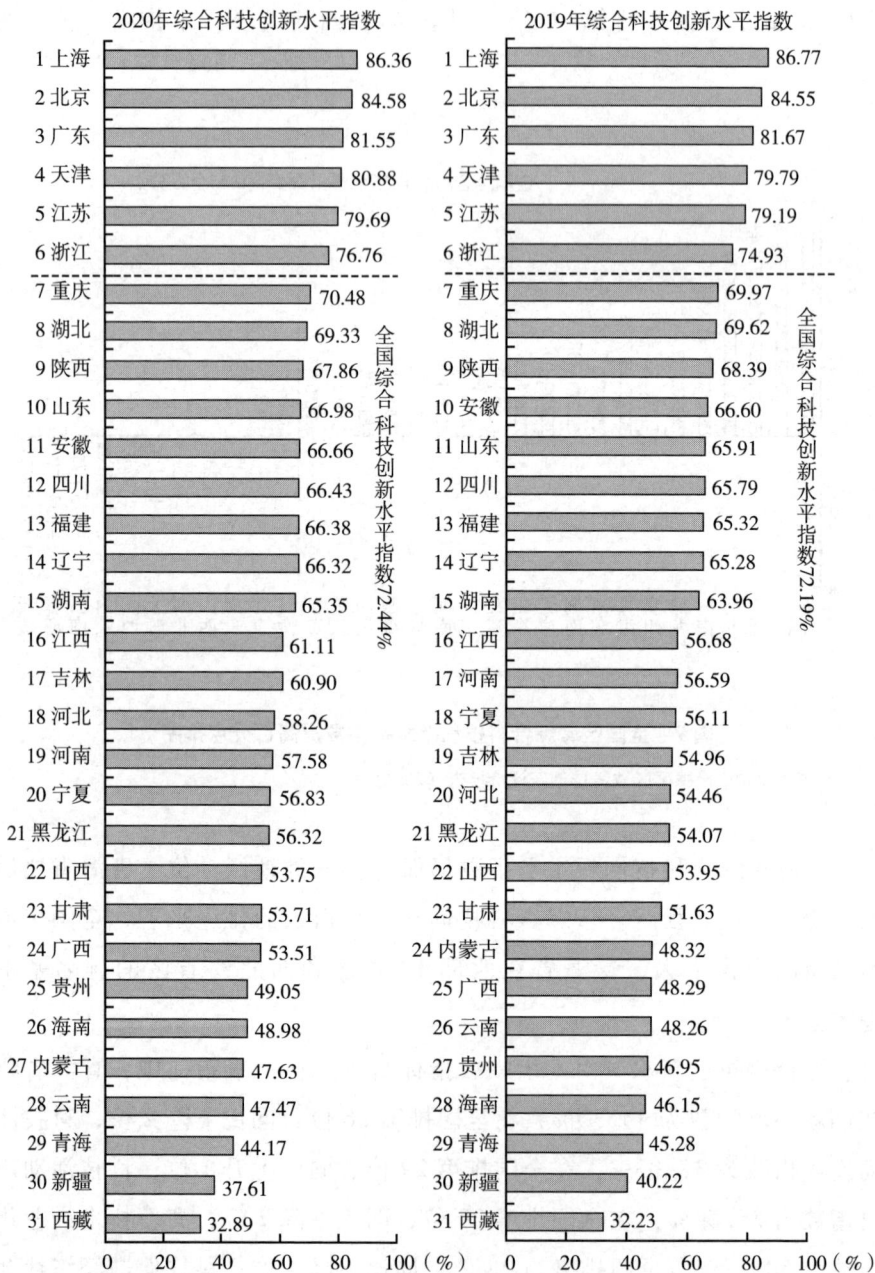

图 10　2019 年、2020 年全国各地区综合科技创新水平指数排序

资料来源：《中国区域科技创新评价报告（2021）》。

表2 2017~2021年青海省综合科技创新水平情况

发布年份	综合科技创新水平(%)	比上年增加(个百分点)	全国平均提高(个百分点)	全国排位(位)	属几类地区	西部12省区排位(位)	全国平均值(%)
2017	42.25	-0.73	1.08	27	三类地区	8	67.57
2018	43.95	1.11	2.06	26	三类地区	8	69.63
2019	44.50	1.70	1.08	27	三类地区	9	70.71
2020	45.28	0.78	1.48	29	三类地区	10	72.19
2021	44.17	-1.11	0.25	29	三类地区	10	72.44

资料来源：2017~2021年《中国区域科技创新评价报告》。

表3 2017~2021年西北5省区综合科技创新水平指标位次比较

单位：位

发布年份	青海	甘肃	宁夏	陕西	新疆
2017	27	18	22	9	30
2018	26	18	24	9	30
2019	27	23	22	9	30
2020	29	23	18	9	30
2021	29	23	20	9	30

资料来源：2017~2021年《中国区域科技创新评价报告》。

（一）科技创新环境指数排名略有下降

2021年，青海科技创新环境指数为45.33%，同比下降5.95个百分点，位次同比下降2位，在全国排第26位（见表4）。2021年全国科技创新环境指数为71.91%，同比提高1.15个百分点，青海省科技创新环境指数低于全国平均水平26.58个百分点。

表4 2017~2021年青海省科技创新环境情况

统计类别	2017年	2018年	2019年	2020年	2021年
评价值(%)	47.69	46.37	45.42	51.28	45.33
位次(位)	25	23	25	24	26

资料来源：2017~2021年《中国区域科技创新评价报告》。

从西部 12 省区排名来看，青海省排第 7 位，同比下降 2 位。排在青海省之前的有陕西、重庆、四川、甘肃、宁夏和内蒙古。从西北 5 省区的科技创新环境水平排名情况来看，青海省排第 4 位，和上年持平（见表5）。其中，青海科技创新环境指数二级指标中的科研物质条件从第 12 位下降至第 27 位，三级指标的每名 R&D 人员研发仪器和设备支出从第 2 位下降至 27 位，表明青海省 R&D 经费中的仪器和设备支出较 2019 年大幅下降。

表5　2017~2021 年西北 5 省区科技创新环境指标位次比较

单位：位

发布年份	青海	甘肃	宁夏	陕西	新疆
2017	25	21	22	8	24
2018	23	21	20	9	26
2019	25	19	17	8	26
2020	24	20	17	8	28
2021	26	20	21	8	30

资料来源：2017~2021 年《中国区域科技创新评价报告》。

（二）科技活动投入水平有所上升

2021 年，青海省科技活动投入指数在全国排位为 29 位，位次较上年上升 1 位，指数值为 32.03%，同比上升 6.73 个百分点（见表6），低于全国平均水平 39.56 个百分点（全国科技活动投入指数为 71.59%），增速高于全国平均增速（全国科技活动投入指数提高了 1.32 个百分点）。

表6　2017~2021 年青海省科技活动投入情况

统计类别	2017 年	2018 年	2019 年	2020 年	2021 年
评价值（%）	26.55	27.74	31.11	25.30	32.03
位次（位）	30	30	28	30	29

资料来源：2017~2021 年《中国区域科技创新评价报告》。

参照科技活动投入指数的全国排序，2021 年西部 12 省区中增幅高于全国增幅的有宁夏、甘肃、贵州、云南、广西、青海，其余地区均低于全国增幅。从西北 5 省区的科技活动投入指标位次比较情况（见表 7）可以看出，青海上升 1 位、宁夏上升 1 位、甘肃上升 2 位、陕西下降 3 位、新疆下降 1 位。青海科技活动投入指数升高的主要因素是：二级指标科技活动人力投入上升 2 位，科技活动财力投入上升 1 位；三级指标中万人 R&D 研究人员数上升了 2 位，企业技术获取和技术改造经费支出占企业主营业务收入比重较上年大幅升高，升高了 11 位。这表明青海省企业技术改造力度有所加强，投入研发活动的研究人员也有所增多。

表 7 2017~2021 年西北 5 省区科技活动投入指标位次比较

单位：位

发布年份	青海	甘肃	宁夏	陕西	新疆
2017	30	23	16	11	29
2018	30	23	18	11	28
2019	28	24	17	13	29
2020	30	24	18	13	29
2021	29	22	17	16	30

资料来源：2017~2021 年《中国区域科技创新评价报告》。

（三）科技活动产出指数和位次均有所下降

青海省科技活动产出指数为 35.51%，排第 29 位，同比下降 7 位。指数值同比下降 6.79 个百分点（见表 8），增幅低于全国平均水平（全国平均产出指数下降 0.84 个百分点），增幅位列全国第 31。

表 8 2017~2021 年青海省科技活动产出情况

统计类别	2017 年	2018 年	2019 年	2020 年	2021 年
评价值（%）	41.39	43.41	34.11	42.30	35.51
位次（位）	17	19	23	22	29

资料来源：2017~2021 年《中国区域科技创新评价报告》。

从科技活动产出指数及排序看，西部 12 省区位次均低于全国平均水平（全国平均水平为 75.58%），西北 5 省区中陕西、新疆位次保持不变，青海位次下降 7 位，甘肃下降 2 位，宁夏下降 1 位（见表 9）。青海省下降的主要原因是获国家级科技成果奖系数较 2019 年均有所下降，位次下降了10 位。

表 9 2017~2021 年西北 5 省区科技活动产出指标位次比较

单位：位

发布年份	青海	甘肃	宁夏	陕西	新疆
2017	17	14	27	4	23
2018	19	17	30	4	25
2019	23	18	27	4	28
2020	22	18	20	4	30
2021	29	20	21	4	30

资料来源：2017~2021 年《中国区域科技创新评价报告》。

（四）高新技术产业化水平有所下降

青海省 2021 年高新技术产业化指数为 50.11%，同比降低 0.66 个百分点，排在全国第 28 位，同比降低 1 位（见表 10）。与上年比较，全国高新技术产业化平均指数为 66.16%，下降 2.45 个百分点。

表 10 2017~2021 年青海省高新技术产业化情况

发布年份	2017 年	2018 年	2019 年	2020 年	2021 年
评价值(%)	34.66	42.68	55	50.77	50.11
位次(位)	30	29	25	27	28

资料来源：2017~2021 年《中国区域科技创新评价报告》。

从全国高新技术产业化指数排序看，西部 12 省区中高于全国平均水平的只有重庆、四川、广西和陕西。其余地区均低于全国平均水平。西北 5 省区中青海位次下降1位，新疆位次保持不变，其余3省位次均上升1位（见表11）。

表11 2017~2021年西北5省区高新技术产业化指标位次比较

单位：位次

发布年份	青海	甘肃	宁夏	陕西	新疆
2017	30	18	31	17	29
2018	29	18	30	13	31
2019	25	18	26	14	30
2020	27	22	26	12	31
2021	28	21	25	11	31

资料来源：2017~2021年《中国区域科技创新评价报告》。

从高新技术产业化指数增幅来看，西部12省区中有广西、甘肃、宁夏、陕西、青海、重庆、四川、云南高于全国指数，分别位于全国第13、第20、第17、第8、第9、第10、第23和16位。其余地区低于全国平均水平。

青海省高新技术产业化指数下降的主要原因是高技术产业化效益指数由2019年的9.41万元/人的第10位下降至3.89万元/人的第20位，该指标下降的主要原因是高技术产业劳动生产率大幅下降。

（五）科技促进经济社会发展能力水平有所下降

青海省科技促进经济社会发展指数为58.98%，较2019年下降1.78个百分点，在全国排列为27位，同比下降2位（见表12）。与2019年比较，全国科技促进经济社会发展指数平均下降了0.19个百分点，指数值为74.2%。

表12 2017~2021年青海省科技促进经济社会发展情况

发布年份	2017年	2018年	2019年	2020年	2021年
评价值（%）	59.91	59.91	59.36	60.76	58.98
位次（位）	24	23	25	25	27

资料来源：2017~2021年《中国区域科技创新评价报告》。

在西部 12 省区中，重庆科技促进经济社会发展排在前列，高于全国平均水平。西北 5 省区中，陕西、宁夏、青海位次较 2019 年有所下降，陕西和青海各下降 2 位，宁夏下降 1 位；甘肃、新疆位次较 2019 年有所上升，各上升 1 位（见表 13）。

表 13　2017~2021 年西北 5 省区科技促进经济社会发展指标位次比较

单位：位次

发布年份	青海	甘肃	宁夏	陕西	新疆
2017	24	26	13	16	25
2018	23	27	16	12	28
2019	25	27	20	10	29
2020	25	27	17	10	30
2021	27	26	18	12	29

资料来源：2017~2021 年《中国区域科技创新评价报告》。

四　2020年度青海省科学研究和技术服务业事业单位情况分析

2020 年，青海省共有 69 家科学研究和技术服务业事业单位（以下口径均为科学研究和技术服务业事业单位），其中中央部门属 7 家、地方部门属 62 家；有 R&D 活动人员 1713 人，同比增长 2.39%；R&D 经费 56401 万元，同比增长 9.94%，其中来自政府的资金 53607 万元，占 R&D 经费比例达 95.05%。

（一）研发（R&D）人员数量和质量保持稳定

"十三五"期间青海省科学研究和技术服务业事业单位波动幅度不大，从业人员、从事科技活动人员数相对固定，每年的研发人员数据只是随着单位研发项目数量有所增减。2020 年青海省科学研究和技术服务业事业单位中有 R&D 人员 1713 人，同比增加 2.39%。其中女性 599 人，占 R&D 人员的 34.97%，较上年下降 0.65 个百分点。博士研究生学历 352 人，占

20.55%，较上年下降 0.01 个百分点；硕士研究生学历 530 人，占 30.94%，较上年提高 0.40 个百分点；博士、硕士合计 882 人，占 51.49%，较上年提高 0.38 个百分点，近几年占比均超过一半，说明科学研究和技术服务业事业单位高学历人才的比例基本保持稳定，研发人员素质相对较高。

随着 R&D 项目的持续开展，研发活动人力投入不断增加。2020 年 R&D 折合全时工作量 1254 人年，同比增长 5.64%，其中从事研发活动的项目研究人员 700 人年，占比 55.82%，具有创造性的 R&D 项目主要参与人员和高素质人才占从事研发活动项目研究人员的一半以上。

（二）R&D 经费持续增长

2020 年，青海省科学研究和技术服务业事业单位的 R&D 经费为 5.64 亿元，同比增长 9.94%。R&D 经费呈持续上涨态势。

R&D 经费按活动类型分：基础研究 14368 万元，同比增长 10.52%；应用研究 20597 万元，同比增长 33.38%；试验发展 21436 万元，同比下降 6.26%。占 R&D 经费比重分别为 25.47%、36.52% 和 38.01%。

（三）政府资金延续增长势头

青海省科学研究和技术服务业事业单位的 R&D 经费主要来自承担政府科研项目获得的资金。随着政府资金投入持续加大，科学研究和技术服务业事业单位 R&D 经费中政府资金比例稳步上升，2020 年政府资金占比达 95.05%，较上年提高 3.42 个百分点，其中来自中央部门的政府资金占 54.84%，较上年提高 4.12 个百分点。表明投向青海省科学研究和技术服务业事业单位的政府资金一半以上来自中央支持。

（四）中央部门科技计划项目和经费占比持续提高

科学研究和技术服务业事业单位是青海省创新体系的重要组成部分，也是实施国家科技计划的重要力量。2020 年，青海省科学研究和技术服务业事业单位共承担 1016 个科研项目（课题），其中 R&D 项目（课题）714 个，同上年持平；R&D 项目（课题）共投入经费 27298 万元，同比增长 7.66%。714 个 R&D 项目（课题）中，来自中央部门的项目共计 557 个，同比增长 0.72%；项目经费共计 16021 万元，占总经费的 58.69%，较上年提高 3.38 个百分点；来自地方部门 R&D 项目（课题）157 个，同比下降 2.48%，经费为 11277 万元，占总经费比重为 41.31%，较上年下降 3.38 个百分点。

青海省科学研究和技术服务业事业单位开展研发活动从项目（课题）的来源上看，国家科技计划项目（课题）和地方科技项目（课题）占七成以上。2020 年，科学研究和技术服务业事业单位的 R&D 项目（课题）中，来自国家科技计划中 R&D 项目（课题）比例按经费计占 35.43%，较上年提高 16.04 个百分点；来自地方科技计划中 R&D 项目（课题）比例按经费计占 41.18%，较上年下降 11.06 个百分点；企业委托科技项目中 R&D 项目（课题）比例按经费计占 6.58%，较上年下降 0.46 个百分点；自选科技项目 R&D（课题）比例按经费计占 12.18%，较上年提高 4.40 个百分点；其他科技项目 R&D（课题）比例按经费计占 4.62%，较上年下降 8.55 个百分点。

（五）专利申请受理量增长显著

专利、论文和著作是科学研究和技术服务业事业单位科技活动产出的重要指标。2020 年，青海省科学研究和技术服务业事业单位的专利申请受理量为 243 件，其中发明专利申请受理量 162 件，同比分别增长 24.62% 和 12.50%；专利授权量为 219 件，其中发明专利授权 87 件（见表 14），分别比上年增长 102.78% 和 19.18%；拥有有效发明专利 675 件，同比增长 20.97%。科学研究和技术服务业事业单位的专利申请量、授权量均有所增加，专利申请积极性进一步提高，申请专利质量有所提升。

从 2016 年至 2020 年青海省科学研究和技术服务业事业单位投入产出指标对比可以看出，专利申请受理量、专利申请授权量和出版科技著作年均增速均超过 10%，专利申请授权量中的发明专利和发表科技论文年均增速呈现负增长，表明"十三五"以来青海省科学研究和技术服务业事业单位专利申请积极性不断提高，但科技产出质量仍需提升。

表14　2016~2020年青海省科学研究和技术服务业
事业单位 R&D 投入与科技产出情况

指标	2016年	2017年	2018年	2019年	2020年	年均增长(%)
R&D 投入						
R&D 人员全时当量(人年)	802	888	1083	1187	1254	11.82
R&D 经费(万元)	26354.2	32868.7	39846.1	51308.7	56401.0	20.95
科技产出						
专利申请受理量(件)	127	183	136	195	243	17.61
其中:发明专利(件)	119	171	113	144	162	8.02
专利申请授权量(件)	122	95	118	108	219	15.75
其中:发明专利(件)	109	82	97	73	87	-5.48
发表科技论文(篇)	986	1108	1079	982	904	-2.15
出版科技著作(种)	23	25	37	31	37	12.62

资料来源:2017~2021年《青海科技统计年鉴》。

五　2020年青海省规模以上工业企业研发活动情况分析

研发（R&D）活动是技术进步和技术创新的重要环节。2020年，青海省规模以上工业企业共579个，有R&D活动的企业74个，有研发机构的企业33个；R&D人员2942人，R&D折合全时当量1557人年；R&D经费支出10.37亿元，同比增长10.67%。整体来看，2020年度青海规模以上工业企业研发活动规模扩大，研发费用持续增长，创新活力涌动。研发活动呈现如下特征。

（一）研发经费呈现增长势头

2020年，青海省规模以上工业企业研发（R&D）经费支出10.37亿元，同比增长10.67%，占全省R&D经费投入比重的48.64%，同比提高3.08个百分点。青海省规模以上工业企业R&D经费支出从2016年的7.79亿元提高至2020年的10.37亿元，年均增速为7.41%（见图11）。

图 11 2016~2020 年青海省规模以上工业企业 R&D 经费投入情况

资料来源：2017~2021 年《青海科技统计年鉴》。

（二）研发支出结构亟待优化

按研发的活动类型分，2020 年青海省规模以上工业企业研发活动中基础研究 327 万元，同比下降 25.68%，占总额的 0.32%；应用研究 1286.3 万元，同比下降 67.49%，占总额的 1.24%；试验发展 102085.9 万元，同比增长 14.30%，占总额的 98.44%。

试验发展是开辟新的应用，是创新链条中将新知识转化成新产品的重要环节。试验发展投入占比不断提高，对科研成果转化及产业化进程起到积极作用。但青海省规模上工业企业研发经费支出存在明显的结构性问题，主要体现在基础研究和应用研究支出长期偏低、规模明显不足、试验发展经费占比过高。

1. 政府资金投入占比增加

从资金来源看，2020 年青海省规模以上工业企业研发经费支出中来自政府的资金为 4376 万元，同比增长 21.12%，占总额的 4.22%，较上年增长 0.36 个百分点；来自企业的资金 99038.4 万元，同比增长 9.92%，占总额的 95.50%，较上年下降 0.63 个百分点。其他资金 284.8 万元，占总额的

0.27%。表明青海省规模以上工业企业研发经费支出中，政府投入资金虽有所增长，但占比较低，政府在研发经费投入中的导向带动作用仍需加强。

2. 中大型企业仍是 R&D 活动主体，小微型企业创新活力有待激发

2020 年，青海省规模以上工业企业中有大型企业 24 家，其中有 R&D 活动的企业为 9 家、占大型企业的 37.50%，有研发机构的企业 8 家、占大型企业的 33.33%。中型企业 61 家，其中有 R&D 活动的企业 22 家、占中型企业 36.07%，有研发机构的企业 9 家、占中型企业的 14.75%。小型企业 378 家，其中有 R&D 活动的企业为 41 家、占小型企业的 10.85%，有研发机构的企业 15 家、占小型企业的 3.97%。微型企业 116 家，其中有 R&D 活动的企业为 2 家，占微型企业的 1.72%。

高效灵活的小型和微型企业占青海规模以上工业企业的总数达到 85.32%，小型企业和微型企业中投入 R&D 经费的比例分别只有 13.71% 和 2.61%。小微企业本应是科技创新的生力军，然而缺乏有效的融资渠道和孵化体系支持，在内部条件和外部条件的双重限制下，青海小微企业的技术创新积极性并不高，从目前全球创新实践来看，颠覆式创新多发生于中小企业。因此，采用有效手段、降低小微企业创新成本、激发青海省小微企业创新活力是一个迫在眉睫的重要任务。

3. 制造业研发投入聚集度高

从国民经济行业分组看，2020 年青海省规模以上工业企业研发活动集中在有色金属冶炼和压延加工业，化学原料和化学制品制造业，计算机、通信和其他电子设备制造业 3 个行业，其研发经费投入位居前 3 位，占青海省规模以上工业企业研发经费支出的 78.55%（见图 12）。而 2019 年度排在前三的行业为有色金属冶炼和压延加工业、石油和天然气开采业、化学原料和化学制品制造业，3 个行业合计数占当年总额的 55.81%。可以看出，有色金属冶炼与压延加工业、化学原料和化学制品制造业是青海省研发活动密集度较高的 2 个支柱产业，连续两年排在前三位。尤其是有色金属冶炼和压延加工业的研发活动有了较大的突破，2020 年研发支出排在行业第一，占总额的比重为 38.54%，占比超 1/3。计算机、通信和其他电子设备制造业研

发投入有所提高，2019 年 7536.3 万元，排名第 5，占总量的 8.04%，2020 年占总量的比重为 9.73%，排名上升 2 位。

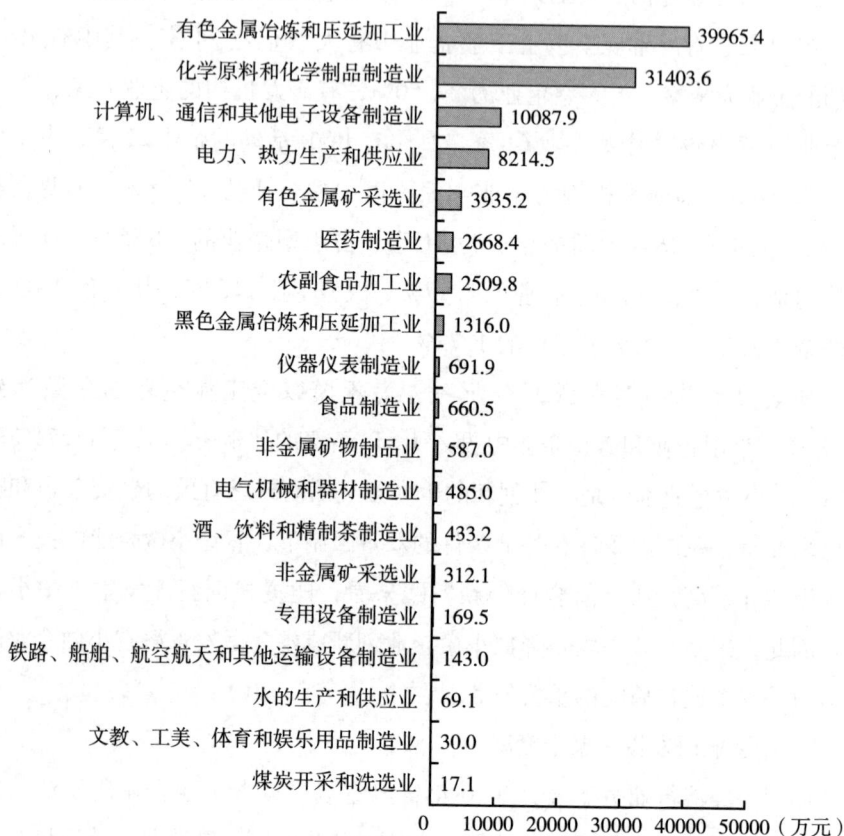

行业	研发经费（万元）
有色金属冶炼和压延加工业	39965.4
化学原料和化学制品制造业	31403.6
计算机、通信和其他电子设备制造业	10087.9
电力、热力生产和供应业	8214.5
有色金属矿采选业	3935.2
医药制造业	2668.4
农副食品加工业	2509.8
黑色金属冶炼和压延加工业	1316.0
仪器仪表制造业	691.9
食品制造业	660.5
非金属矿物制品业	587.0
电气机械和器材制造业	485.0
酒、饮料和精制茶制造业	433.2
非金属矿采选业	312.1
专用设备制造业	169.5
铁路、船舶、航空航天和其他运输设备制造业	143.0
水的生产和供应业	69.1
文教、工美、体育和娱乐用品制造业	30.0
煤炭开采和洗选业	17.1

图 12　2020 年青海省规模以上工业企业研发经费按行业分布

资料来源：2017~2021 年《青海科技统计年鉴》。

（三）工业企业数量偏少，研发企业数量占比较低

企业是技术创新的主体，但青海省规模以上工业企业数量偏少，相比西北 5 省区数量最少。2020 年青海拥有规模以上工业企业 579 个，陕西有 7145 个、甘肃有 1952 个、宁夏有 1241 个、新疆有 3633 个（见表 15）。从

企业创新活动来看，2020年青海省规模以上工业企业研发经费占全社会研发经费的比重从2019年的45.56%增长至2020年的48.65%，较上年有所加强。从青海省规模以上工业企业开展创新活动企业数量来看，2020年青海省规模以上工业企业中有R&D活动的企业占比为12.78%（见表16），是全国平均水平的1/3，西北5省中除青海、新疆外占比均高于20%，说明青海省规模以上工业企业的创新活力相对较弱。

表15　2016~2020年西北五省区规模以上工业企业数

单位：家

地区	2016年	2017年	2018年	2019年	2020年
青海	593	569	562	585	579
甘肃	2105	1905	1917	1825	1952
宁夏	1174	1223	1250	1196	1241
陕西	5799	6208	6426	6974	7145
新疆	2893	2955	3025	3182	3633

资料来源：2017~2021年《青海科技统计年鉴》。

表16　2016~2020年青海规上工业企业开展创新活动情况

指标	2016年	2017年	2018年	2019年	2020年
规上工业企业数（家）	593	569	562	585	579
有R&D活动的企业数（家）	57	57	60	99	74
有R&D活动的企业占比（%）	9.61	10.02	10.68	16.95	12.78
规上工业企业R&D经费支出额（亿元）	7.79	8.33	6.77	9.37	10.37
占全省R&D经费比重（%）	55.7	46.4	39.15	45.56	48.65

资料来源：2017~2021年《青海科技统计年鉴》。

（四）科技产出不断提升

2020年，青海省规模以上工业企业共申请专利1423件，同比增长30.79%，其中申请发明专利494件，占总量的34.72%，同比降低5.54个百分点。有效发明专利1061件，同比增长39.61%，其中已被实施专利531

件，占总量的 50.05%。新产品开发项目 308 项，同比增长 18.92%；新产品开发经费支出 123062.5 万元，同比增长 34.12%；拥有注册商标 1097 件，同比增长 35.10%；发表科技论文 1154 篇，同比下降 3.67%；形成国家或行业标准 63 项，同比增长 133.33%。

2020 年，青海省规模以上工业企业研发投入取得了一定的成效，但青海省还面临规模以上工业企业数量少、企业创新活力相对不足等问题，迫切需要提高产业发展水平，增强企业对科技创新的需求，尤其要加强高技术产业的创新活力，使青海省的企业研发水平迈上一个新台阶。

六 2020 年度青海省高等学校 R&D 活动分析

国家创新体系主要是由"知识创新系统""技术创新系统""制度创新系统"三部分构成，高等学校是"知识创新系统"的执行主体，在"技术创新系统""制度创新系统"中发挥着不可替代的作用。近年来，高等学校作为国家科技创新体系的重要组成部分，其 R&D 活动推动了全社会科技的发展和经济的繁荣。

2020 年青海省共有普通高等学校 23 个（理工农医类和人文社科类分类计算）。高等学校中，有 R&D 活动机构 15 家；R&D 人员 1676 人；折合全时当量为 731 人年；投入 R&D 活动经费 16593.1 万元；R&D 项目（课题）数 1289 项；发表科技论文 3888 篇；出版科技著作 86 种；专利申请 597 件，其中发明专利申请 150 件；专利授权 404 件，其中发明专利授权 47 件；有效发明专利 154 件，专利所有权转让及许可数 2 件，专利所有权转让及许可收入 4.7 万元。

（一）R&D 人力投入情况分析

1. R&D 人员中高层次人才稳步提升

2020 年，青海省高等学校 R&D 活动人员 1676 人，同比增长 2.82%，其中博士研究生 401 人、硕士研究生 849 人，同比分别增长 22.63%、

8.29%，分别占高等学校全部 R&D 人员的 23.93%、50.66%。按国际可比的全时当量计，R&D 人员折合全时当量为 731 人年，比上年增加 67 人年，同比增长 10.09%。

2020 年青海省高等学校 R&D 研究人员折合全时当量为 651 人年，同比增长 12.24%，占 R&D 折合全时人员总量的比重为 89.06%（见图 13），表明高等学校是青海高层次人才比较集中的部门。

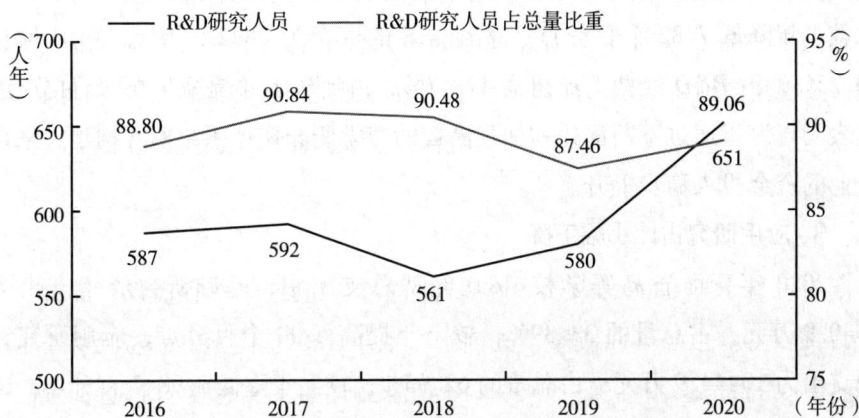

图 13 2016~2020 年青海省高等学校 R&D 人员折合全时当量中研究人员占比

资料来源：2017~2021 年《青海科技统计年鉴》。

2. 人力投入偏向基础科学研究

2020 年，青海省高等学校 R&D 折合全时当量人员队伍中，基础研究人员 326 人年，占总量的 44.60%，占比较上年提高 1.83 个百分点；应用研究人员 393 人年，占总量的 53.76%，占比较上年提高 0.75 个百分点；试验发展人员为 11 人年，占总量的 1.50%，占比较上年降低 2.72 个百分点。

（二）R&D 经费支出情况分析

1. R&D 经费支出连续两年下降

2020 年青海省高等学校 R&D 经费支出为 16593.1 万元，同比下降

32.07%，占青海省 R&D 经费支出的比重为 7.78%，较上年降低 4.10 个百分点。青海省高等学校 R&D 经费支出从 2016 年的 20910 万元下降到 2020 年的 16593.1 万元，年均下降 5.62%，支出比重从 2016 年的 14.94%下降到 2020 年的 7.78%。

2. 来源于企业的资金逐年上升

从经费来源情况看，2020 年青海省高等学校来自政府的 R&D 资金为 13610.3 万元，同比下降 37.98%，占高等学校 R&D 总经费的 82.02%，占比较上年降低 7.82 个百分点；来自企业的资金为 2842.2 万元，同比增长 23.25%，占 R&D 经费的比重为 17.13%，占比较上年提高 7.69 个百分点。这表明青海省通过不断深化和加强高校的产学研合作体系和模式构建，来自企业的资金投入稳步上升。

3. 应用研究占比小幅下降

2020 年青海省高等学校 R&D 经费总支出中，基础研究经费支出为 5540.9 万元，占总量的 33.39%，较上年提高 6.34 个百分点；应用研究经费支出为 10444.9 万元，占总量的 62.95%，较上年降低 7.98 个百分点；试验发展经费支出为 607.2 万元，占总量的 3.66%，较上年提高 1.64 个百分点。

（三）科技产出成果丰硕

2020 年青海省高等学校共发表科技论文 3888 篇，比上年增加 842 篇，同比增长 27.64%，占青海省总数的 62.89%。出版科技著作 86 种，同比增长 14.67%。

2020 年青海省高等学校专利申请量 597 件，比上年增加 35 件，同比增长 6.23%，其中申请发明专利 150 件，比上年减少 68 件，同比下降 31.19%；专利授权量 404 件，比上年增加 149 件，同比增长 58.43%，其中授权发明专利 47 件，比上年增加 8 件，同比增长 20.51%。有效发明专利 154 件，比上年增加 20 件，同比增长 14.93%（见表 17）。

表 17　2016~2020 年青海高等学校科技产出情况

科技产出	2016 年	2017 年	2018 年	2019 年	2020 年	年均增速(%)
专利申请量(件)	78	120	247	562	597	66.33
其中:发明专利(件)	57	63	122	218	150	27.37
专利授权量(件)	37	72	116	255	404	81.78
其中:发明专利(件)	14	21	15	39	47	35.36
有效发明专利(件)	64	85	93	134	154	24.55
论文(篇)	2579	2428	2552	3046	3888	10.81
发表科技著作(种)	45	66	123	75	86	17.58

资料来源:2017~2021 年《青海科技统计年鉴》。

(四)承担的研发项目(课题)有所下降

2020 年青海省高等学校共承担研发项目(课题)1289 项,同比增长 15.71%,占青海省研发项目(课题)的 52.48%。由于研发项目(课题)大多处于新开或结题验收阶段,因此研发项目(课题)经费有所下降,项目(课题)经费为 15813.5 万元,同比下降 62.26%,占青海省研发项目(课题)经费的 7.63%。

七　青海省科技创新投入展望

2021 年是开启全面建设社会主义现代化国家新征程和"十四五"规划开局之年,也是青海全面建设创新型省份起航之年。青海省科技创新工作要不断深化科技体制改革,打造战略科技力量,加强基础研究和应用基础研究,强化企业技术创新主体地位,建设创新平台载体,培育创新人才队伍,扩大科技交流合作,大力弘扬科学精神,激发全社会创新创业活力,以科技创新催生新发展动能,确保"十四五"开好局,以优异成绩庆祝建党 100 周年。

（一）持续引导全社会加大研发投入

建立以企业为主体、市场为导向、产学研用深度融合的技术创新体系，营造创新发展的良好环境，激励企业加大研发投入。促进基础研究与经济社会发展需求紧密结合，集中力量突破关键问题，增强青海省科技储备和原始创新能力，持续加大政策的宣传、落实力度，做到宽层次、多领域、全覆盖，同时要积极带动科技型中小企业开展创新活动，确保企业能够及时了解科技相关政策及实施细则，开展科技、财税、金融相关法律法规和政策宣讲、解读，引导重点规模以上企业和高新技术企业先试先行。

（二）加强数据分析能力与合作交流

进一步拓宽科技数据渠道，加强科技数据库建设，大力推动互联网和云计算技术在统计工作中的应用，进一步强化科技数据的信息、咨询、监督功能，探索开展面向全省区域创新能力分析、研究，建立健全科技信息共享机制，发挥科技数据的作用和功能，推动建立科技数据工作联动、数据共享、责任共担的工作机制，联合各部门做好数据采集、数据审核、质量评估和统计分析。加强与兄弟省份的交流合作，分析青海省科技创新的差距和短板，切实提高青海省科技数据质量，为推动高质量发展和实施区域创新发展战略提供坚实的数据支撑。

（三）推进科技大数据平台建设

加强共性技术平台建设，支持有实力的企业新建重点实验室等创新平台，全面推进全省科技创新数据交汇平台建设，进一步完善科技创新体系，加快科技数据中心建设，围绕科技管理决策需求，开展科技创新数据监测分析顶层设计，通过设计核心指标体系，构建数据分析模型，形成定量、定性综合分析，提高数据共享利用率，实现数据价值最大化。

（四）促进科技人才队伍成长

在疫情防控常态化下，采用"线上+线下"相结合形式，开展具有针对性的业务培训，科学安排培训内容，将政策和业务深度融合，制订个性化培训内容，提升基层填报人员业务水平，加大政策宣讲力度，进一步增强企业管理者对企业科技创新重要性的认识和重视程度，强化优秀科技人才宣传，营造科技人才成长环境，实实在在享受惠企政策红利，为全省新旧动能转换提供智力支撑。

G.14
2021年青海区域创新能力建设发展报告

青海科技发展报告课题组*

摘　要：　2021年青海区域创新能力建设工作突出青海区域特点和优势，
　　　　　完善优化区域创新体系，深入实施西部大开发战略，深度融入
　　　　　长江黄河保护战略，充分发挥部省工作会商和科技援青机制，
　　　　　深化厅市（州）科技工作会商协调机制，推进兰西城市群建设，
　　　　　以科技计划项目为抓手，促进科技创新要素流动，优化科技创
　　　　　新环境，激发创新活力，厅、市州协同推动区域创新能力建设
　　　　　取得新成绩。2022年青海区域创新能力将多措并举、协同推进，
　　　　　围绕部省工作会商议定任务，继续深化实施科技援青和东西部
　　　　　科技合作，强化科技成果转化体系建设，积极整合协同区域内
　　　　　外创新资源，统筹区域创新主体，促进创新资源区域汇聚。

关键词：　区域创新　科技合作　科技成果　青海省

一　2021年青海区域创新能力建设
重点工作开展情况

（一）积极融入国家发展战略

依托部省工作会商和科技援青机制，结合省委、省政府重大工作安排部

---

* 课题组成员：姚长青、王荔华、张春满、陈猛、赵福昌、贾琼、赵雁捷。

署，进一步加强与科技部和相关省市工作对接。一是进一步深化部省工作会商机制。主动对接科技部相关司局，凝练部省工作会商议题，2021年部省工作会商会议于12月10日在北京举行，共同议定以创新型省份建设为抓手，积极推进科技援青东西部合作，强化关键核心技术攻关，加速科技成果转移转化，为助力青海实现创新驱动发展、高质量发展，推动解决发展不平衡、不充分问题贡献科技力量。二是推动兰西城市群建设，结合工作职能，总结2020年工作进展情况，提炼2021年两省共同推进兰西城市群建设科技工作清单，根据省政府要求，形成《青海省科技厅与甘肃省科技合作事项推进情况及下一步工作建议》。以兰西城市群和西宁创新型城市建设为重点，举办"西宁-兰州科技成果转移转化对接会"，促成签约合作项目13个。积极参与黄河科创联盟筹建，加强与沿黄九省工作对接，参加黄河流域技术转移大会，发布青海省技术需求6项。三是做好青藏科考服务保障工作。国家青藏高原科学数据中心青海分中心和野外综合科考基地建设有序推进，依托科考信息服务保障系统，先后为120批次1600余人次科考队员提供各类服务，实现了全程科考信息"数字化"。四是积极服务黄河流域生态保护和高质量发展战略。成立青海省科学技术厅推动黄河流域生态保护和高质量发展工作领导小组，牵头制订了《〈黄河青海流域生态保护和高质量发展规划〉重点任务分工责任清单》，经厅长办公会议审议通过后印发。选派人员前往山东参加黄河科创联盟筹备会议，会同科技厅办公室做好山东省科学技术厅来青调研相关工作，组织人员参加黄河流域技术转移大会，向会务组梳理报送青海省技术需求6项，加强与沿黄九省工作对接，高效促进相关领域高质量科技成果的转移转化。五是推进西部大开发形成新格局。根据科技部《关于加强科技创新促进新时代西部大开发形成新格局的实施意见》，对接各处室，形成落实科技部《关于加强科技创新促进新时代西部大开发形成新格局的实施意见》相关举措，并负责牵头落实。

（二）开展全方位科技合作交流

坚持"优势互补、合作共赢"原则，进一步加强与东部省市科技合作交流。一是加强科技管理部门间工作对接。结合第二次全国科技援青工作座谈会筹备工作，积极与 14 个科技援青合作省市对接，不断拓展科技援青合作领域和渠道。结合青海省人民政府代表团出访工作，与北京、江苏、浙江、山东等省份的科技管理部门对接，共同推动政府间战略合作框架协议落实。年内向相关省市科技管理部门推荐科技合作项目近 40 个。二是深化高校和研发机构科技合作。围绕青海省生态文明和"四地"建设科技需求，引导青海各类园区、企业和研发机构与东部省市科技力量开展合作交流。通过"揭榜挂帅"方式，引进山东天力能源股份有限公司破解金属镁一体化项目全装置联动"卡脖子"技术难题。三是促进科技人才团队合作交流。依托"青洽会"，组织"项目+人才+平台"科技引才专场签约仪式，5 个科技创新平台、10 个科技合作交流项目进行了分批次签约，柔性引进高层次科研人员 20 余人。四是与海东河湟新区管委会合力推进海东河湟新区国家科技资源支撑型双创特色载体建设，推动孵化服务资源交互共享。五是深入实施厅州会商。会同科技厅办公室做好海西蒙古族藏族自治州（以下简称海西州）人民政府、海南藏族自治州（以下简称海南州）州委州政府领导拜会科技厅接待相关事项。督促海东市尽快形成厅市会商会议纪要。与海南州签订厅州会商工作议定书。持续与海西州、黄南州科技局对接，凝练厅州会商重点议题。

（三）实施科技援青和东西部科技合作

系统谋划科技援青工作。一是参与科技部《"十四五"东西部科技创新合作行动总体方案》编制工作，形成《"十四五"东西部科技创新合作"科技援青"工程方案》并报送科技部。二是务实推进苏青科技帮扶协作事项落实，向青海省人民政府办公厅六处和青海省扶贫开发局社会扶贫处报送青海省科学技术厅《关于推进江苏省科技援青工作相关举措建议的函》；分别就《江苏省人民政府 青海省人民政府"十四五"协作框架协议》《青海省科技厅 江苏省科技厅创新驱动发展框架协议》向江苏省科学技术厅征求意见；并发送《青海省科学技术厅关于商请进一步深化与江苏生产力促进中心合作的函》，建议江苏省科学技术厅进一步支持江苏省生产力促进中心与青海相关企事业单位合作事项；根据青海省支援合作办公室的部署，贯彻落实青海省党政代表团赴江苏省拜访交流期间双方达成的合作共识，与高新处对接，分年度梳理提出在科技创新助力青海建设世界级盐湖产业基地和打造国家清洁能源产业高地方面，今年和明后两年需江苏方面帮扶合作的具体事项；指导推进海东高原现代农业园区与江苏省生产力促进中心、扬州大学、江苏农林职业技术学院、嘉兴学院签署合作框架协议，围绕深化产学研平台建设，进一步加快农牧业科技成果转化，助力乡村振兴等开展深度合作。三是分别向上海市科委、浙江省科技厅征求《上海市人民政府 青海省人民政府"十四五"战略合作框架协议》（征求意见稿）和《浙江省人民政府 青海省人民政府"十四五"战略合作框架协议》（征求意见稿）意见。四是协助安徽省科技厅征集推荐"安徽省2022年科技援青重点项目"31个，向四川和江苏两省推荐重点研发（重点科技专项）区域创新合作重点研发项目5个。五是落实鲁青对口支援座谈会精神，梳理报送鲁青科技帮扶合作事项。利用科技援青工作机制，向科技援青14省市发送邀请函，为青海盐湖工业股份有限公司征集盐湖资源综合利用"卡脖子"技术解决方案；对接在青海省共建科技数据灾备中心。六是结合科技援青工作需求，2021年共立项科技援青专项计划项目17个，支持经费1400万元，支持青海省相关企业、高校和科研机构，以项目为载体，柔性引进东部科研团队，协同破解青海生态环境保护、特色产业发展、民生福祉提升等方面科技问题。同时，在青海省2021年其他科技计划项目中，近50%的科技计划项目采取东西部合作方式联合实施。

（四）优化科技成果转移转化体系

一是修订《青海省科学技术奖励办法实施细则》，自6月30日起执行。二是与江苏省科学技术厅、江苏省有关高校对接，就江苏省高校科研经费管理情况进行了调研，形成《关于江苏省高校科研经费管理的报告》，总结江苏省高校科研经费管理方面的主要做法和经验，提出青海省高校科研经费管理改革的意见建议，为青海的科研经费管理改革提供参考。三是深入贯彻落实《国务院办公厅关于完善科技成果评价机制的指导意见》（国办发〔2021〕26号），商请相关部门对各自职责和业务范围内现行规章制度进行全面梳理，提出贯彻《国务院办公厅关于完善科技成果评价机制的指导意见》需制订或修订的具体政策。对接青海大学，谋划出台科技成果"三权"改革细则，推动高校职务科技成果转移转化，积极打通改革落地的"最后一公里"，探索解决青海省科研工作和科技成果转化"两张皮"问题。四是首次引入国家创新挑战赛事，针对青海特色生物资源丰富但产业基础薄弱、生物资源开发与利用缺乏先进的方法和技术手段支撑问题，以企业需求为主体、市场为导向的技术创新模式，为青海生物产业企业加强与省内外高校、科研院所等创新团队交流合作、共同突破关键核心技术提供了契机和平台，探索需求悬赏和研发众包的"揭榜挂帅"科技项目合作新模式，打造具有高原特色的区域创新体系，促进青海省科技成果转移转化。自5月筹办以来，面向省内广泛征集技术难题400余项，经专家评审甄选出54家企业61项技术需求，并进行公开发布。面向科技援青省市、国内相关领域高校和科研院所等发送邀请函34份，全国18个省市的149家高校、科研院所、企事业单位，180余个创新团队，800余名专家学者提供201项解决方案，成功对接55项企业技术难题。

二 存在的问题

（一）区域创新工作还有差距

科技援青作为区域创新工作的重要抓手，对相关省市科技援青工作进展掌握仍显不足，不能很好地把援青合作省市技术优势、人才队伍优势与青海省创新发展的科技需求，尤其是市州的科技需求相结合，在推动科技成果跨区域转移、承接东部地区先进成果在青海落地转化等方面需要进一步加强。

（二）科技合作交流机制需进一步优化

虽然已建立了部省工作会商、东西部科技合作和科技援青等机制，但在服务国家重大战略、集聚创新资源、开展联合攻关、科技成果产业化上仍有不足，青海省内各部门、各地区间交流协作仍显不足。

（三）企业创新主体地位需进一步强化

青海省高新技术企业缺乏，企业对科技创新重要性认识不足、主动研发投入不足、科技成果承接能力弱等问题依然突出，对东部科技力量服务青海建设和促进高水平科技成果在青转化形成了制约。

三 发展建议

（一）协调落实国家重大战略

围绕黄河流域生态保护和高质量发展、新一轮西部大开发、四省涉藏地区发展、兰西城市群发展等国家战略，对标习近平总书记重大要求和指示批示精神，进一步提高政治站位，发挥统筹协调机制，进一步推进各项任务落实。

（二）深化科技成果管理改革

结合贯彻落实《国务院办公厅关于完善科技成果评价机制的指导意见》，推动科技成果管理职能转变，不断提高登记科技成果"含金量"，推动产出更多可转化科技成果。通过培育第三方科技服务机构开展科技成果评价试点，逐步推动科技成果转化工作由"裁判员+运动员"向管理科技成果评价机构、管理科技成果评价规则和标准的转变，逐步推动实现"谁委托科研任务谁评价""谁使用科研成果谁评价"。

（三）强化科技成果转化服务能力

进一步完善科技成果信息服务平台，推动与相关省区市建立科技成果共享机制，提高科技成果数据共享、整合、分析、发布基础保障能力。以西宁科技大市场建设为重点，积极对接上海、山东、江苏、陕西等省市，引进和联合建设相关技术转移服务机构，落实相关奖补政策。加强科技转化专业化人才培养。进一步加强国家级技术转移人才培养基地（青海）能力建设，为全省培养初级和中级技术经济人，壮大专业技术转移人才队伍。同时，尝试面向全国开展相关培训服务工作。继续开展企业科技体检工作和科技成果对接工作。

（四）加强技术市场建设，开展科技成果转化服务活动

加强线上科技成果推介发布。依托青海网上技术市场、西宁科技大市场等平台，围绕重点方向和重点领域，梳理省内外相关科技成果，与相关园区合作，开展经常性科技成果发布活动。开展线下科技成果对接活动。申请举办第七届中国创新挑战赛。加强技术合同登记管理机构建设，在指导做好青海省生产力促进中心有限公司技术合同登记处的基础上，进一步强化青海大学科技园等技术合同登记处服务能力，强化各登记处对市州技术合同登记工作的服务。

（五）继续推进东西部科技合作

在进一步摸清青海省科技发展需求的基础上，依托科技援青和东西部科技合作机制，加强与东部省市科技管理部门、科研机构对接，建立稳定、长远、合作共赢的长效机制，定期互推科技成果与技术需求，促进东部地区先进技术成果向青海转移转化，努力帮助企业解决一批长期想解决而未能解决的问题。进一步对接落实共建科技数据灾备中心建设相关工作。落实黄河流域科技创新联盟筹备会议相关事项，指导青海省生产力促进中心有限公司发挥副理事长单位作用。结合青海省特点，积

极引进东部省市科技力量和人才团队，助力青海创新发展。积极打造科研"飞地"。充分利用省内外重点实验室、工程技术中心等创新平台资源，探索科研"飞地"模式，鼓励省内外各类研发机构与基层政府、企业共建成果转化基地。

（六）主动服务市州科技工作

在做好已签订会商议定书跟踪落实工作的基础上，组织与相关市州开展重大工作会商，形成上下联动推进基层科技工作的新局面。在项目和资金安排中，对创新力量薄弱的市州予以重点关注，做好服务，不断缩小各市州间科技发展差距。

G.15
2021年青海省第二次青藏高原综合科学考察研究报告

青海科技发展报告课题组 *

摘　要： 2021年，在科学技术部和国家科考领导小组办公室的指导支持下，青海省委、省政府高度重视，认真落实第二次青藏高原综合科学考察研究领导小组安排部署，围绕打造生态文明高地和产业"四地"建设目标，以服务和保障为重点，不断完善服务保障体系，强化科考任务组织实施，将全面保障第二次青藏科考作为青海省积极融入国家战略的重要结合点，全面服务确保青藏科考各项工作顺利开展，积极推动科考成果转化，服务青海经济社会高质量发展。

关键词： 第二次青藏科考　服务保障　国家战略　青海省

为深入贯彻习近平总书记关于第二次青藏高原综合科学考察研究（以下简称"第二次青藏科考"）贺信精神，全面落实中央第七次西藏工作座谈会及国务院第二次青藏科考领导小组会议精神，国家相继出台有关文件要求支持青海建设第二次青藏科考综合服务平台和野外综合科考基地。在青海省委、省政府的高度重视下，青海主动融入国家战略，积极展现青海担当，全面履行国务院第二次青藏科考领导小组副组长单位职责，不断完善服务保障体系，强化科考任务组织实施，积极推进青

---

* 课题组成员：许淳、马本元、杨广智、王建德、魏瑜杰、班玛东周、吕英、郭旭鹏。

藏高原综合科考服务平台和野外综合科考基地等重点工作，有力支撑青藏科考取得积极进展。

一 主动融入国家战略，全面服务青藏科考

青海省围绕实施"一优两高"战略，强化"四种经济形态"引领，统筹"五个示范省"建设，以服务和保障好第二次青藏科考工作为重点，全面参与并协同推进各项工作，切实把国家重大战略机遇转化为青海省高质量发展的优势和成果，全面保障青藏科考工作顺利开展。

（一）积极争取国家支持

第二次青藏科考工作开展以来，青海省人民政府领导带领相关人员多次赴科学技术部、中国科学院等国家部委汇报工作，争取国家支持。一是2021年5月8日至10日，第二次青藏科考领导小组副组长、科技部党组书记、部长王志刚来青海调研，考察青海省科考工作，看望慰问在三江源黄河源区开展野外考察的科考队员，并召开座谈会，与科考队员进行深入交流。二是9月10日至12日，科技部李萌副部长赴海西、海北、海南州调研指导科考工作，重点围绕青海湖流域观测点、瓦里关中国全球大气本底基准观象台等调研青藏科考工作推进情况，实地了解科考支撑生态保护、高原水汽通量及二氧化碳长期监测情况。三是科技部王志刚等领导分别与省委书记王建军、省长信长星进行座谈交流，对青海省全面服务保障青藏科考及科技创新工作给予充分肯定，研究谋划第二次青藏科考工作，全力服务青海经济社会高质量发展大局，并就青海省提出的需求给予了全面支持。四是7月6日，中国科学院孙鸿烈、姚檀栋等10余位院士来青海开展柴达木盆地水资源、阿尼玛卿冰川等专题科学考察，对青海省相关工作给予了有力指导。

（二）推动科考成果转化

全面掌握相关青海省青藏科考重要成果，推动科考成果转移转化，服务

青海省高质量发展。一是及时对接相关科考单位及科考队员，征集梳理青海省青藏科考重要成果，并编制完成《第二次青藏高原综合科学考察研究（青海地区）项目进展报告汇编》，为推动青藏科考成果转化提供基础成果支撑。二是先后向国家第二次青藏科考领导小组报送《青藏高原近地表氧含量与缺氧健康影响科考分析报告》《三江源地区生态系统与服务功能变化》等相关青海省科考工作动态 8 期，其中 4 期得到刘鹤副总理批示，为青海省做好相关工作提供了重要科学依据。三是为推动青藏高原综合科考服务平台和野外综合科考基地建设，会同有关部门及时编制《青藏高原综合科考服务平台和野外综合科考基地建设项目可行性研究报告》，在省政府领导的大力支持下，及时将科考相关工作纳入青海省"十四五"规划及重大投资建设项目库。

（三）全面服务青藏科考

主动融入国家战略，全面服务第二次青藏科考工作，有力保障青藏科考各项工作在青海省顺利开展。一是召开省第二次青藏科考领导小组会议。1月 7 日，省委副书记、省长信长星组织召开省第二次青藏科考领导小组会议，会议听取了省第二次青藏科考领导小组办公室 2021 年度工作及科考专题进展情况汇报，研究并部署 2022 年科考重点任务，会议由张黎副省长主持，科技部战略规划司负责同志到会指导，领导小组成员单位 50 余人参加了会议。二是协助国家科考项目管理办公室在青海省召开第二次青藏科考联络员会议，并举办科考业务培训、任务专题调研及阶段性工作总结，实地考察科考项目进展。同时，组织 8 个市州举办野外防护、疫情防控及应急保障等科考服务保障业务培训，并配备科考保障物资，有力提升了地方服务保障科考的能力和水平。三是全力开展科考服务保障，为科考队员开展线上线下的科考管理、服务工作，极大地方便了国家科考项目管理办公室和西藏自治区等 6 省区的科考管理部门及科考队员。截至 2021 年底，系统已为 240 余批 3000 多人次的科考队员提供了信息支撑保障服务，其中青海省境内 120 批次 1600 余人，确保了青藏科考任务在青海省顺利开展。

二 完善服务保障体系，积极推动科考工作

为深入贯彻中央第七次西藏工作座谈会精神，全面落实国务院第二次青藏科考领导小组会议部署，积极服务保障第二次青藏科考工作，在省委、省政府的大力支持下，青海省不断完善组织保障体系，围绕实施"一优两高"战略，积极谋划、主动作为，全力推动青藏综合科考服务平台和野外综合科考基地建设，并取得了实质性进展。

（一）积极推进青藏综合科考服务平台建设

自青海省成立国家青藏高原科学数据中心青海分中心以来，青海省科技部门及时跟进、协调推进，争取科技部和中科院支持并取得积极进展。一是第二次青藏高原综合科学考察研究服务保障系统上线应用。青海省自主开发建设的第二次青藏科考综合服务保障系统获得国家科考办批准上线应用，为第二次青藏科考提供报备、审批及工作动态、研究进展、成果转化等信息服务，推动从国家到相关省份科考信息互联互通，实现了全程科考信息从"纸质化"走向"数字化"。二是国家青藏高原科学数据中心青海分中心正式揭牌运行。青海省及时跟进、协调推进与中国科学院青藏高原研究所签订的《国家青藏高原科学数据中心青海分中心战略合作协议》，确保协议落地实施。6月22日，中国科学院青藏高原研究所所长陈发虎院士专程来青海省开展科考调研，并和杨逢春副省长共同为国家青藏高原科学数据中心青海分中心正式运行揭牌。三是完成青海分中心数据备份。目前，青海省已完成国家青藏高原科学数据中心资源下载量达33TB、1461个数据集，实现青藏高原科学数据资源的镜像创建和异地备份，支撑保障了青藏高原科学数据安全。同时，汇集整理青海省1999年以来生态、水文、地理、环境等方面的数据资源共1080项，在国家青藏高原科学数据中心设立了"青海省专题"。

（二）推动三江源野外综合科考基地建设

为贯彻落实中央第七次西藏工作座谈会精神和国家有关文件的要求，青海省相关领导先后多次赴实地调研，协调中国科学院青藏高原研究所、西北高原生物研究所和相关地方政府及部门，在各地区、各部门的积极推进和支持下，三江源野外综合科考基地工作取得积极进展。一是完成科考基地勘察选址。经分别协调果洛州、玉树州、格尔木市等政府部门，征得相关部门同意后，分别完成了果洛州 50 亩、玉树州 20 亩、格尔木市 50 亩科考基地的用地选址、测绘勘测等前期工作，并分别办理出具了科考基地《建设项目用地预审与选址意见书》。二是明确科考基地建设主体。为确保科考基地建设顺利推进，实现科考基地项目符合国家及省政府的相关要求，青海省科学技术厅专门召开专题会议研究三江源科考基地建设事宜，经厅党组专题会议研究，同意省青藏科学考察服务中心作为三江源野外综合科考基地项目建设主体。三是完成科考基地项目申报。经与青海省发展和改革委员会及果洛州、玉树州、格尔木市三地政府对接协调，在取得三个基地土地选址意向书的基础上，会同有关部门编制完成了《青藏高原综合科考服务平台和野外综合科考基地建设项目可行性研究报告》。目前，青海省发展和改革委员会评审通过后呈报国家发展和改革委员会批阅。

三 2022年工作展望

2022 年，青海省将认真贯彻国务院第二次青藏科考领导小组会议部署，全面落实省第二次青藏科考领导小组工作安排，在全方位服务保障第二次青藏科考的同时，围绕实施"一优两高"战略，打造生态文明高地，推进产业"四地"建设，着眼科考成果转化，谋划重大科技工程和项目，支撑推动青海省生态保护和绿色发展。

（一）推进青藏高原综合科考服务平台和野外综合科考基地建设

积极主动融入国家战略，将青藏高原综合科考服务平台和野外综合科考基地建设成为青海省融入国家战略的切入点和支撑点，加强与国家青藏高原科学数据中心资源的互联互通、数据集成与共建共享，全力打造集野外观测、科学研究、成果展示、科普教育、服务发展等功能于一体，成为永不带走的野外综合科考基地，全面服务第二次青藏科考。

（二）积极推动科考成果转移转化

围绕生态保护和绿色高质量发展，及时挖掘科考成果，争取国家大力支持，推进青海省深度参与第二次青藏科考工作，并加强与科考单位的合作与交流，建立纵向互动、横向联合的成果转化模式。同时，重点围绕亚洲水塔保护、生态安全屏障、资源保护利用、区域绿色发展等，研究提出生态环境保护、修复和治理的系统方案和工程举措，促进第二次青藏科考成果在青海省转移转化，推动形成一批"用得上、有影响、留得下"的重大科考成果。

（三）建立完善科考服务保障机制

切实发挥科考领导小组办公室的组织协调作用，强化科考服务和业务指导，健全完善统筹协调、互动联合的科考服务保障机制，吸引国家团队在平台建设、人才培养、学科发展等方面与青海省开展合作交流，营造省内外科研单位参与科考、支持科考、推动科考的浓厚氛围，凝聚青海省全面服务保障第二次青藏科考的工作合力。

（四）推动科考服务地方绿色发展

切实加强向国家科考办的汇报衔接和与中科院及各科考单位间的协调对接，依托青海省科研院所和大专院校，不断加强与行业部门和高等院校的协同合作，聚焦区域绿色高质量发展主题，凝练生态保护、产业发展等方面的问题和需求，开展跨区域、跨部门、跨学科的深入合作交流，进一步加强和参与科考任务专题团队的合作力度，发挥第二次青藏科考的集成优势、集聚资源、优势互补效应，为青海省打造生态文明高地和建设产业"四地"提供科技力量。

Abstract

This book consists of three parts: general report, sub-report and special report. The general report focuses on summarizing and analyzing the science and technology development, key measures of science and technology system reform, science and technology innovation system construction and development in Qinghai Province in 2021, and prospects the science and technology work in 2022; the sub-report reviews and analyzes the overall science and technology innovation work in eight aspects: agricultural and rural science and technology development, science and technology supporting social development, science and technology cooperation and exchange, mass entrepreneurship and innovation, science and technology enterprise development, agricultural science and technology park development, scientific and technological achievements analysis, science and technology talent development, etc. , prospects the future development trend, puts forward ideas and suggestions for further promoting innovation development; the special report summarizes five aspects: the main ideas and key tasks of science and technology innovation in the 14th Five-Year Plan, science and technology plan and major science and technology projects, science and technology input and activity situation, Qinghai regional innovation capacity building, the second comprehensive scientific expedition to the Qinghai-Tibet Plateau, etc. , fully reflects the overall situation and characteristics of Qinghai's science and technology development work, provides support for promoting the high-quality development of provincial science and technology work.

Keywords: Science and Technology; Innovation Development; Qinghai Province

Contents

I   General Reports

Abstract: In 2021, Qinghai science and technology department adhered to the guidance of Xi Jinping's Thought on Socialism with Chinese Characteristics for a New Era, thoroughly studied and implemented Xi Jinping's important exposition on scientific and technological innovation and the spirit of his important speech when inspecting Qinghai, fully implemented the decisions and deployments of the provincial Party committee and the provincial government, comprehensively promoted the construction of political organs, vigorously implemented the innovation-driven development strategy, focused on enhancing the ability of science and technology to provide policy guidance, carried out key core technology breakthroughs, built innovation platform carriers, cultivated scientific and technological talent teams, reformed the scientific and technological innovation system and mechanism, helped to serve and guarantee and improve people's livelihood, expanded the space for scientific and technological cooperation and exchange, and achieved a good start for the "14th Five-Year Plan". In 2022, the key work of scientific and technological innovation in the province will be: to fully implement the scientific and technological innovation plan, establish a mechanism for implementing objectives and tasks; To promote the implementation of scientific and technological policies, improve the scientific and technological innovation system and mechanism; To carry out a ten-year action for basic research, reserve and consolidate the original innovation ability; to adhere to the "four orientations" strategy, serve the overall situation of green development in the province; To build a strategic scientific and technological force on the plateau, accelerate the establishment of a technological innovation system; to strengthen the main position of enterprise innovation, promote the deep integration of industry-university-research-application; To optimize the layout of innovation platform carriers, enhance the ability of science and technology to provide policy guidance; To increase the efforts to cultivate, introduce and use talents, stimulate the innovation vitality of scientific and technological talents; To enhance people's well-being with scientific and technological supply, serve the people's better life; To increase scientific and technological exchange and cooperation efforts, help regional economic and social development.

Keywords: Qinghai Science and Technology; Innovation Development; Scientific and Technological System Reform

G.2 Report on Qinghai Science and Technology System Reform and Science and Technology Innovation System Construction in 2021

The research group of Qinghai Science and Technology Development Report / 016

Abstract: In 2021, Qinghai science and technology department deeply studied and implemented Xi Jinping's Thought on Socialism with Chinese Characteristics for a New Era, combined with the 14th Five-Year Plan for Science and Technology Innovation in Qinghai Province, and followed the requirements of "focusing on strategy, planning, policy, and service". They implemented the innovation-driven development strategy in depth, strengthened the construction of various science and technology innovation platforms such as key laboratories, engineering technology research centers, clinical medical research centers, and science and technology basic condition platforms, strengthened the introduction and cultivation of science and technology innovation talents, accelerated the construction of an innovative province, and continuously strengthened the science and technology innovation system with Qinghai characteristics that is led by enterprises, guided by the market, and deeply integrated with industry, academia, and research. The vitality and ability of science and technology innovation subjects have been continuously enhanced.

Keywords: Science and Technology System Reform; Science and Technology Innovation System; Qinghai Province

Ⅱ   Sub-reports

G.3   Qinghai Agricultural and Rural Science and Technology Development Report in 2021

The research group of Qinghai Science and

Technology Development Report / 070

Abstract: In 2021, Qinghai's agricultural and rural science and technology work was based on the new development stage, implemented the new concept and focused on consolidating and expanding the achievements of poverty alleviation; We also solidly promoted rural revitalization, created a green and organic agricultural and livestock product export base and other goals, focusing on the industrialization development and quality improvement and efficiency enhancement of plateau characteristic modern ecological agriculture and animal husbandry, which oriented by green ecology, we tried to use scientific and technological innovation to achieve quality-based agriculture, characteristic-based agriculture, brand-based agriculture, and green-based agriculture, providing scientific and technological support and services for promoting the green development of the province's characteristic agriculture and animal husbandry industry.

Keywords: Agricultural Technology; Rural Revitalization; Qinghai Province

G . 4 Qinghai Science and Technology Supported Social Development Report 2021

The research group of Qinghai Science and

Technology Development Report / 078

Abstract: In 2021, Qinghai's social development science and technology work was based on the provincial situation positioning of "three largest", which deeply implemented the innovation-driven development strategy, and concentrates on solving key scientific and technological issues in the fields of ecological environment, biomedicine, public safety, and people's livelihood improvement, and achieves remarkable results. This report summarizes the social development of Qinghai science and technology in 2021 from five aspects: scientific and technological innovation to support ecological protection, strengthen resource security protection, accelerate the construction of modern bioindustry system, improve people's livelihood and public services, and promote the construction of the national sustainable development agenda innovation demonstration zone, and make clear arrangements for the key work in 2022, which will contribute scientific and technological strength to the construction of peaceful Qinghai in terms of comprehensively promoting the construction of ecological civilization, supporting the quality and efficiency of characteristic biological industries with science and technology, and solidly guaranteeing and improving people's livelihood.

Keywords: Science and Technology Innovation; Social Development; Qinghai Province

G.5 Qinghai Science and Technology Cooperation and
Exchange Development Report 2021

The research group of Qinghai Science and

Technology Development Report / 091

Abstract: This report takes resolving the bottlenecks that constrain socioeconomic development as its starting point, and it compiles and summarizes the situation of science and technology cooperation and exchange work in Qinghai Province during 2021, further identifying key highlights of the work. In 2021, Qinghai Province continuously expanded channels for scientific and technological cooperation and exchanges, focusing on broadening areas of collaboration, innovating cooperation models, enhancing the quality of cooperation, and increasing international influence. The province steadily advanced talent introduction and intellectual exchange through a combined approach of "going global" and "attracting inward". It actively organized and completed various science and technology tasks for the 22nd Qinghai Fair (Qinghai Investment and Trade Fair). Upholding the principle of combining "public orientation" with "pilot demonstration", the province widely carried out science popularization and publicity efforts. As a result, new progress was made in scientific and technological cooperation and exchange in Qinghai Province.

Keywords: Science and Technology Cooperation; Science and Technology Exchange; Qinghai Province

G.6 Report on the Qinghai Mass Entrepreneurship and
Innovation Development in 2021

The research group of Qinghai Science and

Technology Development Report / 096

Abstract: In 2021, Qinghai Province steadily promoted mass entrepreneurship and innovation, further deepened the optimization of the science and technology innovation environment, refined the relevant management regulations of "double innovation", and issued policies and measures such as "creating an upgraded version of 'double innovation' ", "promoting reform and stabilizing employment and strong momentum", "20 reforms of decentralization, management and service in the field of science and technology" and "18 articles to improve the supply capacity of scientific and technological innovation". Strengthen the organization, coordination and unification of "double innovation" work, promote the characterization, functionalization and professional development and upgrading of various "double innovation" carriers, strengthen regional coverage, functional layout and coordinated development, enhance demonstration functions and driving effects, and make the main body of scientific and technological innovation continue to expand. Holding innovation competitions and "double innovation activities", the innovation vitality has been continuously enhanced, the "double innovation" service platform has been more perfect, and the innovation support has been more powerful, and cultivated a batch of science and technology innovation subjects with high innovation level, good growth potential, and strong science and technology support role, laying a good foundation for the start of the 14th Five-Year Plan.

Keywords: Business startups and innovation; Qinghai Province

G.7 Report on Qinghai Science and Technology Enterprises Development in 2021

The research group of Qinghai Science and

Technology Development Report / 112

Abstract: In 2021, Qinghai science and technology department actively implemented the goals and tasks set by the 14th Five-Year Plan for Science and Technology Innovation of Qinghai Province, continuously strengthened the status of enterprises as innovation subjects, improved the technological innovation capability of enterprises, and promoted the high-quality development of science and technology enterprises in Qinghai Province. The number and quality of science and technology enterprises in the province have steadily increased. This report mainly analyzes the policy implementation, economic benefits, innovation input, scientific and technological output, talent composition and other aspects of science and technology enterprises in Qinghai Province in 2021 in depth, and combines the actual work to provide some experience and reference for continuing to carry out the science and technology enterprise cultivation plan and achieving the high-quality development of enterprise innovation subjects in the future.

Keywords: High-tech Enterprises; Technology-based Enterprises; Qinghai Province

G.8 Qinghai Agricultural Science and Technology Park Development Report 2021

The research group of Qinghai Science and

Technology Development Report / 139

Abstract: Agricultural science and technology park is a vital carrier for the integration and transformation of new technologies in modern agriculture, which also an important platform for promoting science and technology innovation and entrepreneurship, a place for the integration of primary, secondary and tertiary industries, a channel for promoting farmers' employment and entrepreneurship, and a significant link for the synchronous development of agricultural modernization and urbanization. By the end of 2021, Qinghai Province had thirty-eight provincial-level agricultural science and technology parks. Among them, twenty-eight participated in the provincial-level evaluation of innovation capabilities of agricultural science and technology parks. Through evaluation and analysis, the following conclusions are drawn: First, there is a large difference in innovation ability between parks, among which HaibeiLedu, Haixi Prefecture, Huangnan Prefecture and other agricultural science and technology parks having a leading position in innovation ability index in the province; Secondly, there is no obvious difference in the structure of innovation ability index among regions, which are mainly driven by innovation support, with innovation performance slightly insufficient, and improving innovation level is the key to subsequent development.

Keywords: Provincial Agricultural Science and Technology Park; Innovation Ability; Qinghai Province

G.9 Qinghai Province Scientific and Technological Achievements Analysis Report 2021

The research group of Qinghai Science and

Technology Development Report / 168

Abstract: This report summarizes the registration of scientific and technological achievements in Qinghai Province in 2021, and reveals the details of scientific and technological achievements in Qinghai Province in 2021 from nine dimensions: number of achievements, category of achievements, evaluation methods, source of achievements, completion units, achievement levels, completion personnel, intellectual property rights, and R&D investment. And further subdivided, further summarized according to four categories: applied technology achievements, basic theoretical achievements and soft science achievements. On this basis, the quantity, source, application transformation and other conditions of scientific and technological achievements in Qinghai Province in 2021 were analyzed. It is pointed out that the registration of scientific and technological achievements in Qinghai Province faces problems such as the quality of scientific and technological achievements needs to be improved, the gap between various regions and industries in the province, and the conversion rate of scientific and technological achievements is not high, and solutions such as improving the evaluation and registration level of scientific and technological achievements, actively following up the national policy of scientific and technological achievements evaluation, and strengthening cooperation with colleges and universities, scientific research institutes and technology markets are proposed.

Keywords: Science and Technology Achievements; Registration; Qinghai Province

G . 10 Qinghai Scientific and Technological Talent Development Report 2021   *The research group of Qinghai Science and Technology Development Report* / 183

Abstract: In 2021, Scientific and technological talent work in Qinghai adheres to the principle of attaching equal importance to both the quantity and quality of talents, introduced and cultivated talents simultaneously, starting from improving the management system and mechanism of science and technology talents, optimizing the structure of science and technology talent team, enhancing the innovation ability of science and technology talents, stimulating the innovation and entrepreneurship of science and technology talents, etc. We fully played the leading role of talents in the innovation-driven development strategy, and coordinated the promotion of science and technology talent team construction. In 2022, the work of scientific and technological talents in Qinghai Province is expected to start from six aspects: innovation platform construction, scientific research project funding, innovation cooperation and exchanges, deepening institutional reform, implementing talent training plans, and optimizing the talent development environment, and continue to improve the effectiveness of talent team construction.

Keywords: Science and Technology Talents; Introduction; Cultivation; Qinghai Province

Ⅲ Special Reports

G . 11 "The 14th Five-Year Plan" Qinghai Science and

Technology Innovation Main Ideas and Key

Tasks Report   *The research group of Qinghai Science and*

Technology Development Report / 192

Abstract: During the "14th Five-Year Plan" period, science and technology innovation work in Qinghai adheres to the guidance of Xi Jinping's new era of socialism with Chinese characteristics, to the "four orientations", following the fundamental principle of promoting self-reliance and self-reliance in science and technology, which focuses on Qinghai Province's economic, social and scientific and technological development in the next five years and towards 2035, based on Qinghai's location advantages and resource endowments, bench marking the goal of building an innovative province, grasping the new round of major national strategies such as the Western Development Strategy, ecological protection and high-quality development of the Yellow River Basin, construction of the Lanxi City Cluster and the second Qinghai-Tibet Scientific Expedition, we improved science and technology governance capacity as the core, cultivated Qinghai Province's strategic science and technology strength and strengthened the main position of enterprise innovation, optimizing talent team construction and regional science and technology innovation layout, deepening science and technology system reform, and promoting science and technology innovation strategic layout to actively integrate into the national and Qinghai Province's development situation.

Keywords: "14th Five-Year" Plan; Science and Technology Innovation; General Ideas; Goal Tasks; Qinghai Province

G.12 Qinghai Science and Technology Plan and Major Science and Technology Project Evaluation Report in 2021

The research group of Qinghai Science and
Technology Development Report / 215

Abstract: In 2021, Qinghai Provincial Science and Technology Department, in accordance with the new tasks and goals of Qinghai Province's "14th Five-Year Plan" for science and technology innovation, continuously increased the intensity of science and technology innovation work and focused on building a highland of ecological civilization and meeting the major requirements of building industrial "four places", carefully organized various types of science and technology plan projects such as major science and technology special projects, key research and development and transformation plans, basic research plans, innovation platform construction special projects, etc. A total of five hundred and twenty-two million yuan of provincial fiscal science and technology special funds were arranged throughout the year, organizing and implementing three hundred and ninety-nine various types of innovation science and technology plan projects, providing science and technology support for building a highland of science and technology innovation on the Qinghai-Tibet Plateau and promoting the high-quality development of Qinghai's economy and society.

Keywords: Science and Technology Plan; Major Science and Technology Project; Industrial Technology System; Qinghai Province

G.13 Analysis Report on Qinghai Province's Science and Technology Investment and Activities

The research group of Qinghai Science and
Technology Development Report / 254

Abstract: In 2020, Qinghai Province deeply implemented the innovation-driven development strategy, continuously deepened the reform of the science and technology innovation system and mechanism, promoted the integration of science and technology innovation and economic and social development and drove the steady increase of R&D expenditure intensity, the government's expenditure on R&D activities continued to maintain a growth trend, further enhancing the government's role in guiding R&D activities. The R&D expenditure of large-scale industrial enterprises increased significantly, and the intensity of independent innovation activities continued to strengthen. At the same time, there are still shortcomings and deficiencies in science and technology innovation work, mainly manifested in the decline of the proportion of local fiscal science and technology expenditure in the province, the proportion of expenditure for basic research remained stable; science and technology human resources input was slightly weak, talent gap problem emerged.

Keywords: Science and Technology Activities; Science and Technology Investment; R&D Intensity; Qinghai Province

G.14   Qinghai Regional Innovation Capacity Construction

Development Report in 2021

The research group of Qinghai Science and

Technology Development Report / 284

Abstract: In 2021, regional innovation capacity Construction work highlighted Qinghai's regional characteristics and advantages, improved the regional innovation system and deeply implemented the Western Development Strategy, integrating into the Yangtze River and Yellow River Protection Strategy. We fully leveraged the provincial-ministerial consultation and science and technology assistance mechanism, deepened the consultation and coordination mechanism for science and technology work at the provincial and municipal (prefecture) levels and promoted the construction of the Lanxi City Cluster. We also took science and technology plan projects as a grasp, promoted the flow of science and technology innovation elements, optimized the science and technology innovation environment, stimulated innovation vitality, and achieved new results in regional innovation capacity building through coordination among the provincial and municipal (prefecture) levels. In 2022, Qinghai's regional innovation capacity will be promoted by multiple measures and coordinated efforts, focusing on the tasks agreed by the provincial-ministerial consultation, continuing to deepen the implementation of science and technology assistance to Qinghai and east-west science and technology cooperation, strengthening the construction of science and technology achievement transformation system, actively integrating and coordinating innovation resources inside and outside the region, planning regional innovation subjects, and promoting the regional convergence of innovation resources.

Keywords: Regional Innovation; Science and Technology Cooperation; Science and Technology Achievements; Qinghai Province

G.15 Report of the Second Comprehensive Scientific Survey of Qinghai-Tibet Plateau in Qinghai Province in 2021   *The research group of Qinghai Science and Technology Development Report* / 292

Abstract: In 2021, under the guidance of Ministry of Science and Technology and the support of National Scientific Expedition Leading Group Office Qinghai Provincial Party Committee and Government attached great importance to and earnestly implemented the arrangements and deployments of the Leading Group for the Second Qinghai-Tibet Plateau Comprehensive Scientific Expedition Research, focusing on building a highland of ecological civilization and industrial "four places" construction goals, focusing on service and security, continuously improving the service and security system. We strengthened the organization and implementation of scientific expedition task sand took comprehensive security of the second Qinghai-Tibet scientific expedition as an important point of convergence for Qinghai Province to actively integrate into the national strategy, which comprehensively serving and ensuring the smooth development of various work of the Qinghai-Tibet scientific expedition, We also actively promoted the transformation of scientific expedition results, and served the high-quality development of Qinghai's economy and society.

Keywords: Second Qinghai-Tibet Scientific Expedition; Service Guarantee; National Strategy; Qinghai Province

社会科学文献出版社

皮 书
智库成果出版与传播平台

✤ 皮书定义 ✤

皮书是对中国与世界发展状况和热点问题进行年度监测，以专业的角度、专家的视野和实证研究方法，针对某一领域或区域现状与发展态势展开分析和预测，具备前沿性、原创性、实证性、连续性、时效性等特点的公开出版物，由一系列权威研究报告组成。

✤ 皮书作者 ✤

皮书系列报告作者以国内外一流研究机构、知名高校等重点智库的研究人员为主，多为相关领域一流专家学者，他们的观点代表了当下学界对中国与世界的现实和未来最高水平的解读与分析。

✤ 皮书荣誉 ✤

皮书作为中国社会科学院基础理论研究与应用对策研究融合发展的代表性成果，不仅是哲学社会科学工作者服务中国特色社会主义现代化建设的重要成果，更是助力中国特色新型智库建设、构建中国特色哲学社会科学"三大体系"的重要平台。皮书系列先后被列入"十二五""十三五""十四五"时期国家重点出版物出版专项规划项目；自2013年起，重点皮书被列入中国社会科学院国家哲学社会科学创新工程项目。

皮书网

（网址：www.pishu.cn）

发布皮书研创资讯，传播皮书精彩内容
引领皮书出版潮流，打造皮书服务平台

栏目设置

◆ **关于皮书**
何谓皮书、皮书分类、皮书大事记、
皮书荣誉、皮书出版第一人、皮书编辑部

◆ **最新资讯**
通知公告、新闻动态、媒体聚焦、
网站专题、视频直播、下载专区

◆ **皮书研创**
皮书规范、皮书出版、
皮书研究、研创团队

◆ **皮书评奖评价**
指标体系、皮书评价、皮书评奖

所获荣誉

◆ 2008 年、2011 年、2014 年，皮书网均
在全国新闻出版业网站荣誉评选中获得
"最具商业价值网站"称号；
◆ 2012 年，获得"出版业网站百强"称号。

网库合一

2014 年，皮书网与皮书数据库端口合
一，实现资源共享，搭建智库成果融合创
新平台。

皮书网

"皮书说"
微信公众号

权威报告·连续出版·独家资源

皮书数据库
ANNUAL REPORT(YEARBOOK)
DATABASE

分析解读当下中国发展变迁的高端智库平台

所获荣誉

- 2022年，入选技术赋能"新闻+"推荐案例
- 2020年，入选全国新闻出版深度融合发展创新案例
- 2019年，入选国家新闻出版署数字出版精品遴选推荐计划
- 2016年，入选"十三五"国家重点电子出版物出版规划骨干工程
- 2013年，荣获"中国出版政府奖·网络出版物奖"提名奖

皮书数据库　　"社科数托邦"
　　　　　　　　微信公众号

成为用户

登录网址www.pishu.com.cn访问皮书数据库网站或下载皮书数据库APP，通过手机号码验证或邮箱验证即可成为皮书数据库用户。

用户福利

- 已注册用户购书后可免费获赠100元皮书数据库充值卡。刮开充值卡涂层获取充值密码，登录并进入"会员中心"—"在线充值"—"充值卡充值"，充值成功即可购买和查看数据库内容。
- 用户福利最终解释权归社会科学文献出版社所有。

社会科学文献出版社 皮书系列
SOCIAL SCIENCES ACADEMIC PRESS (CHINA)

卡号：263971712579
密码：

数据库服务热线：010-59367265
数据库服务QQ：2475522410
数据库服务邮箱：database@ssap.cn
图书销售热线：010-59367070/7028
图书服务QQ：1265056568
图书服务邮箱：duzhe@ssap.cn

S 基本子库
SUB DATABASE

中国社会发展数据库（下设 12 个专题子库）

紧扣人口、政治、外交、法律、教育、医疗卫生、资源环境等 12 个社会发展领域的前沿和热点，全面整合专业著作、智库报告、学术资讯、调研数据等类型资源，帮助用户追踪中国社会发展动态、研究社会发展战略与政策、了解社会热点问题、分析社会发展趋势。

中国经济发展数据库（下设 12 专题子库）

内容涵盖宏观经济、产业经济、工业经济、农业经济、财政金融、房地产经济、城市经济、商业贸易等 12 个重点经济领域，为把握经济运行态势、洞察经济发展规律、研判经济发展趋势、进行经济调控决策提供参考和依据。

中国行业发展数据库（下设 17 个专题子库）

以中国国民经济行业分类为依据，覆盖金融业、旅游业、交通运输业、能源矿产业、制造业等 100 多个行业，跟踪分析国民经济相关行业市场运行状况和政策导向，汇集行业发展前沿资讯，为投资、从业及各种经济决策提供理论支撑和实践指导。

中国区域发展数据库（下设 4 个专题子库）

对中国特定区域内的经济、社会、文化等领域现状与发展情况进行深度分析和预测，涉及省级行政区、城市群、城市、农村等不同维度，研究层级至县及县以下行政区，为学者研究地方经济社会宏观态势、经验模式、发展案例提供支撑，为地方政府决策提供参考。

中国文化传媒数据库（下设 18 个专题子库）

内容覆盖文化产业、新闻传播、电影娱乐、文学艺术、群众文化、图书情报等 18 个重点研究领域，聚焦文化传媒领域发展前沿、热点话题、行业实践，服务用户的教学科研、文化投资、企业规划等需要。

世界经济与国际关系数据库（下设 6 个专题子库）

整合世界经济、国际政治、世界文化与科技、全球性问题、国际组织与国际法、区域研究 6 大领域研究成果，对世界经济形势、国际形势进行连续性深度分析，对年度热点问题进行专题解读，为研判全球发展趋势提供事实和数据支持。

法律声明

"皮书系列"（含蓝皮书、绿皮书、黄皮书）之品牌由社会科学文献出版社最早使用并持续至今，现已被中国图书行业所熟知。"皮书系列"的相关商标已在国家商标管理部门商标局注册，包括但不限于LOGO（▓）、皮书、Pishu、经济蓝皮书、社会蓝皮书等。"皮书系列"图书的注册商标专用权及封面设计、版式设计的著作权均为社会科学文献出版社所有。未经社会科学文献出版社书面授权许可，任何使用与"皮书系列"图书注册商标、封面设计、版式设计相同或者近似的文字、图形或其组合的行为均系侵权行为。

经作者授权，本书的专有出版权及信息网络传播权等为社会科学文献出版社享有。未经社会科学文献出版社书面授权许可，任何就本书内容的复制、发行或以数字形式进行网络传播的行为均系侵权行为。

社会科学文献出版社将通过法律途径追究上述侵权行为的法律责任，维护自身合法权益。

欢迎社会各界人士对侵犯社会科学文献出版社上述权利的侵权行为进行举报。电话：010-59367121，电子邮箱：fawubu@ssap.cn。

社会科学文献出版社